Материалы международной научно-практической конференции

Актуальные направления фундаментальных и прикладных исследований

4-5 марта 2013 г.

Москва

УДК 4+37+51+53+54+55+57+91+61+159.9+316+62+101+330

ББК 72

ISBN: 978- 1482783629

В сборнике представлены материалы докладов международной научно-практической конференции " Актуальные направления фундаментальных и прикладных исследований "

Все статьи представлены в авторской редакции.

Содержание

Биологические науки

Географические науки

Исторические науки

Медицинские науки

Содержание

Содержание

Науки о земле

Педагогические науки

Политические науки

Психологические науки

Сельскохозяйственные науки

Социологические науки

Технические науки

Экономические науки

Юридические науки

УДК 630*443.3

А.В. Дунаев
канд. с.-х. наук, научный сотрудник отдела естественной растительности Ботанического сада НИУ «БелГУ», Белгородский государственный национальный исследовательский университет, kiryushenko@bsu.edu.ru. Контактные телефоны: 9205685265.
С.В. Калугина
канд. биол. наук, доцент кафедры природопользования и земельного кадастра геолого-географического факультета НИУ «БелГУ», Белгородский государственный национальный Kalugina_S@bsu.edu.ru, тел. 89192207641
Н.С. Кухарук
канд. биол. наук, доцент кафедры природопользования и земельного кадастра геолого-географического факультета НИУ «БелГУ», Белгородский государственный национальный

КСИЛОТРОФНЫЕ БАЗИДИОМИЦЕТЫ – ПАРАЗИТЫ ДРЕВЕСНЫХ ПОРОД В ЛЕСОСТЕПНОМ ЛАНДШАФТЕ

В статье приводятся данные о приуроченности видов ксилотрофных базидиомицетов (*MYCOTA: Basidiomycetes*), паразитирующих на всех основных древесных породах в лесостепном ландшафте Белгородской области.
Ключевые слова: ксилотрофные базидиомицеты, паразиты, ландшафтная единица, гниль древесины.

Дереворазрушающие грибы класса *Basidiomycetes* встречаются на всех основных древесных породах лесостепной зоны. Они играют существенную роль в экологии как отдельных деревьев, так и популяций древесных пород и сообществ лесного типа. Отдельные сведения о встречаемости, приуроченности и распространенности паразитических ксилотрофных базидиомицетов имеются в соответствующей литературе. Однако обобщенных данных об этой группе живых организмов в условиях южной лесостепи с ее своеобразным ландшафтом, тем более на современном этапе развития экосистем, не существует.

Для условий юга Белгородской области Российской Федерации (южная лесостепь) мы изучали состав паразитической ксилотрофной микобиоты, приуроченность отдельных видов к той или иной древесной породе, особенности вызываемой гнили. Исследования проводились в 2009-2010 гг. в Белгородском и Шебекинском районах Белгородской области.

Объектами исследований являлись древесные растения, как отдельно стоящие, так и в составе биогрупп и фитоценозов лесного типа в естественном лесостепном ландшафте, и ксилотрофные дереворазрушающие грибы-базидиомицеты, поражающие живые растения в разных ландшафтных единицах и лесорастительных условиях. Основу методики исследований составили биоценологические, экологические и фитопатологические методы [1-3].

Ландшафтная единица: пойма. Характеристика почв: пойменные, тяжелосуглинистые гумусированные оглеенные. Тип лесорастительных условий $Д_3$. Характерные древесные породы: ива белая *Salix alba* L, ольха клейкая (черная) *Alnus glutinosa* Gaertn. Отдельно стоящие деревья, группы деревьев, ивняки, ольшаники.

Ива белая. Поражается ложным трутовиком *Phellinus igniarius* (L. ex Fr.) Quel. (паразит, вызывает светлую центральную гниль ствола), серно-желтым трутовиком *Laetiporus sulphureus* (Bull.) Bond. et Sing. (паразит-сапрофит, вызывает светло-бурую смешанную гниль ствола), чешуйчатым трутовиком *Polyporus squamosus* Fr. (сапрофит-паразит, вызывает светлую центральную или смешанную гниль ствола), опенком зимним *Collybia velutipes* (Curt) Quel. (сапрофит-паразит, вызывает желто-бурую смешанную гниль ствола), чешуйчаткой *Pholiota aurivella* (Fr.) Kum. (сапрофит-паразит, вызывает коричневую ядровую гниль ствола), плоским трутовиком *Ganoderma applanatum* Pat. (сапрофит-паразит, вызывает светло-желтую смешанную гниль комля и ствола).

Ольха клейкая (черная). Поражается ложным трутовиком *Ph. igniarius* (паразит, вызывает светлую центральную гниль ствола) настоящим трутовиком *Fomes fomentarius* Gill. (паразит, вызывает светлую центральную гниль ствола), радиальным трутовиком *Inonotus radiatus* (Sow. et Fr.) Karst.(сапрофит-паразит, вызывает белую смешанную гниль ствола).

Ландшафтная единица: надпойменная (первая) терраса. Характеристика почв: слабогумусированные и среднегумусированные супеси. Тип лесорастительных условий $В_{2-3}$. Характерные древесные породы: сосна обыкновенная *Pinus silvestris* L., береза повислая (бородавчатая) *Betula verrucosa* Ehrh. Сосняки с биогруппами березы, субори.

Сосна обыкновенная. Поражается корневой губкой *Fomitopsis annosa* (Fr.) Karst. (паразит, вызывает вначале фиолетовую, затем светлую центральную гниль корней и ствола), сосновой губкой *Phellinus (Trametes) pini* (Thore ex Fr.) Pil. (паразит, вызывает центральную ямчатую гниль ствола)

Береза повислая (бородавчатая). Поражается березовой губкой *Piptoporus betulinus* (паразит-сапрофит, вызывает светлую центральную гниль ствола), скошенным трутовиком (чага) *Inonotus obliquus* (Pers.) Pil. (паразит, вызывает желтоватую центральную гниль ствола).

Ландшафтная единица: вторая терраса (плакор, арена). Характеристика почв: связно-супесчанные гумусированные, легко- и среднесуглинистые гумусированные. Тип лесорастительных условий $С_2$, $Д_2$. Характерные древесные породы: дуб черешчатый *Quercus robur* L., клен остролистный *Acer platanoides* L., клен полевой *Acer campestre* L., липа мелколистная *Tilia cordata* Mill., ясень обыкновенный *Fraxinus excelsior* L. Дубравы.

Дуб черешчатый. Поражается ложным дубовым трутовиком *Phellinus robustus* (Karst.) Bourd. et Galz. (паразит, вызывает белую центральную, реже смешанную гниль ствола), дуболюбивым трутовиком *Inonotus dryophilus* (Berk.) Murr. (паразит, вызывает пеструю центральную гниль ствола), шафранным трутовиком *Polyporus croceus* (сапрофит-паразит, вызывает пеструю центральную гниль ствола), печеночницей обыкновенной *Fistulina hepatica* (Schaeff.) Fr. (сапрофит-паразит, вызывает бурую центральную гниль комля и ствола), дубовой губкой *Daedalea quersina* (L.) Fr. (сапрофит-паразит, вызывает бурую смешанную гниль комля и ствола), серно-желтым трутовиком *L. sulphureus* (паразит-сапрофит, вызывает коричневую центральную гниль ствола и комля), грифолой курчавой *Grifola frondoza* (Fr.) S. F. Gray (паразит, вызывает центральную светлую гниль корней и комля), опенком осенним *Armillaria mellea* (Fr. ex Vahl.) Karst. (сапрофит-паразит, вызывает белую периферическую гниль корней, комля и ствола).

Клен остролистный. Поражается кленовым трутовиком *Polyporus connatus* (Gill.) Fr. (паразит, вызывает бурую центральную гниль ствола), опенком осенним *A. mellea.* Клен полевой. Поражается чешуйчатым трутовиком *P. squamosus*, опенком осенним *A. mellea.* Липа мелколистная. Поражается вешенкой устричной *Pleurotus ostreatus* Jacq. (сапрофит-паразит, вызывает светло-бурую смешанную гниль ствола), опенком зимним *C. velutipes*, плоским трутовиком *G. applanatum.* Ясень обыкновенный. Поражается настоящим трутовиком *F. fomentarius*. (паразит, вызывает смешанную мраморную гниль ствола), опенком осенним *A. mellea.*

Ландшафтная единица: нагорная часть. Характеристика почв: серые лесные, суглинистые гумусированные, на склонах – среднесмытые. Тип лесорастительных условий $Д_2$. Характерные древесные породы: дуб черешчатый, клен остролистный, клен полевой, липа мелколистная, ясень обыкновенный, вяз шершавый *Ulmus scabra* Mill., осина *Populus tremula* L., яблоня лесная *Malus silvestris* Mill., груша лесная (обыкновенная) *Pirus communis* L. Нагорные и байрачные дубравы.

Дуб черешчатый *Q. robur.* Поражается ложным дубовым трутовиком *Ph. robustus*., дуболюбивым трутовиком *I. dryophilus*, шафранным трутовиком *P. croceus*,. печеночницей обыкновенной *F. hepatica*, дубовой губкой *D. quersina*, серно-желтым трутовиком *L. sulphureus*, грифолой курчавой *G. frondoza*, опенком осенним *A. mellea.*

Клен остролистный. Поражается кленовым трутовиком *P. connatus*, опенком осенним *A. mellea.* Клен полевой. Поражается чешуйчатым трутовиком *P. squamosus*, опенком осенним *A. mellea.* Липа мелколистная. Поражается вешенкой устричной *P. ostreatus*, опенком зимним *C. velutipes,* плоским трутовиком *G. applanatum.* Ясень обыкновенный. Поражается настоящим трутовиком *F. fomentarius*, опенком осенним *A. mellea.* Вяз шершавый. Поражается вешенкой вязовой *Pleurotus ulmarius* Bull. (сапрофит-паразит, вызывает бурую центральную гниль ствола), опенком зимним *C. velutipes*, чешуйчатым трутовиком *P. squamosus*. Осина. Поражается настоящим трутовиком *F. fomentarius* (паразит, вызывает светлую смешанную гниль ствола), опенком зимним *C. velutipes*, плоским трутовиком *G. applanatum*. Яблоня лесная. Поражается ложным трутовиком *Ph. igniarius*, серно-желтым трутовиком *L. sulphureus*, чешуйчатым трутовиком *P. squamosus* Fr. Груша лесная (обыкновенная). Поражается ложным трутовиком *Ph. igniarius*, серно-желтым трутовиком *L. sulphureus*, чешуйчатым трутовиком *P. squamosus*.

Литература

1. Мозолевская Е. Г. Методы лесопатологического обследования очагов стволовых вредителей и болезней леса / Е. Г. Мозолевская, О. А. Катаев, Э. С. Соколов. – М., 1984. – 125 с.

2. Мозолевская Е.Г. Цели и методы долговременных наблюдений за состоянием лесных насаждений // Лесоведение. – 1986. – № 4. – С. 10-14.

3. Шевченко С.В., Цилюрик А.В. Лесная фитопатология / С.В. Шевченко, А.В. Цилюрик. – Киев: Вища школа, 1986. – 384 с.

Малоштан А.В.
аспирант каф. биологической химии, НФаУ
Загайко А.Л.
д.б.н., проф., зав. каф. биологической химии, НФаУ

ПРОТИВОВОСПАЛИТЕЛЬНАЯ И РЕПАРАТИВНАЯ АКТИВНОСТЬ ПЕССАРИЕВ «ФИТОВАГИН»

К числу наиболее частых гинекологических заболеваний относятся вагинальные инфекции, среди которых одно из ведущих мест принадлежит бактериальному вагинозу (БВ). Следует отметить, что при бактериальном вагинозе нарушается микробиоценоз влагалища и возрастает роль условно-патогенной эндогенной микрофлоры. При этом происходит замещение нормальной микрофлоры влагалища (лактобактерий) другими микроорганизмами, в частности бактероидами, фузобактериями, пептококками, вейллонеллами, а также гарднереллами и микоплазмами.

Известно, что БВ является фактором риска, а иногда и одной из причин возникновения тяжелой патологии женских половых органов и осложнений беременности и родов [4,1].

В связи с этим, все больше внимания уделяется поиску новых методов и средств этиотропной терапии бактериального вагиноза.

Поэтому задачей нашего исследования было изучение фармакологических свойств пессариев «Фитовагин», препарата для лечения бактериального вагиноза.

Изучение противовоспалительной активности, представленных на анализ вагинальных свечей, проводили на модели зимозанового отека [3,292]. Зимозан – структурный полисахарид, который содержится в клетках оболочки дрожжей, специфично провоцирует образование и выделение лейкотриенов (ЛТ) и локальную острую воспалительную реакцию [2,61]. ЛТ рассматривают как одни из наиболее важных медиаторов воспалительной реакции на ранней стадии зимозанового воспаления.

Опыты проводили на белах беспородных крысах массой 200–210 г. За час до моделирования острого зимозанового воспаления животных делили на три группы: первая группа – нелеченый контроль, вторая – группа животные, которым за час до начала эксперимента вводили исследуемые пессарии «Фитовагин» и третья группа – животные, которым за час до эксперимента вводили препараты сравнения «Свечи с облепиховым маслом», в дозе 60мг/кг. Дозы препаратов сравнения пересчитаны по Рыболовлеву.

Зимозновый отек вызывали субплантарно, из расчета 0,1 мл на животное в виде 2% суспензии под апоневроз задней лапки крысы. Через

0,5, 1, 2 и 3 часа измеряли объем здоровой и пораженной лапки с помощью механического онкометра в динамике по А. С. Захаревскому [2,61; 3,299].

Результаты по изучению противовоспалительной активности пессариев «Фитовагин» свидетельствуют о выраженном пролонгированном антиэкссудативном характере действия изучаемого препарата в ходе всего эксперимента. Противовоспалительная активность препарата по данной прописи не только не уступала, но и превосходила действие препарата сравнения «Суппозитории с облепиховым маслом». Так через час после начала эксперимента действие исследуемого препарата превосходило препарат сравнения в 2 раза, а через два и три часа в 1,2 раза
(табл. 1).

Таблица 1

Противовоспалительная активность пессариев «Фитовагин»

Группа	*Через 0,5 часа*	*ПА, %*	*Через 1 час*	*ПА, %*	*Через 2 часа*	*ПА, %*	*Через 3 часа*	*ПА, %*
Контроль	18,80 ± 0,84		21,40 ± 0,55		26,80± 0,84		31,60± 1,51	
«Фитовагин»	14,00 ± 1,22*	***25,53***	17,80 ± 0,84*	***16,82***	20,40± 1,14*	***23,88***	25,60± 1,34*	***18,98***
«Суппозитории с облепиховым маслом»	17,80 ± 1,30*	***5,92***	20,08 ± 1,09*	***2,08***	23,00± 0,71*	***14,18***	28,02± 0,84*	***10,75***

Примечание: * - достоверно в сравнении с контролем

В связи с тем, что в состав пессариев «Фитовагин» входят эфирные масла ряда растений, а именно, эфирное масло ромашки, содержащее сесквитерпеновый лактон матрицин, который превращается в хамазулен и эфирное масло полыни горькой, содержащей абсинтин, который превращается в гвайазулен, последние из которых, в свою очередь, отвечают за противовоспалительную и репаративную активность; а также эфирное масло чайного дерева, содержащее моноциклический терпеноид, а именно, 1,8-цинеол, который имеет антибиотическое, антистафилококковое и антифунгальное действие, именно комплекс этих БАВ оказывает противовоспалительное действие и отчасти - репаративное действие.

Репаративную активность проводили на модели линейных резаных ран под барбамиловым наркозом. В эксперименте участвовали крысы массой 200 - 210 г. Животные были разделены на три группы: первая группа - контрольная патология, вторая – опытная группа животных, которым вводили исследуемые пессарии «Фитовагин», третья – опытная группа животных, которым вводили препарат сравнения «Суппозитории с облепиховым маслом» ». Лечение длилось 5 суток. На 6-й день опыта животных выводили из эксперимента. На специальном приборе - ранотензиометре проводили испытания прочности сращивания краев раны. Критерием оценки репаративной способности средств, служила прочность сростания шва [1,25].

Как показывают экспериментальные данные, по значению показателя ранотензиометрии, пессарии «Фитовагин» достоверно укрепляли сращивания краев линейных резаных ран относительно контрольной патологии. Репаративная активность пессариев «Фтовагин» составила 62,21% относительно контроля. Аналогичные данные наблюдались в группе, которую лечили референс-препаратом, «Суппозитории с облепиховым маслом» (69,55%), однако она несколько превышала показатели пессариев «Фитовагин» (таблица 2).

Таблица 2

Репаративная активность пессариев «Фитовагин» на модели линейных резаных ран у крыс, (n = 5)

Условия опыта	Показники ранотензіометрії, мл	Репаративна активність, %
Контрольная патология	744,50±32,15	-
«Фитовагин»	1207,65±38,86*/**	62,21
«Суппозитории с облипиховым маслом», 60 мг/кг	1262,27±23,78*	69,55

Примечания:

1. * – отклонение достоверное относительно контрольной патологии, p≤0,01;

2. ** – отклонение достоверное относительно референс-препарата «Суппозитории с облепиховым маслом», p≤0,05.

Таким образом можно сделать вывод, что пессарии «Фитовагин» обладают выраженной репаративной активностью, стимулируя и ускоряя процессы репарации тканей и могут быть рекомендованы для дальнейшего изучения как перспективного репаративного средства.

Сравнительный анализ по противовоспалительной и репаративной активности между пессариями «Фитовагин» и «Суппозиториями с облепиховым маслом» показал, что пессарии «Фитовагин» являются конкурентноспособным и перспективым средством по данным видам активности.

Выводы

1. Пессарии «Фитовагин» проявили выраженное противовоспалительное (антиэкссудативное) действие на модели зимозанового отека.
2. Пессарии «Фитовагин» проявили репаративную активностью на модели линейных резаных ран, стимулируя и ускоряя процессы репарации тканей.
3. Изучаемые пессарии можно рассматривать как перспективное противовоспалительное и репаративное средство для лечения вагинитов.

Литература

1. Турищев С.Н. Методические подходы к изучению фармакологической регуляции процессов регенерации в эксперименте / С.Н. Турищев // Фармаком. - 1996. - № 4-5. - С. 25-31.
2. Малоштан Л.М. Вплив суммарного екстракту листя кукурудзи на ексудативне запалення / Л.М. Малоштан, А.Г. Кононенко // Фармацевтичний Часопис. - 2007. - № 3. С. 61- 65.
3. Доклинические исследования лекарственных средств: Методические рекомендации / Под ред. А.В. Стефанова. — К.: Авиценна, 2002. —567 с.
4. Байрамова Г.Р. Бактериальный вагиноз / Г.Р. Байрамова // В помощь практическому врачу / Том 3/ № 2/ 2001.

Еременко Р.Ф.
доцент, кандидат биологических наук, Национальный фармацевтический университет
Малоштан Л.Н.
профессор, доктор биологических наук, Национальный фармацевтический университет
fuatovna@rambler.ru

ИЗУЧЕНИЕ ВОЗДЕЙСТВИЯ КОРРЕКТОРА БЕЛКОВОГО ОБМЕНА ЭКСТРАКТА ИЗ ТРАВЫ ЛЮЦЕРНЫ ПОСЕВНОЙ НА УРОВЕНЬ ИММУНОГЛОБУЛИНОВ У КРЫС С ИММУНОДЕФИЦИТОМ

Иммунитет – это универсальная способность живых организмов противостоять действию повреждающих факторов, сохраняя свою целостность и биологическую индивидуальность. В эффективном функционировании иммунной системы принимают участие такие органы, как тимус, селезенка, лимфоидные органы и печень [1,28]. Тимус принадлежит к центральным железам иммунной защиты, кроветворения, в котором происходит дифференциация Т-лимфоцитов, которые проникают с током крови из костного мозга. Здесь вырабатываются регуляторные пептиды (тимозин, тимулин, тимопоэтин), обеспечивающие размножение и дозревание Т-лимфоцитов в центральных и периферических органах кроветворения. В селезенке происходит размножение и антигеннезависимая дифференциация лимфоцитов и образование антител [1,28]. В печени осуществляется синтез специфических белков – глобулинов. Это гетерогенная фракция белков крови, которая содержит β-глобулины, принимающие участие в иммунных реакциях как антитоксины и γ-глобулины. γ-Глобулины – фракция иммуноглобулинов IgA, IgG, IgE, IgM, специфических белков плазмы крови, представляющих собой антитела и рассматривающихся как эффекторы гуморального иммунитета. Они вырабатываются в ответ на вторжение чужеродного агента и формируют иммунитет организма [2,633]. Учитывая, что время полужизни IgA составляет 5,4-5,9 дней, IgM – 5 дней, а IgG – 9-21 день, для поддержания их постоянного количества необходимо поддержание белкового гомеостаза, то есть нормальной активности белкового обмена. При многих заболеваниях нарушается белковый обмен, который приводит к гипопротеинемии, что истощает пул эндогенного белка, необходимого для синтеза жизненно важных элементов, в том числе и иммуноглобулинов. Поэтому, в комплексном лечении таких заболеваний с целью сохранения нормальной активности иммунной системы необходимо применение корректоров белкового обмена, которые были бы донорами белков и аминокислот, и с их помощью устраняли дефицит пула эндогенного белка. В качестве донора таких веществ может быть использован экстракт из травы люцерны посевной (ЭТЛП) (Medicago sativa) из рода бобовых (Fabaceae), который содержит в своем составе белки, 17 аминокислот (8 незаменимых), 8 ферментов, которые принимают участие в расщеплении белков и способствуют их усвоению. Также, в состав ЭТЛП входят другие биологически активные вещества (БАВ) с антиоксидантными, мембраностабилизирующими, органопротекторными, противовоспалительными и другими свойствами [3,27]. Такой состав БАВ обеспечивает способность ЭТЛП индуцировать синтез белка, как в организме здоровых животных так и на фоне гипопротеинемии [4, 20; 5, 100], мембраностабилизирующие и цитопротекторные свойства [6,22]. Проведенные нами гистологические исследования иммунокомпетентных органов животных с циклофосфановым иммунодефицитом позволили установить, что ЭТЛП в дозе 25 мг/кг при превентивно-лечебном введении за счет коррекции белкового обмена, стабилизации мембран, цитопротекторной и органопротекторной активности, обусловленными БАВ, входящие в его состав, оказывает иммуностимулирующее действие и восстанавливает гистоструктуру и функциональное состояние основных органов иммунной системы тимуса, селезенки и печени [7,24].

Учитывая вышеизложенное, цель данной работы – изучить содержание иммуноглобулинов IgA, IgG и IgM в сыворотке крови крыс с циклофосфановым иммунодефицитом и превентивно-лечебное влияние на него ЭТЛП в дозе 25 мг/кг и препарата сравнения «Эхинацея-ратиофарм» в дозе 36 мг/кг. Выбор препарата сравнения обусловлен тем, что таблетки «Эхинацея-ратиофарм» (ФФ TEVA, Израиль) являются разрешенным в Украине средством растительного происхождения для применения в клинике как иммуномодулятор и иммуностимулятор. Доза препарата «Эхинацея-ратио-фарм» - 36 мг/кг – определена в процессе пересчета с суточной дозы для человека на суточную дозу для животных по методу Рыболовлева Ю.Р. [8,1513].

Для изучения уровня иммуноглобулинов IgA, IgG и IgM в сыворотке крови крыс в условиях циклофосфанового иммунодефицита использовали 32 белых беспородных крысы массой 180-200 г по 8 животных в группе, которые были рандомизированы на 4 группы: 1 – интактный контроль (ИК); 2 – контрольная патология (КП); 3 – опытная, которым вводили ЭТЛП в дозе 25 мг/кг; 4 – опытная, которым вводили «Эхинацея-ратиофарм» в дозе 36 мг/кг. После рандомизации животным внутрижелудочно вводили ЭТЛП в дозе 25 мг/кг и препарат сравнения «Эхинацея-ратиофарм» в дозе 36 мг/кг в течение 2-х недель. Далее, с целью воспроизведения иммунодефицита животным опытных групп на фоне введения препаратов и группы КП в течение недели вводили внутримышечно циклофосфан в дозе 10 мг/кг. По окончании животных выводили из эксперимента с помощью декапитации под эфирным наркозом и собирали кровь для получения сыворотки с целью проведения иммуноферментного анализа и определения концентрации иммуноглобулинов IgA, IgG и IgM.

Все исследования проводили в соответствии с требованиями комиссии по биоэтике НФаУ и «Общих этических принципов экспериментов на животных» (Киев, 2001), которые согласуются с положениями «Европейской конвенции по защите позвоночных животных, которых используют для экспериментальных и научных целей» (Страсбург, 1986) [9,74]. Полученные экспериментальные данные обрабатывали методами вариационной статистики с помощью стандартного пакета статистических программ «Statistica 6,0». Результаты представлены в таблице 1.

Таблица 1 – Уровень иммуноглобулинов у крыс с циклофосфановым иммунодефицитом под влиянием ЭТЛП и препарата сравнения

Показатель	Условия опыта			
	Интактный контроль	Контрольная патология	ЭТЛП, 25 мг/кг	«Эхинацея-ратиофарм», 36 мг/кг
IgA, МЕ/мл	1,52±0,11	0,58±0,02*	1,29±0,15**	0,88±0,03**
IgM, г/л	0,52±0,02	0,28±0,02*	0,45±0,06**	0,33±0,04*
IgG , МЕ/мл	11,49±1,04	8,57±0,28*	10,39±0,71	9,13±0,65

* – отклонение показателя достоверно по отношению к группе ИК, Р≤0,05;
** – отклонение показателя достоверно по отношению к группе КП, Р≤0,05

Анализ полученных данных показал, что введение цитотоксина циклофосфана вызвало иммунодепрессию у крыс, которая проявилась достоверным относительно группы ИК снижением концентрации иммуноглобулинов: IgA – в 2,7 раза, IgM – в 1,9 раза и IgG – в 1,4 раза (табл. 1). Превентивно-лечебное введение крысам ЭТЛП в дозе 25 мг/кг и препарата сравнения «Эхинацея-ратиофарм» в дозе 36 мг/кг препятствовало развитию иммунодепрессии, что отразилось достоверным относительно группы КП повышением уровня IgA в 2,2 и в 1,5 раза соответственно, и тенденционным относительно КП повышением содержания IgG в 1,2 и 1,1 раза соответственно. В отличие от препарата сравнения ЭТЛП достоверно относительно группы КП повышал уровень IgM в 1,6 раза.

Таким образом, полученные результаты свидетельствуют о том, что в условиях циклофосфановой иммунодепрессии ЭТЛП в дозе 25 мг/кг проявляет более сильное в 1,1-1,5 раза, чем препарат сравнения «Эхинацея-ратиофарм» в дозе 36 мг/кг, иммуномодулирующее и иммуностимулирующее действие, усиливая способность: IgA активировать комплемент, выполняя защитную функцию; IgM – индуцировать первичный ответ В-клеток на антигенный стимул и фагоцитоз; IgG, обладая свойствами агглютинации и преципитации, запускать реакции, приводящие к лизису и фагоцитозу. Все это свидетельствует о перспективности использования ЭТЛП в качестве иммуномодулятора и иммуностимулятора с целью предупреждения и лечения иммунодефицитных (иммуносупрессивных) состояний, развивающихся вследствие применения цитостатиков, антибиотиков и других лекарственных средств, нарушающие белковый обмен и функции иммунной системы.

Литература:

1. Єрьоменко Р.Ф. Вплив коректора білкового обміну екстракту з трави люцерни посівної на гістоструктуру та функції органів імунної системи здорових щурів / Р.Ф. Єрьоменко // Проблеми екологічної та медичної генетики і клінічної імунології: Збірник наукових праць. – 2012. – Вип. №3(111). – С. 28-35.
2. Cooper M. A. The biology of human natural killer-cell subsets / M. A. Cooper, T. A. Fehniger, M. A. Caligiuri // Trends Immunol. – 2001. –Vol. 22. – P. 633-640.
3. Дослідження фенольного комплексу із трави люцерни посівної / С.В.Ковальов, А.М.Ковальова, Р.Ф.Єрьоменко [та ін.] // Фармацевтичний часопис. – 2008. - № 2(6). – С. 27 – 30.
4. Єрьоменко Р.Ф. Вивчення впливу екстрактів з трави люцерни посівної та сої щитиністої на білковий обмін в організмі здорових щурів / Р. Ф. Єрьоменко // Запорожский медицинский журнал. – 2011. – Т.13, № 4. – С. 20-22.
5. Єрьоменко Р.Ф. Визначення впливу екстракту з трави люцерни посівної на білковий обмін в системі крові в умовах доксорубіцинової гіпопротеїнемії / Р.Ф. Єрьоменко // Медична хімія. – 2012. – Т.14, № 1. – С. 100-103.
6. Єрьоменко Р. Ф. Дослідження впливу екстракту з трави люцерни посівної на стан мембранних білків та мембран в умовах гемолізу еритроцитів / Р. Ф. Єрьоменко // Український біофармацевтичний журнал. - 2011. - № 6. - С. 22-26.
7. Єрьоменко Р.Ф. Вплив коректора білкового обміну екстракту з трави люцерни посівної на гістоструктуру та функції органів імунної системи щурів в умовах експериментального імунодефіциту / Р. Ф. Єрьоменко // Проблеми екологічної та медичної генетики і клінічної імунології: Збірник наукових праць. - 2012. – Вип. 4 (112). - С. 24-36.
8. Рыболовлев Ю.Р. Дозирование веществ для млекопитающих по константам биологической активности / Ю.Р. Рыболовлев, Р.С. Рыболовлев // Доклады АН СССР. – 1979. – Т. 247, № 6. – С. 1513–1516.
9. Доклінічні дослідження лікарських засобів: метод. рекомендації / за ред. чл.-кор. АМН України О.В. Стефанова. – К.: Авіцена, 2001. – 528 с.

Gurova O.N., Ph.D
Institute of natural resources, ecology and cryology,
Siberian Branch of the Russian Academy of Science

TO THE QUESTION ON DEVELOPMENT OF CITY IN MONGOLIA

Of great importance to human life have normal living conditions, which are an essential part of the standard of living, which, like other social settings, to some extent depend on the policy of the state.

Among the parameters of the international community, including reducing the incidence of poverty, increase income, improve education, ensure environmental safety, etc., in the Declaration adopted at the UN Summit in 2000 as the Millennium Development Goals, there is a significant improvement living conditions of people [1].

In the second half of XX century in Mongolia, the rise of new cities with modern infrastructure, including the three major cities of republican subordination (Ulaanbaatar, Darkhan, Erdenet). They are about 63% of the total urban population. Among the towns dominated by small towns and urban settlements, which are the administrative centers of aimags, industrial centers and towns. In the cities - centers of aimags new construction is carried out on a smaller scale, is dominated by single-storey building and a yurts.

In the 1980s, due to the growth of Mongolia's economy has increased the need for in-patient residential buildings. Particularly rapid growth was the housing stock in urban Ulaanbaatar, Choibalsan, Darkhan and Erdenet. [2]. In the period 1981-1985 were constructed buildings with a total living area of 870 thousand m^2, improved the living conditions of about 140 thousand people. Housing Fund of Mongolia (without yurts) in the last quarter of the XX century has increased by 5.6 times [3].

Now 57% of the population live in traditional yurts. This is mainly rural population, some villagers have 2 yurts. Among the rural areas is fixed and nomadic. Nomadic settlements still have not lost their importance and cover about 60% of the rural population. The number of cattle more than 369 thousand people. (2005) [4]. In the yurt living of the rural population 78.3% and 28.3% of the urban [1].

At present, the country continues intensive construction. In 2007, 325 new construction projects, was built 115 residential buildings, 81 commercial and service buildings, 15 hotels [5].

In large cities, especially in the capital, housing becomes very relevant, due to increased migration from rural to suburban. Accommodation in yurts practiced even within the city limits, despite the lack of amenities, central heating, etc. Yurts make up approximately 25% of the total urban housing [1]. In Ulan Bator, 5 - and 9-story model homes combined with new building blocks of one-storey houses and yurts. In recent years, developed the construction of modern residential and office buildings and complexes, there are modern individual cottages. According to the Census of Population and Housing Mongolia (2000), about 18 thousand families did not have their own homes and in need of better housing conditions. The number of people homeless was 4.3 thousand people [1].

Government of Mongolia in order to improve the housing situation in 2004 was adopted by the National Target Program "40,000 apartments." The program provides assistance in obtaining the nomads of modern housing corresponding to the traditional way of living, housing, families with low and middle income young families.

Comprehensive national development strategy (Ulaanbaatar, 2008) adopted by the Government of Mongolia is designed to determine the policies of the state over the next fourteen years in human development, economy, technology, culture and other areas, in line with global and regional trends. The Strategy is planned for the following national programs in Mongolia, "Natural resources", "Technology", "Infrastructure", "Water", "Agricultural development", "Tourism", "Housing", "City", "Education", "Health "" Food Safety".

The implementation of the national program "Cities" provides for the creation of favorable conditions for the development of cities with a population of 50 thousand people in the first stage, the development of satellite cities (Bagan-uur, Nalaikh, Bagakhangai).

In the construction industry for the production of building materials will be out on the level of countries with medium level of development, development of advanced production technology of building materials, improving the quality and range of products, development of construction materials based on local raw materials.

The national program "Housing" provides for an increase in the number of housing (commissioning), investment in housing, development of housing loans, private sector participation in the creation of new residential areas of infrastructure, housing most of the needy population in 2021.

Mongolia attaches great importance to its foreign policy aimed at increasing cooperation with the highly developed countries (USA, Japan, Republic of Korea), with its neighbors. In 2007 an American corporation has entered into a five-year agreement with Mongolia to implement several projects, including the project "The privatization of suburban land." This project aims to create a residential suburban infrastructure, based on intensive agriculture, resulting in the settlements surrounding the capital city and the city of Darkhan and Erdenet will create more than 300 units of intensive farming [6].

In order to create favorable living conditions in the country must address a number of problems:

- Improvement of living conditions on the outskirts of the city, where there is more concentration of the poor;
- Increase investment in the system of sewage treatment plants and district heating;
- Overcoming homelessness;
- Encouraging increased public and private investment in housing [1].

The literature:

1) B. Boldbaatar, Mongolia: the housing problem in the context of human capital formation. - Human and labor. № 5, 2007. p. 42-45.
2) B. Gungaadash, Economic Geography of Mongolia. - M. Progress, 1984. – 246 p.
3) I.I. Potemkina, Mongolia. - M.: Thought, 1988. - 143 p.
4) Zhanchivyn Amgalan, Modern Mongolia: training handbook. - Chita, ZabGPU, 2006. - 126 p.
5) http://www.nso.mn/v3/index2.php - site of the National Statistical Office of Mongolia, 03/06/10.
6) G.S. Yaskina, Mongolia and the United States of America: Toward a convergence // Problems of the Far East, № 3, 2008. - p. 26.

Solovova A.T.
Institute of natural resources, ecology and cryology,
Siberian Branch of the Russian Academy of Science

RECREATIONAL RESOURCE FOR THE INTERACTION OF MONGOLIA AND ZABAIKALSKY KRAI

Membership of the Mongols, Buryats and the Chinese people (living in Inner Mongolia) to a single ethnic roots, their confessional unity, kept the tradition in the culture and land, are still preserved the relationship between the inhabitants of border areas, represent an important resource for tourism development. Border neighbors' position of Mongolia and Transbaikalia, common ethnic roots, living in spiritual closeness of the country people, the difference and similarity of natural and cultural environment to reinforce this premise.

Ulan Bator (up to 1924 - Urga) - the capital of Mongolia, formed initially as a nomadic (sometimes hundreds of kilometers) rate Dzanabadzara and his successors. In 1919. in the capital, there were about 100 thousand 30 thousand Mongols (20 th and 10 th lamas of the laity), about 70 thousand Chinese, three thousand Russian. Modern Ulan Bator - a large city with a developed infrastructure. In the capital, home to one quarter of the population. The city has many theaters, museums, libraries, art galleries, academic institutions, universities and colleges.

Ulaanbaatar is surrounded on all sides by high mountains. Against the backdrop of the mountains look great as a high-rise buildings, as well as thousands of gers - traditional Mongolian dwelling, which built up the capital. From the old town survived to this day three of the monastery complex. In the north-west of the capital of the monastery Gandan, which was Lamaist University. In the monastery complex Goyzhin Lama contains unique Buddha statue made by sculptor Zanabazar XVIII century. The former winter residence of bogdohana turned into a museum called the Museum of Khan. Before entering the Khan Museum are wooden triumphal gate. They were built without a single nail. Seven churches are included in the ensemble of the Palace. All of them provide a good backdrop to a rich exposition of Khan Museum. In the center of Ulan Bator is the Central Museum. Kobdo City (1718) and Uliastaj (1733) formed quite differently. Originally it was the Manchu military strength, in due course they became administrative centers (mostly - with the Chinese population). In 1780 - 1911gg. Uliastaj was the main seat of the Manchu viceroy in Khalkha and Kobdo in 1766. became a district administrative center. In these cities in 1919. lived for three thousand people, with the share of the Mongols was 10% and was approximately equal numbers of Russian settlers.

Gobi Desert leaves a lasting impression, bordering on mystical obsession, forcing back here again and again. Under the unusually close to the stars in the mysterious twilight is most vividly seen stories about the proximity of Shambhala, an underground kingdom of Agartha, the White Island.

In Transbaikalia interesting tourist destination is the National Park Alkhanai, located in the Aga Buryat Autonomous District. The park was established in 1999, and has good transport accessibility (availability of roads, distance to the railway at least 250 km). Is allocated a unique natural and Buddhist religious complex, the shrine of Northern Buddhism, consecrated in 1991 the head of the Buddhist clergy, the Dalai Lama XIV. The number of local sites is the exclusive Mount Alkhanai as the center of the national park - one of the most famous shrines of northern Buddhism. Cold, weak radon water ultrafresh Arshan' considered holy and people are used to treat diseases. The peak of visitors in July-August. In the recreational activities in harmony, the mechanism of influence of local environmental conditions on the formation, development of the ethnic group. Developing eco-tourism, the relevant international principles and standards. Traces of ancient culture are reflected in the objects of Buddhist art, life style drill, with roots in antiquity.

The social and spiritual significance developed in the Aga Buryat Autonomous District) recreational activity is that it contributes to the development of spiritual values, is not just fun and relaxation, designed only to break the monotonous course of life and work, but it becomes a factor in the restoration of the individual and human dignity, unity and solidarity of people, man and the world around him, because it allows for direct contact with nature through the realization of his unity with it.

Scientists from different countries come here, hoping to further explore the nature and history of these places, in particular, the Aga - the core of a distant and mysterious Asia. To organize scientific trips are equally interested in the unique flora and fauna, archaeological and paleontological finds, culture, traditions, common language worlds.

Experienced travelers who have visited the unique areas of Mongolia and the Trans-Baikal region told friends and colleagues about the journey, and this remains the main source of information, a lot of positive experiences, including, and from experience with the local population. Involvement of Russian and foreign tourists in recreational and tourist space Trans-Baikal region and Mongolia is a culture of people living here long, which is expressed primarily in relation to each other and guests, to the way we live, what their promise to give tourists everyday communication. Development of eco-tourism is considered as a travel and leisure to natural areas that do not harm the environment and improve the welfare of local residents. It can be on the territory of Mongolia and the Trans-Baikal region, because based on the natural desire of Tungus ethnic groups live in harmony with nature. The development of recreational activities, the most favorable impact on the current state of the economy.

В.Ф. Задорожный
Институт природных ресурсов, экологии и криологии СО РАН,
А.Т. Напрасников
Институт географии СО РАН,
В.И. Гильфанова
Институт природных ресурсов, экологии и криологии СО РАН,

АКТУАЛЬНЫЕ НАПРАВЛЕНИЯ ИССЛЕДОВАНИЙ ТРАДИЦИОННОГО ПРИРОДОПОЛЬЗОВАНИЯ КОРЕННЫХ МАЛОЧИСЛЕННЫХ НАРОДОВ

Традиционное природопользование коренных малочисленных народов севера РФ является своеобразной ветвью системы природопользования. Ее спецификой является с одной стороны определяющее влияние природной среды (по выражению Л.Н. Гумилева «кормящего ландшафта») на образ жизни, а с другой – высокой степенью адаптации к условиям жизни конкретных «кормящих ландшафтах».

Благодаря этой взаимосвязи исторически первые народы сохраняются, но усиливающееся давление на исконные территории расселения представляют угрозу для их существования.

Этим определяется важнейшее направление исследований – разработка научно методических основ обоснования и выделения территории традиционного природопользования. Эти проблемы не обсуждены ни на одном российском форуме, нет и общероссийских рекомендаций, в чем на наш взгляд нуждаются многие субъекты РФ. Региональный опыт создания территорий традиционного природопользования уже достаточно обширный и разнообразный и есть необходимость извлечь из него наиболее полезное, например – функциональное зонирование, позволяющее без особого ущерба сосуществовать разным типам природопользования.

Следующее важное направление – создание правовой базы существования территорий традиционного природопользования и традиционных отраслей хозяйства на государственном и региональном уровнях. Существующий опыт в этом отношении также есть, но тоже отсутствует его оценка и возможности совершенствования. Федеральный закон «О территориях традиционного природопользования» (2001) как и ФЗ об использовании различных природных ресурсов (водных, лесных, территориальных и т.д.) не корреспондируют друг с другом, порождая многочисленные препятствия для ведения традиционного хозяйства.

Одним из главных препятствий является то, что ни одна из территорий традиционного природопользования созданных в сибирских и дальневосточных регионах не утверждена правительством РФ, как это предусмотрено ФЗ по неизвестным причинам.

Важным направлением является изучение подготовки квалифицированных кадров для традиционного хозяйства, начиная с подготовки учителей родного языка, овладение им в национальных школах; приобретение различных специальностей выпускниками национальных школ необходимых для разных отраслей. Их отсутствие (специалистов среднего и высшего звена) помимо прочих причин (например, сверхвысокие тарифы на электроэнергию, бензин, дизельное топливо и пр.) заведомо ущемляет возможности применения новейших достижений технических и технологических.

Очень важна подготовка кадров для управления хозяйственными национальными организациями и ассоциациями на уровне муниципальных образований. Как правило, на эти должности попадают люди, уже порвавшие связи с традиционными отраслями хозяйства (учителя, врачи, клубные работники и пр.). В результате они не представляют интересы занятых в традиционном хозяйстве, и вся их деятельность сводится к созданию довольно примитивных культурно-досуговых центров и самодеятельности. Постановления местной региональной власти касаются, прежде всего, такого рода культурной деятельности, хотя, прежде всего, необходимо сконцентрировать внимание на поддержке непосредственно хозяйственной деятельности являющейся важнейшей составляющей понятия «культура». Это неоднократно высказываемая авторами мысль (Традиционное…, 1995; Зональные типы…,2010) неожиданно получила поддержку ведущего географа-ландшафтоведа А.Г. Исаченко. «При всей актуальности задач защиты традиционной культуры очевидна невозможность их решения в отрыве от традиционного природопользования, а последнее в свою очередь определяется состоянием «кормящего» природного ландшафта. Этим положением, как представляется, должна определяться логическая последовательность научного обоснования и практического осуществления мероприятий по жизнеобеспечению малочисленных северных народов, не сводя всю проблему к сохранению традиционной культуры» (2012).

Большая потребность существует в изучении направлений взаимодействия национальных объединений (прежде всего производственных) с муниципальной властью, через которую осуществляется связь ассоциаций коренных малочисленных народов севера и хозяйствующих субъектов с региональной и федеральной властью. Имеется в виду, прежде всего составление региональных программ «Социально-экономического развития коренных малочисленных народов севера», финансируемых из бюджетов разных уровней, включая федеральный.

Важным направлением исследований являются проблемы функционирования малых национальных поселений. Подключение таких поселений к общерайонной системе инфраструктурных сооружений (наземные пути сообщения, ЛЭП, медицинская помощь и т.д.) затруднительно из-за скудности бюджетов муниципальных образований. Поэтому такие поселения постоянная головная боль местной власти. Радикальным решением этой проблемы (для местной власти) является их ликвидация.

С точки зрения сохранения и развития традиционного хозяйства эти поселения являются «ядрами» концентрации и сохранения традиции малочисленного этноса. Отсюда возникает естественным образом необходимость сохранения этих «ядер этнической традиционности» на основе улучшения организации управления и использования новых технических и технологических средств в обеспечении жизни этносов, т.е. необходимо вкладывать средства в инфраструктурное обустройство территории с учетом специфики жизнедеятельности этнических меньшинств. Именно в этом заключается одна из главных обязанностей, взятых на себя государством.

Координация направлений исследования проблем сохранения и развития традиционного природопользования малочисленных этносов может способствовать появлению научно-обоснованных рекомендаций по переходу от сохранения и выживания к развитию традиционного хозяйства и культуры.

Литература:

1. Традиционное природопользование эвенков: обоснование территорий в Читинской области. – Новосибирск, Наука, 1995.
2. Исаченко А.Г. Географические аспекты проблемы жизнеобеспечения малочисленных народов Севера //Известия русского географического общества. – Сентябрь-октябрь. – Том 144. – Вып. 5. – Санкт-Петербург «Наука», 2012. – с. 1-27
3. Напрасников А.Т., Рагулина М.В., Калеп Л.Л. и др. Территории традиционного природопользования Восточной Сибири: географические аспекты обоснования и анализа. – Новоисбирск: «Наука», 2005. – 212 с.
4. Задорожный В.Ф., Напрасников А.Т., Раднаев Б.Л. Зональные типы природопользования: опыт географического и этнического обоснования и анализа. – Новосибирск, «Наука», 2010. – 240 с.

Крыськов А.А.
кандидат исторических наук, доцент, Тернопольский национальный технический университет имени Ивана Пулюя
e-mail: kryskov.te@gmail.com

ИСТОРИЯ КРЕСТЬЯНСТВА ПРАВОБЕРЕЖНОЙ УКРАИНЫ ВТОРОЙ ПОЛОВИНЫ XIX ВЕКА В СОВРЕМЕННОЙ УКРАИНСКОЙ ИСТОРИОГРАФИИ

В середине 1990-х годов в украинской исторической науке наметился отход от установленных идеологических рамок осмысления экономической роли, социального и правового статусов крестьянства Украины вообще, и, в частности, Правобережной Украины в развитии региона в пореформенный период [1]. Академик А.Реент указал на главные задачи при анализе разных аспектов истории крестьянства, в первую очередь – кардинальное переосмысление методологического аппарата, овладение новым научным инструментарием. Также он отметил необходимость обращения внимания на особенности развития разных регионов, призвав делать соответствующие выводы только на основании изучения ситуации в каждом из них [2, 15]. На современном этапе появились новые научные труды, подходы и модели истории крестьянства, возросло количество исследований по истории украинских регионов. Таким образом, существует необходимость охарактеризовать научные наработки, проанализировать освещение современной украинской историографией эволюции крестьянского хозяйства Правобережной Украины в пореформенный период, актуальных вопросов его существования: интеграции в рыночные отношения, способы и методы хозяйствования, его кредитование, уровень развития капиталистических отношений и т.д.

Исследователь украинского крестьянства В.Нечитайло в своей монографии проанализировал зарождение и развитие фермерского уклада в Украине, уделив внимание соответствующему опыту крестьянства Правобережной Украины. Масовое становление крестьянских фермерских хозяйств в регионе он относит к 1860-м годам [3]. Не соглашаются с этим историки А.Зинченко и А.Крыськов, которые считают, что возникшие после реформы крестьянские хозяйства вряд ли следует считать хозяйствами фермерского типа, так как существенным тормозом в их развитии были множественные государственные ограничения, в том числе на рынке земли и труда [4; 5].

Поземельным отношениям в Правобережной Украине второй половины посвятили свои монографии С.Борисевич и П.Захарченко. С.Борисевич уделил особое внимание законодательному регулированию поземельных отношений [6], а П.Захарченко проследил эволюцию права собственности на землю, выделяя в этом аспекте Правобережную Украину как территорию, где правительство Российской империи заняло откровенно прокрестьянскую позицию в вопросе реализации положений реформы 1861 г. [7].

Современные украинские историки в целом едины в мнении о причинах медленного развития крестьянских хозяйств региона в рыночных условиях, указывая на их неэффективность и длительное развитие экстенсивным путём. Ю.Вовк причинами низкой рентабельности крестьянских хозяйств называет использование примитивных орудий труда, отсутствие удобрений, применение триполья, отсталость агротехники и методов обработки почвы, существовавшую податную систему [8]. О.Крыжановская, изучая крестьянское хозяйствование, отметила, что крестьяне не всегда рационально использовали свои наделы: многие бедняцкие хозяйства не только не переходили на многополье, но и сокращали применение триполья, следствием чего было истощение почвы и снижение урожайности [9].

Малоизученному аспекту истории крестьянских хозяйств – оценке доходов и расходов их бюджетов – посвятил исследование Д.Остапенко. На основании данных статистики конца XIX в. он раскрыл отличия в бюджетах разных категорий крестьянства в отдельных регионах Украины, показав, что средние за размерами хозяйства Южной Украины превосходили самые багатые хозяйства Правобережной Украины, указав, что для нормального функционирования большинства из них их хозяевам необходимо было искать дополнительные источники [10].

Отличительной чертой современного периода изучения крестьянства есть использование методов социальной психологии и этнологии для раскрытия связи между образом жизни крестьян и их менталитетом. В работе Ю.Присяжнюка утверждается, что эволюция общества с её радикальными изменениями не особо отразилась на социально-психологической самобытности крестьян Правобережной Украины второй половины XIX в. [11]. Коллективизм, демократизм, соответствующие стереотипы поведения и крестьянская культура были порождены самим характером сельскохозяйственного производства, доминированием натуральной системы, господством традиции, бывшей главным механизмом функционирования хозяйства и всех социальных процессов в деревне.

Таким образом, в изучении истории крестьянства Правобережной Украины второй половины XIX в. определяются новые направления. Актуальной есть полидисциплинарность при составлении демографического, социокультурного, экономико-статистического, политико-правового аспектов. Современная историография проблемы характеризуется динамическим состоянием, поиском новых парадигм для реконструкции прошлого.

Литература:

1. Марочко В.І. Аграрні реформи в Україні (друга половина XIX – перша половина XX ст.): соціально-економічний аспект // Матеріали Всеукраїнського симпозіуму з проблем аграрної історії. – К., 1996. – Ч.І. – С.73-79; Селіхов Д.А. Правове регулювання господарської діяльності індивідуального (фермерського) господарства в Україні в умовах реформ 1861 та 1906 років // Проблеми законності: Респ. міжвідомчий науковий збірник. – Випуск 34. – Харків, 1998. – С.29-35; Якименко М.А. Становлення селянського (фермерського) господарства в Україні після скасування кріпосного права (1861-1918 рр.) // Український історичний журнал. – 1996. - №1. – С.3-14.
2. Реєнт О.П. Деякі проблеми історії України XIX – початку XX ст.: стан і перспективи наукової розробки // Український історичний журнал. – 2000. - №2. – С.3-26.
3. Нечитайло В.В. Становлення селянського господарства фермерського типу в Україні: історія і сучасність. – Кам'янець-Подільський, 2004. – 436 с.
4. Зінченко А. Реформа 1861 р. в Україні як дискусійне поле історичної науки // Київська старовина. – 2006. - №2 – С.33-45.
5. Криськов А.А. Фермерство на Поділлі (1861-1900-ті роки) // Фермерські господарства на Поділлі: історична ретроспектива і сучасний стан: Збірник наукових праць за матеріалами Всеукраїнської науково-практичної конференції (22-23 квітня 2003 року). - Кам'янець-Подільський, 2003. – С.17-23.
6. Борисевич С.О. Законодавче регулювання поземельних відносин у Правобережній Україні (1793-1886 роки). – К., 2007. – 424 с.
7. Захарченко П. Розвиток права власності на землю в Україні (середина XIX – перша чверть XX ст.). – К., 2008. – 296 с.
8. Вовк Ю.І. До питання рентабельності селянських господарств України на рубежі XIX-XX ст. // Український селянин. – 2001. – Вип.1. – С.53-54.
9. Крижанівська О.О. Селянське господарювання // Історія українського селянства: Нариси в 2-х томах. – Т.1. – К., 2006. – С.381.
10. Остапенко Д.О. Бюджетні обстеження селянських господарств в Україні наприкінці XIX ст. // Збірник наукових праць Харківського національного педагогічного університету ім.Г.С.Сковороди. Серія: історія та географія. – 2002. – Вип.9. – С.17-25.
11. Присяжнюк Ю.П. Українське селянство Наддніпрянської України: соціоментальна історія другої половини XIX – початку XX ст. – Черкаси, 2007. – 640 с.

Волкова Л.А.
к.и.н., доцент, ФГБОУ «Глазовский государственный педагогический институт им. В.Г. Короленко»
Перевозчикова О.Е.
магистрант ФГБОУ «Глазовский государственный педагогический институт им. В.Г. Короленко»

«СВОБОДНОЕ РАЗВИТИЕ ВО ГЛАВЕ С НАЦИОНАЛЬНОЙ ШКОЛОЙ»: О ДЕЯТЕЛЬНОСТИ ГЛАЗОВСКОГО КУЛЬТУРНО-ПРОСВЕТИТЕЛЬНОГО ОБЩЕСТВА В НАЧАЛЕ XX ВЕКА

Удмуртская национальная школа в начале XX века развивалась в русле неразрешенных задач российской системы образования инородцев. С 1906 года по новым правилам в инородческих начальных училищах была отменена система Н.И. Ильминского, предусматривавшая использование родного языка в преподавании школьных предметов. Новое направление формулировало необходимость активизации в школе религиозно-нравственного воспитания и сближения нерусских народностей с русскими с целью формирования общегражданского (православного) самосознания. В связи с этим предполагалось изучение Закона Божия и преподавание светских предметов на русском языке, что значительно затрудняло понимание детьми содержания предмета. Нерусская национальная интеллигенция в лице учителей и священнослужителей формулировала свое понимание школьного образования и пыталась внедрить эти идеи в жизнь. Февральская революция активизировала их деятельность, а Октябрьская –свернула, так как по справедливому утверждению Н.П. Павлова, функции целого общественного института стал выполнять один комиссар отдела национальностей исполкома Советов депутатов [1, 67].

Архивные документы (ЦГА УР, г. Ижевск) позволяют пролить свет на некоторые страницы истории Глазовского культурно-просветительного общества удмуртов (Глазовский уезд Вятской губернии, территория современной Удмуртской республики – авт.) в создании национальной школы. Общество (77 человек) просуществовало недолго – с мая 1917 по 6 июля 1918 г. Однако его члены первыми вынесли на широкое общественное обсуждение (три делегатских съезда удмуртов – жителей города Глазова и уезда) наболевшие вопросы школьного и внешкольного образования. Они признавали необходимым издание газет и учебников на удмуртском языке, создание библиотек в удмуртских селах и деревнях, также они первыми заговорили о внедрении родного языка в преподавание школьных предметов и в богослужение [2, 2]. Решения I-го съезда удмуртов Глазовского уезда (13–14 июня) носили, скорее, рекомендательный, чем юридический характер. Это связано, на наш взгляд, с отсутствием соответствующих государственных законодательных актов, единой программы у правления Общества, слабым представительством удмуртов в структуре власти.

Постановления II-го съезда (14–16 июля) [2, 22 об.] оказались более плодотворными и практически ориентированными. Уездное земское собрание признало их справедливыми и согласилось устроить курсы удмуртского языка для русских учителей, желающих изучить язык. Также было решено провести курсы по повышению квалификации для учителей-инородцев и познакомить их с научными основами родного языка, приемами и способами преподавания школьных предметов в национальных школах. Уездное земское собрание также учредило должность инструктора по народному образованию для национальных школ, по решению собрания также были выписаны газеты на инородческих языках во вновь открывшиеся инородческих селениях избы-читальни, библиотеки [2, 32, 37 об., 41 об.]. Вскоре после завершения съезда священник Преображенского собора о. В.Д. Крылов – председатель культурно-просветительного общества, обратился к педагогическому совету Глазовской учительской семинарии и женской семинарии с предложением ввести преподавание удмуртского языка. В прошении (заявлении) он написал, что «все народы, населяющие Россию, вправе требовать себе свободного развития на почве культурного самоопределения наций во главе с национальной школой». Для правильного развития и воспитания детей («действуя на душу и сердце ребенка») преподавание в начальной школе нужно вести на материнском языке ребенка, потому что переводные способы обучения развивают в нем подражательность и убивают всякую самостоятельность [2, 27–28]. Рекомендуя о. В. Крылова перед Казанским учебным округом, члены Попечительного совета женской гимназии наряду с его заслугами в нравственно-религиозном воспитании детей отметили большой опыт работы учителем начальных училищ, в которых он работал по окончании Казанской учительской семинарии. Было предложено расписание уроков удмуртского языка: «в учительской семинарии в неделю 6 – 8 уроков, мужской гимназии – 4 урока, женской гимназии – 4 урока, высшем начальном училище – 2 урока». Финансовые расходы в оплате труда учителя, приобретение учебных книг и пособий взяло на себя Глазовское уездное земство [2, 84–84 об.]. Съезд также постановил, что состав причта православных храмов в приходах с удмуртским населением должен быть представлен удмуртами или русскими, хорошо владеющими языком своей паствы, а языком богослужения должен быть родной язык удмуртов. Таким образом, можно сказать, что решения II-го съезда заложили фундамент для развития национальной школы в Глазовском уезде.

Последний, III-й съезд удмуртов проходил с 10 по 12 марта 1918 года. На этом съезде также обсуждались вопросы школьного образования.

Например, – о необходимости соблюдать количественные пропорции учащихся-удмуртов во всех учебных заведениях губернского города Вятки (в учительском институте, реальном училище, средне-техническом сельскохозяйственном училище) по отношению к другим ученикам как 10 к 100. В учебных заведениях Глазовского уезда (с наибольшим количеством удмуртских жителей) среди каждых 100 учащихся должно учиться 40 удмуртских детей. При этом рекомендовалось для лучшего усвоения материала первые два года обучение вести на родном языке, затем, – на русском языке. Для успешного обучения предлагалось брать учителей удмуртов или русских, успешно сдавших экзамен на знание удмуртского языка. Как и на предыдущих съездах, особое внимание уделялось осуществлению православной церковной миссии и обучению молитвам на удмуртском языке. В случае незнания священником языка своей паствы, обучать должен квалифицированный учитель [1, 84].

Уездное земское собрание, выполняя постановление съезда, поручило земской управе ходатайствовать о создании удмуртской учительской семинарии в Глазове. Кстати, не все делегаты съезда одобрили выбор места расположения семинарии в городе. Из протоколов съезда видно, что школьный комитет земского собрания также склонялся к выбору места не в городе, а в уездных селах Зура или Полом. Такое решение обосновывалось наибольшим представительством удмуртов в сельской местности. В ответном докладе члена правления Общества П.Ф. Целоусова опровергается целесообразность такого решения и доказывается, что уездный город является не только административным, но и культурным центром для всех сословий и народностей. Он располагается на железной дороге, что облегчает доступ жителей уезда в город. В городе имеются организационные и финансовые возможности создания типографии для издания книг и газет на удмуртском языке. Наконец, в городе проживает наибольшее число грамотных и образованных удмуртов, которые желают объединяться для осуществления общественно-политической и культурно-просветительной деятельности [1, 84].

Таким образом, история съездов Глазовского культурно-просветительного общества позволяет сделать вывод о том, что удмуртская интеллигенция отстаивала право каждого гражданина объясняться на родном языке. Это право должно быть обеспечено созданием национальных школ и обучением детей на родном языке наравне с общегосударственным – русским. Идея и практика функционирования национальной школы в дальнейшем получила свое развитие в советской системе образования.

Литература и источники

1. Павлов Н.П. Самоопределение, автономия: идея, реалии. – Ижевск: Удмуртия, 2000. – 224 с.: вкл.

2. ЦГА УР (Центральный государственный архив Удмуртской республики). Ф. Р–1072, оп.1, д. 1, 2. Глазовское культурно-просветительное общество удмуртов.

3. ЦГА УР. Ф. 81, оп. 2, д. 18. Глазовская женская гимназия. Распоряжения МНП о назначении, перемещении, увольнении служащих и преподавателей, прошения граждан о назначении на свободные должности в женской гимназии (июнь 1916 – январь 1918 г.).

Скубий И.В.
соискатель кафедры пропедевтики ортопедической стоматологии ВГУЗУ "Украинская медицинская стоматологическая академия"
Черевко Ф.А.
клинический ординатор кафедры пропедевтики ортопедической стоматологии ВГУЗУ "Украинская медицинская стоматологическая академия"
Коробейникова Ю.Л.
клинический ординатор кафедры пропедевтики ортопедической стоматологии ВГУЗУ "Украинская медицинская стоматологическая академия"
Король Д.М.
доктор медицинских наук, профессор, заведующий кафедрой пропедевтики ортопедической стоматологии ВГУЗУ "Украинская медицинская стоматологическая академия",
Эл. Адрес: korolmd@mail.ru

ИЗУЧЕНИЕ БИОСОВМЕСТИМОСТИ ОБРАЗЦОВ САМАРИЙ-КОБАЛЬТОВЫХ МАГНИТОВ МЕТОДОМ КУЛЬТУРЫ ТКАНЕЙ

Одной из актуальных проблем в ортопедической стоматологии является фиксация съемных зубных протезов в полости рта. Применение методов фиксации с привлечением сил магнитного притягивания открывает возможность достижения нужной стойкости протезов при ортопедическом лечении больных с потерей зубов. Самарий-кобальтовый сплав широко применяется в технике, биологии и медицине. Магнитные свойства самария-кобальта значительно лучше, чем у других магнитных сплавов [1, 54]. Большая коэрцитивная сила магнитной энергии самарию-кобальту в 5-40 раз больше, чем у известных сплавов-предшественников, что способствует стойкости материала к размагничиванию. Это позволяет применять магниты плоской формы и малых размеров с длительным сохранением магнитных свойств материала в стоматологии [1,55]. Применение самарий-кобальтовых магнитов имеет ряд преимуществ: они легко вводятся в акриловую пластмассу и легко устанавливаются [2,322].

Целью работы было проведение медико-биологических исследований самарий-кобальтовых магнитов.

Культуры были исследованные методом эксплантации в сгустке плазмы во флаконах Карреля. Исследовались две экспериментальных группы: опытная и контрольная. В качестве контроля были культивируемые ткани. В опытной группе на 3, 7 и 10 сутки культивирование ткани среда 199 заменяли вытяжками из опытного образца. Вытяжку готовили в соотношение площади поверхности образцов к объему модельной среды 1:1 см/см. В качестве модельной среды использовали - среда 199 для культуры тканей.

Изменение жидкой фазы питательной среды, как в контрольной, так и в опытных группах проводили через 3, 7 и 10 суток культивирование, только в опытной группе среду 199 заменяли вытяжками из опытных образцов.

С целью стандартизации характера роста культур, их зоны классифицировали на компактную, сеткоподобную и зону мигрирующих клеток, критерием для выделения которых был характер расположения растущих фибробластических элементов.

Исследования роста и развития клеточных элементов подкожной клетчатки белых крыс показало, что миграция фибробластических элементов в контрольных флаконах происходила на 3 время наблюдений.

В опытных флаконах с вытяжкой из образцов первые признаки роста фибробластов наблюдались также на 3 сутки культивирования. Первичная зона формировалась за счет тяжей и единичных клеток, которые имели веретенообразную форму (рис. 1).

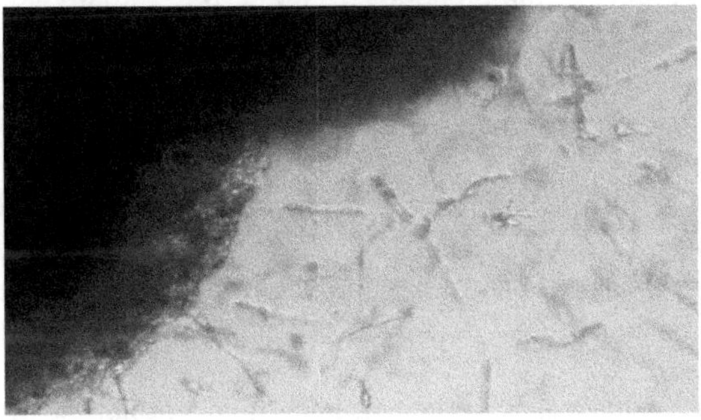

Рис. 1. Начало роста в культуре подкожно жировой клетчатки крыс. Флакон с вытяжкой опытного образца магнита типа самарий-кобальт. XI50

На 5-7 время культивирования в опытных флаконах происходило формирование сеткоподобной зоны роста, которая формировалась из пучков и тяжей, что располагались сеткообразно, с элементами компактной зоны, а также зоны мигрирующих элементов, которые имели веретенообразную форму. Поверхность роста и внешние характеристики клеток не отличались от контрольных образцов (рис. 2).

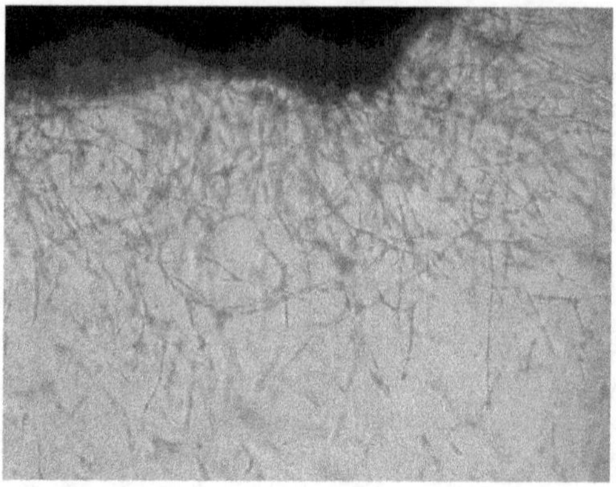

Рис. 2. Рост культуры тканей фибробластов на 7 сутки. Флакон с вытяжкой опытного образца магнита типа самарий-кобальт. XI50

На 10 сутки культивирование происходит формирование трех зон роста: компактной, сеткообразной и зоны мигрирующих клеток. В опытных образцах эти зоны по величине практически не отличались от контроля. Однако наблюдалось усиление признаков дегенерации клеточных элементов в компактной и сеткоподобной зонах роста, где наблюдалось разъединение клеток. Наблюдалась потеря ими межклеточных мостиков, вакуолизация и зернистое перерождение цитоплазмы.

На 14 сутки исследования клеточная популяция вступала в фазу дегенерации, что оказывалось в значительной вакуолизации цитоплазмы и зернистом перерождении ее в клетках, как и в контрольных флаконах, что характерно для данного срока этой культуры.

Таким образом, проведенные исследования показали, что динамика и характер роста клеточных элементов в опытных флаконах существенно не отличались от контрольных культур, что позволяет сделать вывод об отсутствии гистотоксического влияния образцов магнитов типа самарий-кобальт.

Литература

1. Застосування самарій-кобальтових магнітів у знімному та незнімному зубному протезуванні. Огляд літератури / Король М.Д., Король Д.М., Головко Н.В. и др. // Новини стоматології, 2008. - № 1(54). – С. 53 – 55.
2. Ортопедическая стоматология: Руководство для врачей, студ. вузов и мед. училищ / Н.Г. Аболмасов, Н.Н. Аболмасов, В.А. Бычков, А. Аль-Хаким. - М.: МЕДпресс-информ, 2002. - 576 с.

Виженко Е.Е.
кандидат медицинских наук, ассистент кафедры пропедевтики ортопедической стоматологии ВГУЗУ "Украинская медицинская стоматологическая академия"
Билый С.Н.
соискатель кафедры пропедевтики ортопедической стоматологии ВГУЗУ "Украинская медицинская стоматологическая академия"
Ефименко А.С.
соискатель кафедры пропедевтики ортопедической стоматологии ВГУЗУ "Украинская медицинская стоматологическая академия"
Николов В.В.
соискатель кафедры пропедевтики ортопедической стоматологии ВГУЗУ "Украинская медицинская стоматологическая академия"
Апекунов Г.Ю.
соискатель кафедры пропедевтики ортопедической стоматологии ВГУЗУ "Украинская медицинская стоматологическая академия"
Король Д.М.
доктор медицинских наук, профессор, заведующий кафедрой пропедевтики ортопедической стоматологии ВГУЗУ "Украинская медицинская стоматологическая академия"

МЕТОДИКА МИКРОБИОЛОГИЧЕСКОГО ИССЛЕДОВАНИЯ В КЛИНИЧЕСКИХ УСЛОВИЯХ ПРЕПАРАТОМ SALIVA CHECK MUTANS ФИРМИ "GC", ЯПОНИЯ

Поскольку повышенная адгезия к конструкционным элементам имплантатов может содействовать развитию периимплантита, проблема адгезии микроорганизмов к материалам, которые используются в стоматологии, является крайне актуальной [4, 174; 5, 90].

Большую часть в составе зубного налета составляют стрептококки, вейлонелы и нейсерии, и небольшую часть – дифтероиды, стафилококки, фузобактерии, актиномицеты и дрожжеподобные грибы [6, 32]. Бактериальный состав пародонтального кармана также отличается разнообразием и включает факультативные кокки, лактобактерии, облигатные анаэробы, фузобактерии, самые простые, и грибы рода Candida [2, 8]. Есть исследования, которые показывают, что бактерии могут играть значительную роль в процессе атрофии кости. Клинические и микробиологические данные удостоверяют, что в участке имплантатов, которые были отторгнуты, присутствует такая же микрофлора как и при заболеваниях пародонта [1, 27].

Микробиологические исследования позволяют получить необходимую информацию для выявления возбудителя болезни, выборе метода антибиотикотерапии и контроля эффективности лечения [7, 29].

Традиционные методы определения бактериальной микрофлоры, связанные с изучением качественного состава микрофлоры, требуют много времени и дорогие по стоимости. Их приложение в пределах регулярных контрольных посещений не является обязательным, зато они пригодны в диагностике и лечении периимплантита для идентификации возбудителя.

В повседневной работе стоматолога есть потребность в диагностических тестах, которые бы давали количественную оценку микробного обсеменения полости рта для определения состояния гигиены полости рта и степени риска развития того или иного заболевания.

Фирма GC (Япония) разработала препарат Saliva Check Mutans для количественного определения Streptococcus mutans в ротовой жидкости. Streptococcus mutans является кариесогенным микроорганизмом, имеет высокую адгезию к твердым тканям зуба. Также он оказывается в ассоциациях при воспалительных процессах полости рта и челюстно-лицевой области [3, 41].

Тест основан на применении двух фаз моноклональных антител, которые избирательно реагируют с данным видом микроорганизма, не нуждаются в прижизненных микроорганизмах и инкубатора для поддержки оптимальной температуры. Метод непосредственного определения количественной оценки уровня S. Mutans в слюне проводится прямо в стоматологическом кабинете, через 15 хв. дает точный результат [8, 23; 9, 285; 10, 21].

Методика проведения теста. Пациенту дают пожевать воск в течение 1 мин. для стимуляции слюноотделения. Слюна собирается в одноразовый контейнер к линии А. Перед проведениям теста пациенту рекомендуют не употреблять еду, воду, не чистить зубы. Последовательно прибавить в пробирку одну каплю реагента №1, постучать пальцем приблизительно 15 раз в течение 10 секунд и четыре капли реагента №2, перемешать пока образец не изменит цвет на светло-зеленый (изменение pH из щелочного на нейтральный). Такие манипуляции нужны для растворения слюны и легкого проникновения в тестирующее окошко. С помощью пипетки достаточное количество жидкости переносим в тестирующее окошко прибора и оставляем на 15 минут при комнатной температуре.

В контрольном окошке (С) должна появиться широкая красная полоска, которая удостоверяет о правильности проведение теста. Результат теста позитивен, если в окошке (Т) имеется тонкая красная полоска - это указывает на высокий уровень Streptococcus mutans в слюне (больше $5 \cdot 10^5$ колоний образующих единиц/мл), у пациента большой риск возникновения кариеса в будущем. Если через 15 минут красная полоска отсутствует, то уровень концентрации S. mutans низкий, и, соответственно, низкий уровень развития кариеса.

В нашей работе мы считаем целесообразным проведение микробиологического исследования по методике, которая апробирована и применена в клинической практике рядом ведущих врачей, таких как J.W. Laurence, I. Kazunori, C. Draper [8, 23; 9, 285; 10, 21] с применением стандартного набора реактивов и материалов.

Эта методика, с одной стороны, дает возможность определить влияние фиксирующего цемента на микрофлору полости рта, а, из другого, характеризует состояние гигиены и риск развития периимплантита в связи с микробной адгезией к конструктивным элементам протеза, фиксированного на имплантатах.

Литература

1. Баранова И.А. Микробная адгезия к композитным коронкам in vitro / И.А. Баранова [и соавт.]. // Сборник тезисов международной конференции «Копейкинские байкальские чтения – 2001». 28−29 июня 2001 г. – Иркутск – Ангарск, 2001. – С. 26-27.
2. Дмитриева Л.А. Клинические и микробиологические аспекты применения реставрационных материалов и антисептиков в комплексном лечении заболеваний пародонта / Л.А. Дмитриева, А.Е. Романов, В.Н. Царев. – М.: МедПресс-информ, 2002. – 96 с.
3. Дунязина Т.М. Значение исследования «маркерных» микроорганизмов зубной бляшки на пародонтологическом приеме / Т.М. Дунязина, C.D. Bauermeister // Институт стоматологии. – 2001. – № 3(12). – С.7–8.
4. Иванов С.Ю. Оценка степени адгезии бактерий полости рта к электретной поверхности дентальных имплантатов / С.Ю. Иванов [и соавт.]. // Институт стоматологии. − 2006. − №2. − С. 40−41.
5. Кравеишвили С.Е. Адгезивная способность микроорганизмов к конструкционным материалам, применяемым для изготовления временных конструкций зубных протезов / С.Е. Кравеишвили [и соавт.]. // Материалы II международного конгресса стоматологов. Грузия, Тбилиси, 20−22 сентября, 2000. – Тбилиси, 2000. – С. 173-174.
6. Опанасюк И.В. Одноэтапная имплантация. Немедленная нагрузка. Одноэтапный Q-implant фирмы Trinon (Германия) / И. В. Опанасюк, Ю.В. Опанасюк // Современная стоматология. − 2003.− №2.− С. 86−92.
7. Широбоков В.П. Бактериологический спектр содержимого пародонтальных карманов у больных генерализованным пародонтитом / В.П. Широбоков [и соавт.]. // Современная стоматология. – 2003. – №2. – С. 29–32.
8. Bauermeister C.D. Микробиологическая диагностика заболеваний тканей пародонта / C.D.Bauermeister // Новое в стоматологи. − 2003. − №7. − С. 27−30.

9. Draper C. Technology and Dental Caries – A how-to guide to the current technology for the prevention, management and treatment of dental caries / Cathy Draper // Journal of the California Dental Hygienists` Association. – 2010 Winter. – Vol. 25. – №1. – P. 21–24.
10. Kazunori I. Association of salivary streptococcus mutans levels determined by rapid detection system using monoclonal antibodies with prevalence of root surface caries / Ikebe Kazunori // Am J Dent. – 2008 Oct. – Vol. 21. – №5. – P. 283-287.
11. Laurence J.W. Определение уровней концентрации Streptococcus mutans в клинических условиях. Новый инструмент для быстрой оценки риска возникновения и развития кариеса / J. Walsh Laurence // Dental Market. – 2009. – №6. – С. 19–22.

УДК 616.24-092.9.613.86

Коптев М.Н., Пронина Е.Н., Данильченко С.И., Бойко Д.Н., Воскресенская Л.К., Зюзина Л.С.
Коптев М.Н., преподаватель ВГУЗ Украины «Украинская медицинская стоматологическая академия», г. Полтава, Украина
Пронина Е.Н., профессор, д.мед.н., ВГУЗ Украины «Украинская медицинская стоматологическая академия», г. Полтава, Украина
Данильченко С.И., доцент, к.мед.н., ВГУЗ Украины «Украинская медицинская стоматологическая академия», г. Полтава, Украина
Бойко Д.Н., доцент, к.мед.н., ВГУЗ Украины «Украинская медицинская стоматологическая академия», г. Полтава, Украина
Воскресенская Л.К., профессор, д.мед.н., ВГУЗ Украины «Украинская медицинская стоматологическая академия», г. Полтава, Украина
Зюзина Л.С., доцент, к.мед.н., ВГУЗ Украины «Украинская медицинская стоматологическая академия», г. Полтава, Украина
svetlana_danilch@mail.ru

ВЛИЯНИЕ ЭКСПЕРИМЕНТАЛЬНОГО ИММОБИЛИЗАЦИОННОГО СТРЕССА НА СТРОМУ ЛЁГКОГО КРЫСЫ

Эра научно-технического прогресса наряду с общим улучшением качества жизни человека, имеет и свои отрицательные стороны. Стремительный темп нынешней жизни, быстро меняющиеся условия внешней среды требуют от организма современного человека постоянной адаптации. Приспосабливаясь к новым условиям существования, организм человека испытывает постоянное напряжение [5,2013]. Стресс-реакция, возникающая в организме, может превратиться из звена адаптации в звено патогенеза множества заболеваний [1,67; 4,16].

Целью работы являлось исследование влияние экспериментального иммобилизационного стресса на строму лёгкого крысы.

Работа был выполнена на 60 белых крысах-самцах линии Вистар. Возраст подопытных животных составлял 8-10 месяцев, масса тела – 240-260 грамм. Экспериментальная часть исследования проводилась с соблюдением требований международных принципов «Европейской Конвенции о защите позвоночных животных, используемых для экспериментов или в иных научных целях» (Страсбург, 18.03.1986 г.) и соответствующего закона Украины «О защите животных от жестокого обращения» (№ 3446-IV от 21.02.2006 г., Киев).

Из подопытных животных 20 были подвергнуты воздействию острого иммобилизационного стресса (I экспериментальная группа), 20 – хронического (II экспериментальная группа). Оставшиеся 20 крыс составили контрольную группу, которая содержалась в стандартных условиях вивария академии и не была задействована в проведении других исследований или экспериментов.

Острый стресс воспроизводили путем однократной фиксации крыс на спине в течение 6 часов, хронический – путём ежедневной фиксации на спине по 40 минут в течение 21 дня. Забой экспериментальных животных проводили натощак путем декапитации под тиопенталовым наркозом. После раскрытия грудной клетки и общего осмотра её органов, производили забор легочной ткани для гистологического исследования. Кусочки легкого фиксировали в 10% растворе нейтрального формалина, затем помещали в парафин по общепринятой методике [2,140]. Препараты окрашивали гематоксилин-эозином, по Харту-Ван-Гизону и Маллори.

Строма лёгкого крысы образована интерстициальной соединительной тканью, с находящимися здесь резидентными клетками (фибробласты) и клетками-мигрантами (макрофаги, мастоциты, лимфоидные и плазматические клетки), кровеносными и лимфатическими сосудами, нервными волокнами. Проведенное гистологическое исследование показало, интерстициальная соединительная ткань стромы лёгкого состоит из большого количества эластичных и коллагеновых волокон и аморфного вещества. Эластичные волокна выполняют основную опорную функцию в межальвеолярных перегородках, предотвращая чрезмерное растяжение альвеол. Окраска гистологических срезов по Харту-Ван Гизону выявила усиление эластичного каркаса стенок альвеол у животных I экспериментальной группы, что проявлялось в увеличении количества эластических волокон. У крыс II экспериментальной группы вследствие усиления эластического каркаса эластический рисунок приобретал грубый вид.

Влияние экспериментального острого иммобилизационнного стресса, согласно результатам нашего исследования, также вызывает увеличение количества мастоцитов и плазматических клеток в интерстиции лёгкого. У подопытных крыс из II экспериментальной группы, кроме аналогичных изменений, отмечалась гипергидратация соединительной ткани и инфильтрация её лейкоцитами, особенно в периваскулярных участках.

Исследование гемомикроциркуляторного русла стромы лёгкого крыс, испытавших воздействие острого иммобилизационного стресса, выявило явления стаза крови во всех его звеньях. Просветы сосудов были плотно заполнены эритроцитами. Стенки емкостных сосудов истончались, их базальная мембрана визуализировалась в виде тоненькой базофильной полоски, сохраняющей непрерывность. Из расширенных емкостных гемомикрососудов, особенно в периферических отделах лёгких, наблюдались очаговые явления диапедеза эритроцитов в интерстициальную соединительную ткань. Наряду с этим в описанных участках отмечалось присутствие большого количества интерстициальных макрофагов.

Проведенное морфометрическое исследование сосудов гемомикроциркуляторного русла показало, что у животных I экспериментальной группы средний диаметр артериол несущественно увеличился. Среднее же значение диаметра капилляров повысилось более чем вдвое, по сравнению с контрольной группой, что соответственно составляло 7,31 ± 0,71 и 3,62 ± 0,25 мкм в левом лёгком и 7,64 ± 0,69 и 3,68 ± 0,22 мкм в правом (р <0,01). Диаметр венул в левом легком увеличился с 19,01 ± 1,14 мкм на 34,9% и достигал 25,64 ± 1,76 мкм (р <0,01), а в правом – с 18,72 ± 1,07 до 26,08 ± 1,59 мкм, то есть на 39,3% (р <0,01).

Воздействие хронического иммобилизационного стресса также вызвало явления стаза крови во всех звеньях гемомикроциркуляторного русла легких. Просветы сосудов гемомикроциркуляторного русла были заполнены эритроцитами. Стенки сосудов были истончёнными. Базальная мембрана имела вид тоненькой непрерывной базофильной полоски. Плазма крови была повышенной оптической плотности.

В периферических отделах легких крыс, после воспроизведения экспериментальной модели хронического иммобилизацийного стресса, определялись очаги диапедеза эритроцитов из расширенных гемомикрососудов в интерстициальную соединительную ткань. Также в этих участках отмечалось наличие значительного количества интерстициальных макрофагов. Артериолы были спазмированы вследствие сокращения гладких миоцитов. Эластичная мембрана артериол имела неровный ход, эндотелиоциты выступали в просвет сосудов. Периваскулярная соединительная ткань была гипергидратирована и инфильтрирована лейкоцитами.

Морфометрическое исследование сосудов гемомикроциркуляторного русла легких показало, что у крыс II экспериментальной группы средний диаметр артерий несущественно уменьшился. Среднее значение диаметра капилляров выросло по сравнению с контрольной группой: в левом легком на 45,3% (с 3,62 ± 0,25 до 5,26 ± 0,41, р <0,01) и на 48,9% в правом (с 3,68 ± 0,22 до 5,48 ± 0,39, р <0,01). Диаметр венул несущественно увеличился по сравнению с контрольной группой.

У животных контрольной группы существенных изменений в легочной строме выявлено не было. Однако, отмечались единичные изменения в сосудах гемомикроциркуляторного русла. В ряде случаев в капиллярах наблюдались явления агрегации эритроцитов, локальное повреждение, деструкция эндотелия капилляров с обнажением базальной мембраны и накоплением пиноцитозных пузырьков в просвете капилляра. Подобные изменения были ранее описаны другими авторами и отнесены к видовым особенностям анатомического строения лёгкого крысы [3,60].

Таким образом, экспериментальный острый и хронический иммобилизационнный стресс приводит к существенным гистологическим изменениям стромы лёгкого у крыс линии Вистар, что может способствовать возникновению и развитию заболеваний органов дыхания.

Литература

1. Васильева Л.С. Перекисное окисление липидов и состояние сурфактанта лёгких при стрессе и его ограничении / Л.С.Васильева, О.А.Макарова, Н.Г.Макарова // Морфология. – 2001. – № 4. – С. 67 – 68.
2. Волкова О.В. Основы гистологии с гистологической техникой / О.В.Волкова, Ю.К.Елецкий. – М.: Медицина, 1971. – 272 с.
3. Зайцева К.К. Ультраструктурная организация аэрогематического барьера лёгких лабораторных животных / К.К.Зайцева, В.А.Симоненкова, Ю.А.Комар // Арх. анат. гист. и эмбриол. – 1985. – № 9 – С. 59-66.
4. Меерсон Ф.З. Адаптация к стрессорным ситуациям и физическим нагрузкам / Ф.З.Меерсон, М.Г.Пшенникова. – М.: Медицина, 1988. – 256 с.
5. Gorban A.N. Law of the minimum paradoxes / A.N.Gorban, L.I.Pokidysheva, E.V.Smirnova [et al.] // Bull. Math. Biol. – 2011. – Vol. 73. – № 9. – P. 2013-2044.

Горчакова О.В.
кандидат медицинских наук,
ФГБУ «НИИ клинической и экспериментальной лимфологии» СО РАМН,
Новосибирск, Россия, gorchak@soramn.ru

СТРУКТУРНО-КЛЕТОЧНАЯ ХАРАКТЕРИСТИКА ЛИМФОУЗЛА ГЕРОНТОВ В УСЛОВИЯХ ОЗОНО- И ФИТОТЕРАПИИ

Геронтология добилась значительных успехов, благодаря новейшим достижениям биологии и медицины, в замедлении процессов старения, профилактики болезней старости и расширения возрастного диапазона активной творческой жизни человека [7,90]. Постоянно ведется поиск новых эффективных средств геропротекторов, влияющих на темпы старения и ослабляющие возрастные изменения в органах. Наибольший интерес вызывает озоно- и фитотерапия, которые широко применяются в медицине из-за их позитивного действия на организм [3,8; 4,4]. Но за пределами остается лимфатическая составляющая механизмов действия озоно- и фитотерапии. Изучение озоно- и фитотерапии с позиции лимфологии и эндоэкологической медицины позволит дать научное обоснование целесообразности их применения для ослабления возрастных изменений в лимфоидной и лимфатической системах. Результат имеет практическое значение для оптимизации эндоэкологической реабилитации в пожилом и старческом возрасте.

Цель настоящего исследования – это выявить особенности структурно-клеточной организации лимфатического узла геронтов в формировании ответной реакции на озоно- и фитотерапию.

Методика. Эксперимент по моделированию патологического процесса на животных и выведения их из опыта были проведены в соответствии с «Международными рекомендациями по проведению медико-биологических исследований с использованием животных» (1985) и согласно приказа МЗ РФ № 267 от 19.06.2003. Исследование проводили на 160 белых крысах-самцах Wistar разного возраста (молодые – 3-4 месяца и старые – 12-15 месяцев) с учетом существующего соотношения продолжительности жизни крысы и человека. Животные получали при свободном доступе к воде стандартную диету, которая включала экструдированный комбикорм ПК-120-1.

В эксперименте использован биоактивный фитосбор (БАФ), включающий корень и лист бадана, родиолу розовую, копеечник сибирский, лист черники, брусники, смородины, шиповник майский, чабрец, пищевые волокна. Выбор конкретных лекарственных растений основан на принципах фитотерапии [3,6; 4,12], технология приготовления составляет предмет «ноу-хау». Фитосбор применяли в течение одного месяца в суточной дозе 0,1-0,2 г/кг у животных разного возраста.

Наряду с приемом фитосбора осуществлялась озонаппликация на область лимфосбора паховых лимфатических узлов посредством озонированного оливкового масла по 15-20 минут через день, на курс 14 процедур. Насыщение оливкового масла озоном производилось аппаратом ОП1-М с устройством для озонирования. Лимфотропная терапия путем аппликаций дает положительные результаты при отсутствии побочных явлений, что обосновывает правомерность ее использования в медицинской практике.

Паховые лимфатические узлы исследовали гистологическим методом [1,25; 2,15,60; 8,372]. Забранные кусочки регионарного лимфатического узла фиксировали в 10% нейтральном формалине. Далее следовала классическая схема проводки и заливки материала в парафин с последующим приготовлением гистологических срезов с окраской их гематоксилином и эозином, азуром и эозином, толуидиновым синим. Морфометрический анализ структурных компонентов лимфатического узла осуществляли с помощью морфометрической сетки [1,119], которая накладывалась на срез лимфатического узла. Подсчитывали количество узлов или пересечений сетки, приходящихся на весь срез в целом и раздельно на каждый из структурных компонентов с перерасчетом в проценты. При цитоанализе лимфатических узлов подсчитывали число клеток на стандартной площади 1600 мкм^2 с их дифференцировкой на бласты, средние и малые лимфоциты, плазмоциты, макрофаги и другие [2,64; 6,60].

Полученные данные подвергли статистической обработке с определением средней арифметической (M), ее ошибки (±m) и достоверности различий при $P < 0,05$ при использовании программы статистического анализа StatPlus Pro 2009, AnalystSoft Inc.

Результаты и их обсуждение. Сочетание озонаппликации с приемом биоактивного фитосбора вносит свой вклад в изменение структурно-функциональных зон лимфатического узла в зависимости от изучаемого возрастного периода.

Прием фитосбора с озонаппликацией на территории лимфосбора пахового лимфатического узла не вызывает статистически достоверных изменений структурно-функциональных зон у молодых животных. В лимфатическом узле имеют место только тенденции в увеличении размеров коркового плато, лимфоидных узелков с герминативным центром и в уменьшении паракортекса и синусной системы. Статистически значимо увеличивается в 1,2 раза лишь площадь лимфоидных узелков без герминативного центра, между которыми сохраняется корковое плато в виде «мостика», как свидетельство обмена лимфоидными клетками. При этом морфотип лимфатического узла не меняется, он остается компактным, так как корково-мозговое соотношение по величине соответствует 2,05±0,03, что не намного выше аналогичного показателя у молодых животных без коррекции (1,98±0,02).

После курса озонаппликации и приема фитосбора у старых животных в лимфатическом узле отмечено статистически значимое уменьшение в 1,3 раза площади коркового плато, в 1,8 раза площади мозгового синуса на фоне увеличенного размера отдельных мякотных тяжей и увеличение в 1,8 раза площади лимфоидных узелков с герминативным центром. Соотношение лимфоидных узелков с герминативным центром и без него имеет высокое значение, равное 1,94±0,01, что отражает степень активной лимфопролиферации в герминативном центре. Отмеченное уменьшение усредненных показателей площади паракортекса может сочетаться с его гиперплазией в структуре лимфатического узла. В этом проявляется неоднозначность ответа структурно-функциональных зон лимфатического узла на сочетанную озоно- и фитотерапию. При этом усиливаются процессы, приводящие к фрагментации лимфатического узла за счет обособления компартментов коркового вещества.

Сочетание озонаппликации с приемом фитосбора у молодых животных связано с клеточным звеном иммунитета, так как привело перераспределению клеток в структурно-функциональных зонах лимфатического узла: в лимфоидном узелке увеличилось число бластов и средних лимфоцитов, в паракортексе уменьшилось, а в мякотных тяжах увеличилось число малых и средних лимфоцитов. У старых животных имеет место активация плазмоцитарной реакции, которая связана с увеличением бластов в лимфоидных узелках, плазмоцитов в мякотных тяжах на фоне обеднения паракортекса бластами и малыми лимфоцитами после сочетанной озоно- и фитокоррекции. У геронтов формируется иммунный ответ по гуморальному типу. Имеет место прямая зависимость между насыщенностью иммунокомпетентными клетками структурно-функциональных зон лимфатического узла и типом иммунного ответа [2,72; 9,538; 10,1745], на что и влияет сочетанная озоно- и фитотерапия.

Отличительной особенностью реализации эффекта сочетания приема фитосбора и озонотерапии является: а) тенденция в увеличении площади коркового плато у молодых животных и статистически значимое уменьшение площади коркового плато у старых животных; б) увеличение площади лимфоидных узелков с герминативным центром у молодых и в большей степени у старых животных; в) уменьшение площади мозгового синуса у молодых и в большей степени у старых животных; г) лимфопролиферативные процессы выше у старых животных, нежели у молодых относительно исходного уровня. Остальные параметры на уровне контрольных значений без коррекции.

Заключение. При исследовании структуры пахового лимфатического узла у геронтов имеют признаки, отражающие общий процесс старения, особенно это касается соединительнотканного компонента на фоне сниженного лимфопоэза. Озон- и фитокорекция вызывает разный по интенсивности структурный ответ лимфатического узла у молодых и старых животных. Структурно-функциональные зоны лимфатического узла изменяют свою площадь в большей степени у геронтов, нежели у молодых животных. Предполагается модулирующее действие озон- и фитотерапии. У геронтов происходит усиление иммунного потенциала и дренажной функции лимфатического узла, судя по характеру структурно-клеточных изменений лимфатического узла. Это определяет целесообразность применения сочетанной озоно- и фитотерапии в пожилом и старческом возрасте в программах эндоэкологической реабилитации и антистарения.

Литература

1. Автандилов Г.Г. Основы количественной патологической анатомии / Г.Г. Автандилов. – М.: Медицина, 2002. – 240 с.

2. Белянин В.Л. Диагностика реактивных гиперплазий лимфатических узлов / В.Л. Белянин, Д.Э. Цыплаков. – Санкт-Петербург-Казань, 1999. – 328 с.

3. Горчаков В.Н. Фитолимфонутрициология / В.Н. Горчаков, Э.Б. Саранчина, Е.Д. Анохина // Научно-практ. журнал «Практическая фитотерапия», 2002. – № 2. – С.6-9.

4. Корсун В.Ф. Фитотерапия экземы / В.Ф. Корсун, А.А. Кубанова, С.Я. Соколов. – Минск: «Навука і Тэхніка», 1995. – 276 с.

5. Левин Ю.М. Прорыв в эндоэкологическую медицину. Новый уровень врачебного мышления и эффективной терапии / Ю.М. Левин. – М.: ОАО «Щербинская типография», 2006. – 200 с.

6. Танасийчук И.С. Цитоморфологическая характеристика клеточного состава лимфатических узлов в норме // Цитология и генетика. – 2004. – Т. 38. - № 6. – С.60-66.

7. Топорова С.Г. Особенности системы околоклеточного гуморального транспорта при старении // Альманах «Геронтология и гериатрия». – М., 2003. – Вып. 2. – С.90-94.

8. Cottier H. Предложения по стандартизации описания гистологии лимфатического узла человека в связи с иммунологической функцией / H. Cottier, J. Turk, L. Sobin // Бюлл. ВОЗ, 1973. – С.372-377.

9. Dencla W.D. Interactions between age and neuroendocrine and immune system // Exp. Pathol., 1979. – Vol. 17. – P.538-545.

10. Isaacson P.G. Normal structure and function of lymph nodes // In: Oxford Textbook of Pathology (ed. J.O'D. McGee, P.G. Isaacson, N.A. Wright). – Oxf. Univ. Press, 1992. – P.1745-1756.

Стклянина Л.В., Лузин В.И.
Украина, Луганский государственный медицинский университет, кафедра анатомии человека, проф. Лузин В.И, - зав.кафедрой анатомии человека; канд.мед.наук Стклянина Л.В. – доцент кафедры анатомии человека.
stklanina@mail.ru

КРАНИОМЕТРИЧЕСКИЕ ОСОБЕННОСТИ ЮНОШЕЙ И ДЕВУШЕК РАЗЛИЧНЫХ ЭТНОГЕОГРАФИЧЕСКИХ ГРУПП

Актуальность. Вследствие непрерывной изменчивости морфологических признаков тела человека в антропологии большое значение приобретает количественная опенка признаков. Современное население Земного шара претерпевает явные морфологические изменения, когда стандартные антропометрические параметры сменяются новыми [1, 82]. В частности, авторов данной работы заинтересовали возможные различия в анатомическом строении между формами лицевого и мозгового черепа у отдаленных друг от друга этнотерриториальных групп, которые относятся к разным конституциональным типам.

Материалы и методы. Обследованы девушки (возрастная категория - 17-21 год): 198 девушек– уроженцев стран Африки и Нигерии (Ниг), и 124 девушки – коренные жительницы Индии (Ин). Программа краниометрии включала измерение длины и наибольшей ширины головы, морфологической и физиономической высоты лица и межскулового расстояния. Для определения формы головы применялся черепной индекс, выражающий отношение наибольшей ширины головы к длине головы в процентах: до 75,9 – долихокраны, 76,0-80,9 – мезокраны, и 81,0 и выше – брахикраны. Фациальный индекс рассчитывался из соотношения морфологической высоты лица к межскуловому диаметру. Рубрикация индекса: до 95 – эурен (широкое лицо), 96-103 – мезорен (средняя ширина лица), от 104 – лепторен (узкое лицо) [2,210]. Соматотипирование производили согласно индексу ширины таза по Башкирову [3,211]: определяли соотношение межгребневой дистанции таза (см) к длине тела (см) х 100%. Рубрикация индекса включает долихоморфный (Д) конституциональный тип при ширине таза – 16,0; мезоморфный (М) - 16,5; брахиморфный (Б) - 17,5.

Результаты. Распределение параметров черепного индекса среди девушек показал, что среди Д в 99% у Ин и в 100% - у Ниг форма черепа относилась к долихокранической форме. Также долихокрания наблюдалась в 99% случаев у девушек из Индии М- и Б-конституций.

Случаи брахикрании наблюдались довольно редко и только среди девушек из Нигерии: в 5% случаев - у девушек М-конституции, и в 1% - Б-конституции. Форма лица у Ниг-девушек в подавляющем большинстве характеризовалась как «узкая удлиненная» - лепторены – с наибольшей выраженностью у Д-конституционального типа (фациальный индекс у них был максимален в популяции: 113,59±4,81, тогда как для Б-конституционального типа он достигал только 105,13±4,35). Для Ин-девушек при Д-конституции наблюдали широкое лицо (эурен) при значении фациального индекса 96,05±4,10, а при М- и Б-конституциях наблюдалась средняя ширина лица (мезорены – фациальный индекс от 98,77 до 100,16).

При анализе соотношений продольных и поперечных размеров мозгового черепа оказалось, что у Ин-девушек Д-конституции длина головы напрямую коррелировала с высотой лица ($r_{x/y}$ 0,72), у М была обратно пропорциональна ($r_{x/y}$ -0,84) ширине головы, а при Б-конституции, напротив, связь была прямой ($r_{x/y}$ 0,61). У Ниг-девушек Д- и М-конституциональных типов длина головы оказывалась признаком, не зависящим ни от поперечных, ни от продольных размеров мозгового или лицевого черепа, однако у представительниц Б-конституции длина головы была прямо пропорциональна высоте лица ($r_{x/y}$ 0,82).

Выводы

1. Согласно значениям черепного индекса, ни один из соматотипов не достигал уровня брахикрании, хотя ближе всех к ней были девушки-брахиморфы
2. Лепторения (узкое лицо), обнаруженное в популяции девушек из Нигерии, не зависело от типа конституции и было следствием относительного увеличения высоты лица.
3. У девушек из Индии М-конституции продольный размер мозгового черепа был обратно пропорционален поперечному, так что у данного соматотипа можно ожидать резко выраженную долихо- или брахикранию.
4. Прямая корреляция между размерами продольными размерами мозгового и лицевого черепов наблюдалась у девушек из Индии Д-конституции и у девушек из Нигерии Б-конституции.

Литература

1. Гаврелюк С.В. Особенности роста и развития современных детей / С.В. Гаврелюк – Український медичний альманах – 2008.- Т.6.- №2 – С.81-83.
2. Морфология человека / Под ред. Б.А. Никитюка, В.П. Чтецова.- М.: Наука, 1983. – С.210.
3. Башкиров Т.Н. Учение о физическом развитии человека / Т.Н. Башкиров. – М.:Медицина, - 1962. – С.211.

УДК 612.017.1:616-092.9

Кащенко С.А.
профессор, д. мед. н., кафедра гистологии, цитологии и эмбриологии, ГЗ «Луганский государственный медицинский университет, г. Луганск, Украина
Морозова Е. Н.
ассистент, к. мед. н., кафедра гистологии, цитологии и эмбриологии, ГЗ «Луганский государственный медицинский университет, г. Луганск, Украина, tiger2910@rambler.ru
Морозов В. Н.
ассистент, кафедра анатомии человека, ГЗ «Луганский государственный медицинский университет, г. Луганск, Украина

ОСОБЕННОСТИ КРОВОСНАБЖЕНИЯ ЛИМФОИДНЫХ БЛЯШЕК ТОНКОЙ КИШКИ ПОЛОВОЗРЕЛЫХ КРЫС

Актуальность. Иммунная система является одной из регулирующих систем организма [3, 431–437; 5, 372–381; 6, 59–61; 8, 147–152]. Благодаря кровеносной системе, участвующей в рециркуляции лимфоцитов, она осуществляет контроль всего организма, реагируя на факторы внешней и внутренней среды [3, 431–437; 6, 59–61]. Лимфоидные бляшки, как часть иммунной системы, находятся на пути огромного потока антигенного материала, а также питательных веществ, которые избирательно проникают в кровь и лимфу и разносятся по организму [1, 76–78; 4, 179; 7, 1–12]. Учитывая непосредственную связь лимфоидных бляшек тонкой кишки и кровеносной системы целью исследования явилось изучение особенности их кровоснабжения у половозрелых крыс.

Материалы и методы. Исследование проводили на 18 белых беспородных крысах-самцах половозрелого возраста. После выведения животных из эксперимента при помощи специального инструмента выделяли [2, 1–3] и фиксировали тонкую кишку. Затем по стандартной методике изготавливали гистологические препараты толщиной 5-7 мкм, окрашивали их гематоксилин-эозином и изучали структуру лимфоидных бляшек при помощи автоматизированного морфометрического комплекса на основе микроскопа “Olympus CX-41”.

Результаты исследования и их анализ. Результаты исследования показали, что лимфоидные бляшки тонкой кишки половозрелых крыс лежат в собственной пластинке слизистой оболочки и в подслизистой основе. Купол лимфатических узелков выступает в просвет органа, а межузелковые зоны покрыты ворсинками. Пейерова бляшка тонкой кишки на гистологических препаратах состоит не менее чем из 5 лимфатических узелков (герминативный центр, периферическая зона, купол) и межузелковых зон.

В периферических участках основания бляшек тощей кишки выявляются артериолы, а в подвздошной кишке – они располагаются в местах расщепления мышечной пластинки слизистой оболочки, которая окружает группы лимфоидных узелков. Далее артериолы разветвляются на капилляры внутри ее структурных компонентов (лимфоидные узелки, купол, межузелковая зона). Капиллярная сеть наиболее развита в межузелковой зоне, а менее – в куполе и периферической зоне лимфоидных узелков. В герминативном центре капилляры отсутствуют или очень редко встречаются. Это может быть связано с тем, что антигенные субстанции поступают в бляшки преимущественно из просвета тонкой кишки, а не из кровеносного русла. При этом можно предположить, что герминативные центры лимфоидных узелков, где осуществляется активная пролиферация лимфоцитов, чрезвычайно чувствительны к эндогенным и экзогенным воздействиям, поэтому снижение вероятности контакта с веществами, поступившими в кровь из тонкой кишки, позволяет снизить риск возникновения патологических изменений в популяции делящихся клеток.

Далее из капилляров кровь поступает в венулы с высоким эндотелием, которые чаще визуализируются в межузелковых зонах. В большинстве случаев на препаратах в области слизистой оболочки видны лимфоциты, которые мигрируют через стенку венул в умеренном количестве (рис. 1). Из этого можно предположить, что именно данный участок микроциркуляторного русла активно участвует в миграции и рециркуляции лимфоцитов.

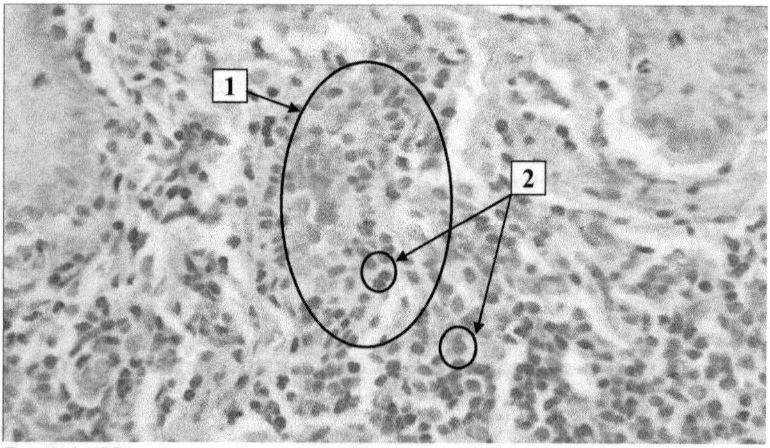

Рис. 1. Участок межузелковой зоны пейеровой бляшки тонкой кишки интактной половозрелой крысы: 1 – венула, 2 – лимфоциты. Окраска: гематоксилин-эозин. Приближение: Zoom 132. Объектив: Plan C N 60^x/0.25∞/-/FN22.

Вывод. Таким образом, в пределах лимфоидных бляшек тонкой кишки половозрелых животных выявляются все структурные компоненты микроциркуляторного русла, что может свидетельствовать об их активном участии в рециркуляции лимфоцитов, как одного из компонентов иммунной системы организма. Особенности расположения артериол, капилляров и венул в бляшках тесно связанны с местом их локализации и уровнем функциональной нагрузки.

Источники литературы

1. Гусейнова С. Т. Иммунологические аспекты желудочно-кишечного тракта / С. Т. Гусейнова, Т. С. Гусейнов // Успехи современного естествознания. – 2008. – № 5. – С. 76–78.
2. Пат. 59906 Україна, МПК B25B 9/00. Пристрій зі знімними насадками для захвату, утримання й виділення тонкої кишки та лімфатичного вузла / Кащенко С. А., Морозова О. М., Петізіна О. М., Морозов В. М., Андросова М. Є.; заявник та патентовласник Кащенко С. А., Морозова О. М., Петізіна О. М., Морозов В. М., Андросова М. Є. – № u 201011378; заявл. 24.09.10; опубл. 10.06.11, Бюл. № 11.
3. Ритм чередования света и темноты как экологический фактор, влияющий на состояние иммунной системы / В. А. Труфакин, А. В. Шурлыгина, С. В. Мичурина [и др.] // Аллергология и иммунология. – 2008. – Т. 9, № 4. – С. 431–437.
4. Сапин М. Р. Иммунные структуры пищеварительных органов (Функциональная анатомия) / Сапин М. Р. – М.: Медицина, 1987. – 224 с.
5. Судаков К. В. Иммунные механизмы системной деятельности организма: факты и гипотезы / К. В. Судаков // Иммунология. – 2003. – № 6. – С. 372–381.
6. Терехов О. П. Иммунная система – эндогенная система питания многоклеточных организмов / О. П. Терехов // Иммунология. – 2005. – № 1. – С. 59–61.
7. Camile J. Peyer's patches: the immune sensors of the intestine / J. Camile, J.-P. Hugot // Intern. J. of Inflamation. – 2010. – V. 130. – P. 1–12.
8. Industrial environment and the immune system / V. A. Chereshnev, N. N. Kevorkov, B. A. Bachmetyev [et al.] // Immunology. – 2000. – V. 1, № 3. – P. 147–152.

Куроедова В.Д., Ким А.А., Чикор Т.А.
Куроедова В.Д., д.мед.н., профессор, заведующая кафедры последипломного образования врачей-ортодонтов Высшего государственного учебного заведения Украины «Украинская медицинская стоматологическая академия»
Ким А.А., к.мед.н., врач стоматолог-ортодонт центральной районной детской поликлиники №2 Голосеевского района г. Киева
Чикор Т.А., к.мед.н., ассистент, кафедры последипломного образования врачей-ортодонтов Высшего государственного учебного заведения Украины «Украинская медицинская стоматологическая академия»

НАРУШЕНИЕ РЕЧИ У ДЕТЕЙ С ПАТОЛОГИЕЙ ПРИКУСА И У ВЗРОСЛЫХ С ЧАСТИЧНОЙ ВТОРИЧНОЙ АДЕНТИЕЙ

Одной из первоочередных задач при лечении стоматологических больных является восстановление нормального произношения звуков, так как дефекты речи часто ведут к профессиональной непригодности и социальной дезадаптации как у детей, так и у зврослых. [1,277] Поэтому вопрос правильного произношения звуков у больных с зубо-челюстными аномалиями и вторичной адентией является крайне актуальным для врача-ортодонта и ортопеда. [2,13;3,48] На современном этапе фонетико-акустические исследования в стоматологии ведутся в двух направлениях. Во-первых, исследуются особенности произношения звуков в условиях различной ортопедической и ортодонтической патологи и, во-вторых, изучается влияние ортопедических и ортодонтических конструкций на восстановление речевой функции у больных.[4,23;5,17]

Целью наших исследований было проанализировать нарушения речи у детей с зубо-челюстными аномалиями и у взрослых с частичной вторичной адентией.

Для оценки распространенности логопедических нарушений у детей был проведен анализ 504 амбулаторных карт ортодонтических пациентов со сменным прикусом. Заключение об обследовании произношения звуков были подписаны логопедом. Лингво-фонетические изменения у взрослых пациентов оценивали у 17 человек с дефектом зубных рядов IV кл. по Кеннеди на верхней челюсти и сравнивали с фонетическими характеристиками речи у 11 лиц с интактными зубными рядами.

Найдено существенное увеличение нарушений речи у детей за последние 50 лет - в среднем в 3,4 раза. Установлено, что пациенты женского пола с логопедическими недостатками составили 58,7 %, а мужской-41,3%, т.е. в 1,4 раза больше, так как лица женского пола обращаются за ортодонтической помощью чаще. В общем, нарушение функций речевого аппарата у ортодонтических пациентов в сменном прикусе определены в 61% случаев, а в периоде постоянного прикуса - в

43% случаев. Чаще логопедические проблемы имели место при аномалиях 1 кл. по Энглю и составили 40,38%, второе и третье место по частоте нарушенной функции артикуляционного аппарата занимают соответственно II кл. по Энглю (25,96%) и открытый прикус (20,19%). Сагиттальная щель в первом случае и вертикальная щель во втором, способствуют прокладыванию языка, что и приводит в большинстве клинических случаев к такому нарушению речи, как межзубной сигматизм. У пациентов с III кл. по Энглю нарушения речи были обнаружены в 13,46% случаев. При детальном анализе характера речевых отклонений мы обнаружили, что зубо-челюстные аномалии в подавляющем большинстве сочетаются со сложной дислалией, которая встречается в 80,82% случаев. Нарушения речи одного звука, то есть «простая дислалия» встречается в среднем в 2 раза реже (40,61%), чем сложная дислалия. Среди различных форм сигматизма наиболее часто встречался межзубной сигматизм, сопровождавший открытый прикус в 90,48%. То есть каждые 9 из 10 пациентов с открытым прикусом требуют комплексного лечения ортодонта и логопеда. При других нарушениях прикуса сигматизм встречался при I кл. по Энглю в 89,74%, при II кл. - в 75%, при III кл. - в 84,6% случаев. В среднем, при различных видах зубо-челюстных аномалий сигматизм встречался в 84,96%. Ламбдацизм (нарушение произношения звука «Л») в среднем был обнаружен в 63,46% ортодонтических пациентов и чаще встречался при II кл. по Энглю (71,43%). Ротацизм - нарушение произношения звука «Р» при различных нарушениях прикуса встречался в 2,3 реже, чем сигматизм и в 1,7 раза реже, чем ламбдацизм. Ротацизм диагностировался в 36,88% случаев, чаще обременяя III кл. по Энглю (46,15%). При I и II кл. по Энглю и открытом прикусе ротацизм встречался в 35,9%, 32,14%, 33,33% соответственно.

Лингво-фонетические нарушения у пациентов с дефектами зубного ряда верхней челюсти IV кл. по Кеннеди определяли при помощи компьютерной оценки параметров речи. Пациентам предлагалась речевая нагрузка в виде алфавита украинского языка, которая записывалась на диктофон. звуковые файлы обрабатывались при помощи компьютерной программы Sonic Foundry Sound Forge V 6.0 (лицензионный № HK-DTV15H-Q0R4TV-V8KJQE 329EP4-KH). Оценивали такие параметры, как частота основного тона и мощность звуков. У больных с отсутствием фронтальных зубов имели место изменения мощности звука [р], у которого исследованный параметр снизился на 24% ($p < 0{,}05$). В то же время как, мощность звука [л] выросла на 34% ($p < 0{,}05$) по сравнению с таковой у лиц с интактными зубными рядами. При отсутствии верхних резцов происходило достоверное увеличение частоты язычных согласных. В частности, повысилась частота звука [ц] на 43% ($p < 0{,}05$). Частота основного тона звука [р] увеличилась на 44% ($p < 0{,}001$) по сравнению с контролем. Для остальных звуков данной группы достоверных изменений частоты не было обнаружено. Большинство язычно-небных согласных, произнесенных больными с дефектами зубного ряда верхней челюсти IV кл. по Кеннеди, имели большую мощность, чем аналогичные фонемы у лиц с интактными зубными рядами. В этих условиях звук [ш] был на 32% (р <0,05) мощнее. Увеличение мощности звука [к] было наиболее выраженным по сравнению с другими фонемами. Этот показатель возрастал на 51% (р <0,05) по сравнению с контролем. Мощность звуков [ж], [щ], [ч] имела тенденцию к увеличению. Частота всех язычных согласных за исключением звука [х] снизилась. Это снижение составило для звука [ш] 22% (р <0, 01), для звука [ж] - 24% (р <0, 05), для звука [щ] - 20% (р <0, 05), для звука [г] -32% (р <0,001), для звука [к] - 40% (р <0,1), для звука [ч] - на 20% (р <0,001) по сравнению с контролем. Такое явление, очевидно, объясняется гиперкомпенсацией и возникает за счет большего напряжения нейро-мышечных компонентов артикуляционного аппарата при дефекте зубного ряда IV кл. по Кеннеди. Поскольку у данной группы больных было сохранено большинство зубов на верхней челюсти, то рост интенсивности нервных импульсов, поступающих в голосовые связки, напряжение мимических мышц и увеличения силы струи воздуха могут вызывать интенсификацию произношения звуков.

Таким образом, подводя итоги можно сделать выводы.

1. Смещение логопедических отклонений при различных зубо-челюстных аномалиях в сторону сложных форм (80,82%) требует обязательного их раннего и своевременного выявления специалистом-логопедом. Логопедическая диагностика и логопедическая коррекция у пациентов с зубо-челюстными аномалиями обязательны, как средство снижения вероятности рецидива ортодонтической патологии и стабильности достигнутых морфологических и функциональных результатов ортодонтического лечения.
2. Дефект зубного ряда IV кл. по Кеннеди существенно нарушал звукопроизношение. Восстановление нормального произношения в целом - одна из основных задач стоматологической и социальной реабилитации стоматологических больных. Одним из ее решений может быть логопедическая коррекция.

Список литературы

1. On the auditory evaluation of voice quality / M. Ptok, C. Schwemmle, C. Iven et al. // HNO. – 2005. - Vol. 17.- P. 275-281.
2. Чикор В.П. Мовленнєва адаптація до повних знімних зубних протезів: Автоpефер. дис. ... канд. мед. наук: 14.01.22 / УМСА – Полтава., 2006.-19 с.
3. Куроедова В.Д., Ким А.А. Взаимосвязь нарушений речи с зубочелюстными аномалиями // Вісник стоматології. – 2007. - №2.-С.47-50.

4. Куроєдова В.Д., Сірик В.А. Логопедія в ортодонтії: Монографія. – Полтава.: Верстка, 2005. – 124 с.
5. Павленко А.В., Шупяцкий И.М. Закономерности лингво-фонетических параметров при стоматологических вмешательствах // Современная стоматология . – 2003. - № 2. – С.17-18.

Куроедова Е.Л.
ассистент кафедры последипломного образования врачей-ортодонтов Высшего государственного учебного заведения Украины «Украинская медицинская стоматологическая академия», г. Полтава
Куроедова В.Д.
доктор медицинских наук, профессор, заведующая кафедрой последипломного образования врачей-ортодонтов Высшего государственного учебного заведения Украины «Украинская медицинская стоматологическая академия», г. Полтава

ЛЕЧЕНИЕ НОВЫМ ОРТОДОНТИЧЕСКИМ АППАРАТОМ СКУЧЕННОСТИ ЗУБОВ НИЖНЕЙ ЧЕЛЮСТИ III- IV СТЕПЕНИ В РАННЕМ СМЕННОМ ПРИКУСЕ

Первая заметная ортодонтическая проблема в зубном ряду ребенка становится видна родителям при смене молочных зубов на постоянные, а именно, нехватка места во фронтальном участке зубам, которые прорезываются и их тесное, скученное положение.

Скученность зубов фронтального участка в раннем сменном прикусе по данным ученых разных стран США, России, Украины доходит до 77%. [1,137;2,24;3,34] Актуальность лечения скученности зубов в раннем сменном прикусе не оставляет сомнений, так как показывает опыт коллег, с возрастом саморегуляции не происходит, а наблюдается только их усугубление патологии. [4,50]

Ученые из Македонии H.Toseska-Spasova и др. (2009) подчеркивают, что в сменном прикусе у детей 7 лет очень большие шансы на положительный результат от ортодонтического лечения скученности фронтальных зубов, так как по их данным длина зубной дуги при различных степенях скученности существенно не отличается [5,268]

Возраст 6-9 лет является благоприятным для ортодонтического лечения, но имеет свои особенности и трудности, а именно, в возрасте 6-9 лет наибольшее количество потерь и поломок ортодонтических аппаратов, достигающих 49%, что приводит к прерыванию ортодонтического лечения. [6,477] Поэтому повышение эффективности ортодонтического лечения в период сменного прикуса, а, значит, сокращение сроков лечения – это залог успеха.

В сменном прикусе для лечения скученности нижних фронтальных зубов этом возрасте ортодонты применяют съемную технику, это классический ортодонтический аппарат на нижнюю челюсть с лингвальным базисом и винтом в области центральных резцов. Но использование данной конструкции становится невозможным, при III-IV степени скученности, которая обусловлена язычным расположением отдельных резцов с нехваткой места в зубном ряду, что технически делает не возможным расположение винта в таком базисе, ещё один недостаток – затрудненная речь, что в целом приводит к прекращению ортодонтического лечения.

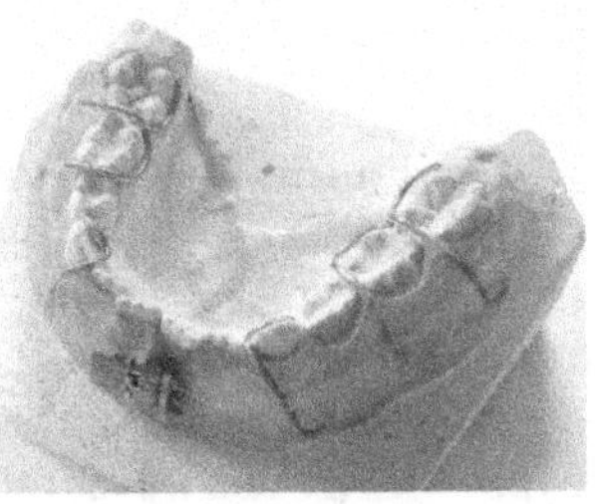

Столкнувшись с данной проблемой нами был разработан и предложен новый «Ортодонтический аппарат на нижнюю челюсть» [Патент на полезную модель № 73971 от 10.10.2012] комбинированного действия, с вестибулярно перенесенным базисом с нижнечелюстным винтом по центру. Нижний край вестибулярного базиса, доходящий до переходной складки, во фронтальном участке нижней челюсти, технически выполнен по типу губного пелота, отстоит от апикального базиса, что стимулирует рост апикального базиса в сагиттальном направлении. В это же время оральная поверхность свободна для естественного расположения и давления языка на зубы фронтального участка, что облегчает привыкание к аппарату его ношение: аппарат не мешает речи а, значит, не приводит к прекращению ортодонтического лечения.

Для оценки эффективности новой ортодонтической конструкции мы провели сравнение результатов ортодонтического лечения 30 детей со скученностью III- IV степени. Всех пациентов разделили на 2 группы: в 1 группе – пациенты с традиционным аппаратом, во 2-й – пациенты с новой, предложенной нами конструкцией.

Результаты клинической оценки были проведены после 6 мес лечения. В 1 гр. – прекратили лечение 3 человека, во 2 гр. случаев прерывания лечения не было.

Родители детей 2-й гр. отмечали легкость привыкания к аппарату, комфорт при ношении и разговоре, круглосуточное пользование аппаратом без возражений и жалоб.

Через 6 мес. от начала лечения у пациентов 1 гр. расстояние между 73 и 83 зубами приблизилось к норме на 73-74%, у пациентов 2 гр. - на 100%. Длина фронтального участка по Khorhaus у пациентов 1 гр. по сравнению с нормой составила 66-67%, у пациентов 2 гр. приблизилась к норме. Форма зубной дуги у пациентов 2 гр. была приближена к полуэлипсу, у пациентов 1 гр. – фронтальный участок был уплощен, форма нижней челюсти носила характер трапеции, скученность зубов соответствовала I-II степени. Пациенты 2 гр. были переведены в ретенционный период. Дети 1 гр. продолжали активный период лечения в течение 1,5-2 месяцев с прежним режимом активации винта.

Вывод: Сокращение на 1,5-2 мес сроков ортодонтического лечения скучености фронтальних зубов III- IV степени нижней челюсти в сменном прикусе с применением нового аппарата обусловлено возможностью комфортного его ношения, более длительным пользованием в течение суток, а, самое главное, стимуляцией апикального базиса фронтального участка нижней челюсти.

Список литературы:

1. Proffit W. R. Contemporary Orthodontics / W.R. Proffit, H.W. Fields. – St. Louis: CV Mosby, 1999. – 742 p.
2. Гуненкова И.В. Использование ортодонтического индекса ВОЗ для нуждаемости детей и подростков в ортодонтическом лечении / И.В. Гуненкова, Е.С. Смолина //Институт стоматологии: Научно-практический ж-л/ ООО «МЕДИ издательство». – С.-Петербург: МЕДИ издательство. – 2007.- №2. – С.24-26.
3. Сравнительная оценка распространенности зубочелюстных аномалий у детей Украины и Одеской области / О.В. Деньга, Б.Н. Мирчук, А.Е. Кононенко [и др.] // Епідеміологія основних стоматологічних захворювань: міжнародна науково-практична конференція: тези доповідей. – Івано-Франковськ, 15-17 квітня 2004. – С.34-35.
4. Дєньга О. В. Поширеність зубо-щелепних аномалій і карієсу зубів у дітей у період раннього змінного прикусу / О. В. Дєньга, Б. М. Мірчук, М.Раджаб // Український стоматологічний альманах. - 2004. - № 1-2. - С. 48-51.
5. Toseska-Spasova H. Factor Contributing to Mandibular Anterior Crowding in the Early Mixed Dentition / H. Toseska-Spasova, J. Cjorgova, C. Misevska, H. Spasov //Abstracts. 85th Congress of the European Orthodontic Society - 10 – 14 june 2009 Finlandia Hall, Helsinks, Finland. - SP268
6. Куроєдова К.Л. Оцінка втрати знімних ортодонтичних конструкцій Матеріали III(X) з'їзду Асоціації стоматологів України «Інноваційні технології – в стоматологічну практику».- П.: Дивосвіт, 2008. – С. 477

Куроедова В.Д.
доктор медицинских наук, профессор ВГУЗУ «Украинская медицинская стоматологическая академия», г. Полтава, Украина
Галич Л.Б.
кандидат медицинских наук, доцент ВГУЗУ «Украинская медицинская стоматологическая академия», г. Полтава, Украина, polo.umsa@mail.ru
Галич Л.В.
врач-ортодонт 1 категории, Сумская областная детская клиническая стоматологическая поликлиника, г. Сумы

КОМПЛЕКСНОЕ ЛЕЧЕНИЕ ВРОЖДЕННЫХ НЕСРАЩЕНИЙ ВЕРХНЕЙ ГУБЫ И НЕБА (КЛИНИЧЕСКИЙ СЛУЧАЙ)

Актуальность

Врожденные несращения верхней губы, альвеолярного отростка, твердого и мягкого неба относятся к распространенным аномалиям развития органов человека и по частоте занимают одно из первых мест среди других пороков тела человека [1,111].

Изучение клиники и лечения несращений верхней губы и неба, зубочелюстных аномалий, которые сопровождают этот порок, всегда имели значительный интерес в ортодонтии и ортопедической стоматологии. Это обусловлено тем, что аномалии прикуса в этой группе пациентов сложные, тяжело поддающиеся лечению, так как морфологические изменения сочетаются со значительными функциональными нарушениями. Степень выраженности морфологических и функциональных нарушений с возрастом усугубляется [2, 391].

После проведения хейло- и уранопластики без своевременного ортодонтического лечения повышается степень выраженности анатомических нарушений [3, 51-53].

Поэтому любой опыт лечения вродженных несращений верхней губы, альвеолярного отростка, твердого и мягкого неба является очень полезным для практического здравоохранения.

Цель исследования

Демонстрация клинического случая комплексного лечения аномалий прикуса при врожденном несращении губы и неба после хейлоуранопластики.

Собственные наблюдения

За ортодонтической помощью обратилась пациентка Л. 25 лет с жалобами на косметический дефект в челюстно-лицевой области. Из анамнеза: врожденное сквозное двустороннее несращение верхней губы, альвеолярного отростка, твердого и мягкого неба, хейлопластика проведена до года жизни, уранопластика – в 5 лет. С 8 до 10 лет проводилось ортодонтическое лечение с применением сьемных аппаратов для расширения и удлинения верхнего зубного ряда. Лечение не было закончено, прервано по вине пациентки и продолжено только в возрасте 25 лет.

При объективном обследовании наблюдается наличие двусторонних рубцов на верхней губе, рубцовая деформация неба, деформация крыльев носа, соустье между преддверием полости рта и нижним носовым ходом.

В переднем участке верхней челюсти уменьшена глубина преддверия полости рта. Межчелюстная кость занимает аномальное положение. Нарушается форма верхнего зубного ряда вследствие резкого его сужения и зубоальвеолярного укорочения в области клыков и первых премоляров. Сформирован обратный глубокий прикус, ложная прогения с сагиттальной щелью до 10 мм, двусторонний вестибулярный перекрестный прикус, наблюдается контакт на первых и вторых молярах, адентия 12, 22, 23 (рис.1).

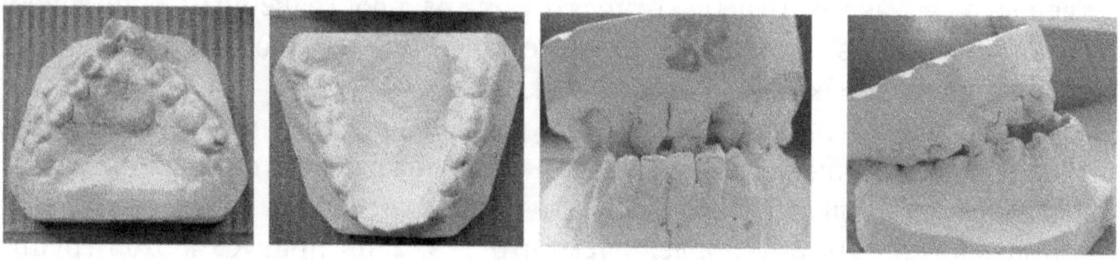

Рис. 1.

Ортодонтическое лечение резко выраженных зубочелюстных аномалий у подростков и взрослых проводят в основном с помощью несъемных ортодонтических аппаратов, брекет-техники. При резком сужении верхнего зубного ряда целесообразно применять апарат Дерихсвайлера, что было применено на первом этапе ортодонтического лечения данной пациентки. На втором этапе была подключена брекет-техника (рис.2).

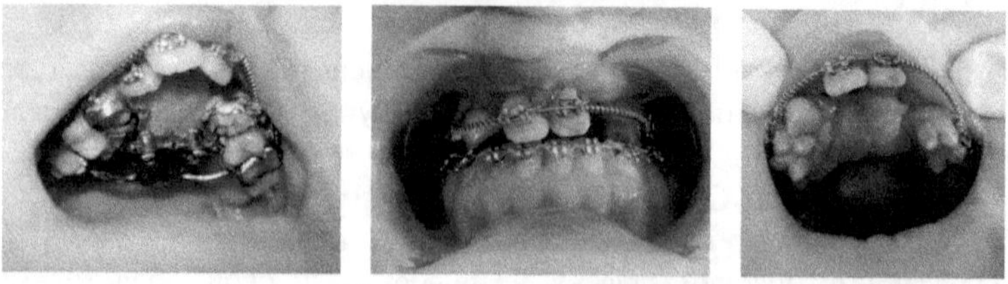

Рис. 2

После расширения, удлинения верхнего зубного ряда, уменьшения размеров нижнего зубного ряда путем удаления 34,44 пациентка была направлена на протезирование (рис.3). Конечным результатом пациентка довольна (рис. 4).

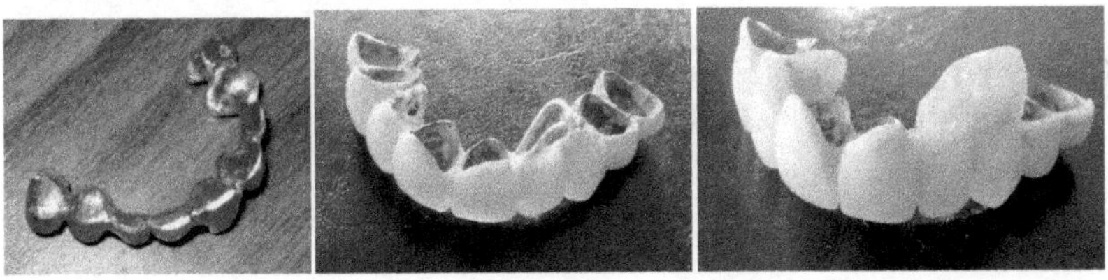

Рис. 3.

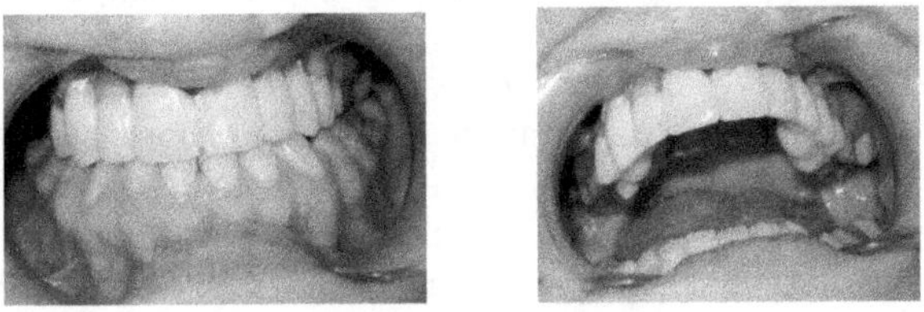

Рис. 4

Выводы:

1. Зубочелюстные аномалии и деформации после хейлоуранопластики с возрастом приобретают тяжелые формы.
2. Пациенты с врожденными пороками лица нуждаются в комплексном лечении.
3. Будь какой случай комплексного лечения пациентов с врожденными пороками челюстно-лицевой области заслуживает внимания врачей стоматологов практического здравоохранения.

Литература

1. Шарова Т.В., Рогожников Г.И. Ортопедическая стоматология детского возраста.- М.: Медицина, 1991.- С. 111.
2. Руководство по ортодонтии//Под ред.проф. Ф.Я.Хорошилкиной.- М.: Медицина, 1982.- 391.
3. Куроедова В.Д., Галич Л.Б. Ортодонтическое лечение врожденных расщелин верхней губы, альвеолярного отростка, твердого и мягкого неба.- Полтава: ООО «АСМИ», 2010.- С. 51-53.

Куроедова В.Д.[1], Макарова А.Н.[2]
[1] д. м. н., профессор, зав. каф. последипломного образования врачей-ортодонтов
[2] асс. кафедры последипломного образования врачей-ортодонтов
«Украинская медицинская стоматологическая академия», г. Полтава

АСИММЕТРИЯ ГУБ У ПАЦИЕНТОВ С АСИММЕТРИЧНЫМ II КЛАССОМ ПО E.H. ANGLE

Эстетика лица – один из ключевых моментов ортодонтического лечения и наиболее желаемый его результат, а также самый мощный мотивационный фактор обращения за ортодонтический помощью. Представления о красоте и эстетике довольно индивидуальны и во многом обусловлены временем, культурной средой, национальной принадлежностью и т.д. К тому же, существование общепринятых «универсальных» канонов красоты довольно сомнительно, а потому эстетику лица сложно выразить в конкретных количественных параметрах [1,4]. Одним из существенных и ведущих параметров лицевой эстетики является симметрия. Лицу свойственна сложная, комбинированная симметрия – соответствие его правой и левой половин, а также симметрия его отдельных элементов (губ, носа, глаз и т.д.) [2,148].

Среди асимметричных аномалий прикуса особой интерес представляют малоизученные асимметричные (односторонние) формы II класса по E.H. Angle. Асимметричный II класс вызывает трудности при диагностике и лечении в связи с наличием дистального (патологического) состояния моляров с одной стороны и сохранением нейтрального (нормального) соотношения с другой [3,376]. По данным A. Azevedo [3,382] пациентам с асимметричным II классом свойственна легкая асимметрия лица, наиболее выраженная в нижней его трети. Однако остается неизвестным, выходит ли асимметрия лица у пациентов с асимметричным II классом за пределы физиологической асимметрии, свойственной абсолютно всем лицам даже при «идеальном» прикусе.

Целью нашего исследования было определить особенности асимметрии губ у пациентов с асимметричным II классом.

Проводилась сравнительная оценка асимметрии губ в покое и при улыбке методом фотометрии в анфас (рис.1) 27 человек в возрасте 20-25 лет. Все обследованные были разделены на 2 группы: группу 1составили 17 пациентов с асимметричным II классом (8 мужчин и 9 женщин), в группу 2 (контрольную) вошли 10 человек с физиологическим прикусом. На основании проведенных измерений вычислены индексы трансверзальной (AS_T), вертикальной (AS_V) и общей (AS_{TOT}) асимметрии губ и улыбки. Достоверность результатов фотометрии проверялась t-критерием Стьюдента.

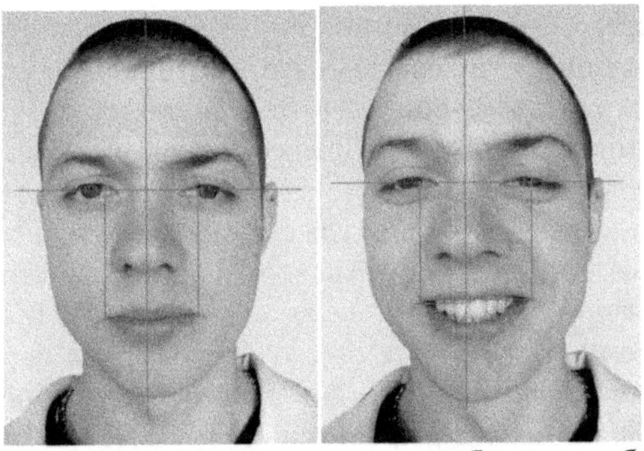

Рис.1 Схема фотометрии: а – губ в покое, б – губ при улыбке.

Результаты фотометрии показали, что все индексы асимметрии губ были выше у пациентов с асимметричным II классом, чем у лиц с физиологической окклюзией, как в состоянии покоя, так и при улыбке (таб. 1).

Таблица 1

Средние значения индексов асимметрии улыбки

Проба	Параметр	1 группа	2 группа
Губы в покое	AS_T	4,69±1,0*	3,27±1,35@
	AS_V	0,82±0,15*	0,76±0,23@
	AS_{TOT}	1,45±0,28	1,23±0,27
Улыбка	AS_T	5,34±1,25**	3,74±1,04@@
	AS_V	1,38±0,19**	0,69±0,32@@
	AS_{TOT}	1,74±0,45	1,37±0,34

Примечание *,** - достоверность результатов 99%; @@ - достоверность результатов 95%; @ - достоверность результатов 90%

Однако разница параметров основной и контрольной групп статистически не подтвердилась. Другими словами, асимметрия губ у пациентов с асимметричным II классом более выражена, чем у лиц с физиологическим прикусом, однако не выходит за пределы физиологической нормы. Кроме того, лицам с физиологическим прикусом также свойственна физиологическая асимметрия лица, в частности губ. Что еще раз подчеркивает относительность понятия «норма» при оценке красоты и симметрии лица.

В обеих группах индекс трансверзальной асимметрии губ значительно превышал индекс вертикальной асимметрии, разность подтвердилась статистически (таб.1). Таким образом, асимметрия губ в большей мере обусловлена несоответствием их трансверзальных параметров, чем вертикальных, как у пациентов исследуемой группы, так и контрольной группы.

Увеличение трансверзальной асимметрии губ отмечалось при улыбке как в 1, так и во 2 группах. Интересно, что соотношение индекса асимметрии губ к индексу асимметрии улыбки в обеих группах было практически одинаковым и составило 1,14. Другими словами, несмотря на то, что изначально индексы трансверзальной асимметрии в 1 и 2 группах были различны, степень его увеличения при улыбке оказалась одинаковой, т.е. при улыбке как в 1, так и во 2 группе трансверзальная асимметрия губ прогрессировала в 1,14 раза.

Вертикальная асимметрия губ в 1 группе обследованных нарастала почти в 1,7 раза, а в группе с физиологическим прикусом незначительно снижалась – в 1,1 раза. Общий индекс асимметрии при улыбке все же был выше, чем в состоянии покоя в обеих группах. Таким образом, при улыбке лицо, в частности губы, становятся асимметричней, что лишний раз доказывает роль именно функциональной асимметрии мимических мышц в формировании асимметрии лица и совпадает с данными более ранних исследований [4,71].

Нарастание асимметрии губ при улыбке по всей вероятности объясняется асимметрией функциональной активности мимических мышц, что обусловлено сложными процессами нейрорегуляции головного мозга, основным принципом работы которого является функциональная асимметрия [5,623]. Исходя из вышесказанного, более высокие показатели асимметрии губ и улыбки у лиц 1 группы могут свидетельствовать о более значительной функциональной асимметрии мимических мышц среди пациентов с асимметричным II классом.

Выводы: Асимметрия губ в покое и при улыбке более выражена у пациентов с асимметричным II классом, чем у лиц с физиологическим прикусом. При улыбке асимметрия губ нарастает, что демонстрирует функциональную асимметрию мимических мышц.

Список литературы

1. Манак Т.Н., Тимчук Я.И., Ячейко А.С. Изучение эстетики лица с использованием принципа золотого сечения и цифровой фотографии // Сучасна ортодонтія. – 2006. №4. – С. 4–10.
2. Переверзев В.А. Медицинская эстетика. – Волгоград:Нижне-волжское книжное издательство, 1987.– 237 с.
3. Azevedo A., Janson G., Henriques J., Freitas M. Evaluation of asymmetries between subjects with Class II subdivision and apparent facial asymmetry and those with normal occlusion // Am J. Orthod. Dentofacial. Orthop. – 2006. – Vol.129, No.3.–P. 373–383.
4. Ohlendorf D., Hornstein A. Use of a three-dimensional face scanner with regard to aesthetic parameters of facial measurement // Abstracts 85th Congress of the European Orthodontic Society. Helsinki, Finland. – 2009. – P. 71.
5. Физиология человека / Под ред. В.М. Покровского, Г.Ф. Коротько. – М.: Медицина, 2003. – 656с.

Смаилова Ж.К.
кандидат медицинских наук, начальник Учебно-клинического центра Государственного медицинского университета г.Семей, Республика Казахстан
Электронный адрес: **zhsmailova@mail.ru**
Каражанова Л.К.
доктор медицинских наук, профессор, заведующая кафедрой интернатуры по терапии Государственного медицинского университета г.Семей, Республика Казахстан

ИСПОЛЬЗОВАНИЕ СИМУЛЯЦИОННЫХ ТЕХНОЛОГИЙ В КАЧЕСТВЕ МОДЕЛИ БУДУЩЕЙ ПРОФЕССИОНАЛЬНОЙ ДЕЯТЕЛЬНОСТИ ВРАЧА

Медицинское образование невозможно без контакта и общения с реальными пациентами. Но параллельно существует обязательство – обеспечить оптимальное лечение и безопасность пациента и его благополучие. Баланс этих двух потребностей представляет фундаментальную, этическую проблему в медицинском образовании. Для этого обучающиеся должны достигнуть определенного уровня компетентности и безопасности до применения техники или процедуры на пациентах в специализированных тренинговых центрах, так как освоение клинических практических навыков является составной частью профессиональной компетентности обучающихся медицинских вузов.

С этой целью в рамках реализации Концепции развития медицинского и фармацевтического образования в Республике Казахстан, в настоящее время в Государственном медицинском университете г.Семей широко и активно внедряются в образовательный процесс симуляции или моделирование клинических ситуаций с помощью роботов-симуляторов. Для этого организованы симуляционные палаты в Учебно-клиническом центре, в Медицинском центре, на базе кафедры интернатуры по терапии, акушерства и гинекологии. Цель – обеспечение образовательных программ различного уровня и повышение качества формирования основных клинических компетенций [1].

Изменения, которые происходят в системе здравоохранения, вызывают и соответствующие изменения методов преподавания в медицинском образовании. Например, наличие определенных требований к срокам пребывания больных в стационаре (в сторону сокращения койко-дней). Это уменьшает возможность обучающихся ознакомиться с целым рядом разнообразных заболеваний и ограничивают образовательное время. Следовательно, на всех уровнях образовательного процесса все более трудным остается факт освоения тех или иных клинических навыков, которые оказываются недоступными для освоения в клинике и которые часто встречаются в реальной жизни. Привлечение пациентов в клинике, в качестве предмета демонстрации также является сложной этической проблемой. В результате этого снижается качество специализированной медицинской помощи [2, 461–467; 3, 16-23].

Результаты социологического исследования, проведенного в университете показали, что большинство обучающихся (72%) указывают на то, что «ограничено общение с пациентами в клинике». Анализируя итоги анкетирования и мнения преподавателей, согласно типовым учебным программам, были даны заявки на учебное оборудование для моделирования клинических ситуаций. В результате для моделирования будущей профессиональной деятельности или использования симуляционных технологий университетом приобретены робот-симулятор «iSTAN», «MetiMan», виртуальный симулятор артроскопии АртроВР, виртуальный тренажер LapSim, виртуальный симулятор LAP Mentor, интерактивный манекен новорожденного Baby Hall и установлены на базе Учебно-клинического центра. По сценариям, заложенным в компьютерной программе, обучающиеся осваивают определенные клинические ситуации, а именно направленных на формирование профессиональных знаний, коммуникативных навыков, навыков работы в команде, профессиональной этики, профессионально важных качеств, умений, навыков.

Освоение клинических ситуаций врачами-интернами терапевтами проводится согласно сценариям, разработанным в соответствии с тематическими планами занятий. Сценарий состоит из трех основных разделов. Первый раздел содержит общие сведения, т.е. название случая, целевая аудитория. Во втором разделе дается учебная информация, где указываются цели отработки клинического случая, образовательные цели, т.е. указываются компетенции, формированию которых способствует данный сценарий, вопросы для обсуждения, список литературы. Третий раздел посвящен подготовке и проведению симуляции, т.е. дается перечень необходимого оборудования, результаты исследований, которые можно использовать для отработки сценария, распределение времени, дополнительная информация для обучающихся, реплики или слова пациента, ход сценария, вопросы обратной связи, инструменты оценки. В ряде сценариев присутствуют элементы стандартизированного пациента, т.е. ответы пациента могут быть записаны заранее и включаться в подходящее время или могут быть выражены другим человеком (студентом, резидентом, вспомогательным персоналом) с помощью микрофона. Они отвечают только на те вопросы, которые задает врач - интерн. По мере действия команды ход сценария может быть переведен в следующий этап с ухудшением состояния. Дополнительная информация (результаты ЭКГ, рентген - снимки и результаты анализов) может быть выдана только тогда, когда обучающийся ее запросит. Во время проведения занятий с использованием симуляции сценарий может быть остановлен в любом месте, в зависимости от опыта и уровня обучения врачей-интернов.

С помощью клинических сценариев обучающиеся, имея теоретическую подготовку (первый этап), владея практическими навыками (второй этап) и отработав виртуальный алгоритм лечения неотложных состояний (остановка сердца, нарушения дыхания, аритмии, отравления и передозировки, метаболические нарушения и терморегуляция) попадают в симуляционную палату, где в условиях, приближенных к настоящим (реальная обстановка, реальное оборудование, манекен, самостоятельно реагирующий на его вмешательства), они путем многократного повторения и разбора ошибок добиваются совершенства своих навыков работы с оборудованием и пациентом, навыков работы в команде. Результаты анкетирования после занятий с использованием симуляции показали: по мнению 51,2% опрошенных, применение симуляционных технологий повышают уверенность при осмотре пациентов, 34,4% отмечают формирование навыков работы в команде, 14,4 % опрошенных считают, что симуляционные технологии помогают формированию коммуникативных навыков.

Таким образом, симуляционные технологии представляет собой форму воссоздания будущей профессиональной деятельности будущего специалиста. При проведении симуляции можно решить методические задачи по развитию личности специалиста, обучаемые усваивают знания, умения в контексте будущей профессии, могут интеллектуально и эмоционально «раскрепоститься», проявить творческую инициативу. Моделирование клинической ситуации способствует повышению качества освоения основных клинических навыков, непрерывному улучшению, повторению и поддержанию на соответствующем уровне.

Литература

1. Концепция развития медицинского и фармацевтического образования в Республике Казахстан от 12.08.2011 № 534

2. Scalese R.J., Issenberg S.B. Effective use of simulations for the teaching and acquisition of veterinary professional and clinical skills // J Vet Med Educ. - 2005. - Vol.32 (4). - P.461–467.

3. Issenberg S.B., Gordon M.S., Gordon D.L., Safford R.E. Simulation and new learning technologies // Medical Teacher. - 2001.- №16.- P.16-23.

Князева М.В., Прокопюк А.В.*, Павлова Т.Д.**
профессор, доктор биол. наук, Харьковский национальный университет им. В.Н. Каразина, , m_knyazyeva@zic.in.ua
*канд. мед. наук, Харьковский областной клинический онкологический центр
**профессор, доктор мед. наук. президент ОО «Новое мышление в медицине»

НЕКОТОРЫЕ ПОДХОДЫ К ПОВЫШЕНИЮ ЭФФЕКТИВНОСТИ ЛЕЧЕНИЯ РАКА ЯИЧНИКОВ III-IV СТАДИЙ

Поскольку 70-80% больных раком яичников (РЯ) поступают в онкологические учреждения для первичного лечения с III-IV стадиями заболевания, и у трети этих больных опухолевый процесс имеет местно-распространенный характер, применение хирургического метода лечения на первом этапе является проблематичным [1,433; 2,293; 3, 350; 4,210]. Состояние больных, как правило, отягощается наличием метастазов, асцита и/или плеврита. Лечение таких больных начинают с проведения неоадъювантной полихимиотерапии (НПХТ) (1-6 курсов). Это приводит к уменьшению опухолевого конгломерата, снижению объема или исчезновению жидкости в брюшной и плевральной полостях, торможению роста или исчезновению метастазов различной локализации [4,212; 5,470]. Одним из подходов к повышению эффективности лечения является его индивидуализация, что в настоящее время сводится к индивидуальному подбору оптимального количества курсов НПХТ. Отсутствие четких количественных критериев оценки эффективности НПХТ определило цель настоящего исследования - разработать способ оценки эффективности лечения больных РЯ III-IV стадий путем подбора комплекса количественных критериев оценки эффективности НПХТ в процессе ее проведения на основе изучения клинических, ультразвуковых, биохимических и морфологических характеристик.

Из числа 146 обследованных больных РЯ с III-IV стадий- I (основную) группу составляли 82 больные, которым на первом этапе комбинированного лечения проводилась НПХТ (1-6 курсов), на втором-операция с последующей полихимиотерапией (НПХТ+ОП). II (контрольную) группу составили 44 больные, которым на первом этапе комбинированного лечения была проведена операция, а в послеоперационном периоде проведено до 6 курсов полихимиотерапии (ОП+ПХТ). III группа – 20 больных РЯ с III-IV стадий, которым назначена только ПХТ (6 курсов) в связи с наличием противопоказаний для оперативного вмешательства. 60,3% составляли серозные аденокарциномы. УЗИ органов малого таза и брюшной полости проводили на аппарате «Aloka» модели SSD 1100, 500 (Япония). Морфологические исследования проводили универсальными общепринятыми методами. Биохимические исследования включали определение в сыворотке крови суммарного содержания ГАГ и их фракций по методике М.Р.Штерн и др., карбогидратного антигена - СА-125 иммуноферментным методом. В ткани опухоли определяли суммарное содержание ГАГ и их фракций по методике S. Schiller в модификации Л.И.Слуцкого, а также оксипролин по H.Stegemann, тирозин по методу Л.И.Слуцкого, глюкозамин по N.P. Boas и гексуроновые кислоты по Bitter T. и Muir H.M. Для биохимических исследований использовали материал больных с серозной аденокарциномой. Использовались также доброкачественные опухоли яичников (ДОЯ) 25 больных и сыворотка крови 30 здоровых женщин (для контроля). Экспрессию маркера пролиферации Ki-67 определяли иммуногистохимическим методом с использоанием антител (клон SP6) и системы визуализации Ultra Vision LP. Для характеристики эффективности лечения больных оценивали: частоту возникновения ремиссии, длительность безрецидивного периода и выживаемость через 1-3 года. Статистическую обработку результатов исследований проводили с использованием программ STATGRAPHICS Plas 5,0; SPSS for Windows Release 10.0.5, пакета программ Excel 2003. Использовали критерии Стьюдента, Фишера, корреляционный анализ. Статистически значимым принимали условие $p<0,05$.

В соответствии с результатами УЗИ с увеличением количества курсов НПХТ от 1-2 до 3-4 и 5-6 размеры конгломерата уменьшались до значений менее 50% от первоначальных, структура опухоли становилась более гетерогенной, контур – более четкий и бугристый, асцитическая жидкость не выявлялись практически у всех больных после 1-2 курсов. Метастазы в ректо-влагалищной перегородке, печени и толщина сальника уменьшались по мере увеличения количества курсов НПХТ. Результаты УЗИ подтверждались морфологическими данными и результатами ревизии органов малого таза и брюшной полости во время операции. В числе морфологических изменений отмечено появление типичных апоптотических структур в виде «тутовой ягоды» с пустыми ядрами, которые имели только кариолемму. Исследование маркера пролиферации клеток Ki-67 показало, что пролиферативная активность в серозных аденокарциномах угасала. Было установлено, что развитие ракового процесса сопровождается повышением содержания суммарных ГАГ, I (F1- содержит хондроитин-6-сульфат), II (F2- содержит хондроитин-4-сульфат и дерматан-сульфат) и III (F3-содержит гепарин, гепаран-сульфат, кератан-сульфат) фракций ГАГ в сыворотке крови по сравнению с нормой. Были установлены снижение содержания суммарных ГАГ и отдельных фракций до значений ниже, чем при РЯ до лечения (в отдельных случаях до нормы) после разного количества курсов НПХТ, а также нормализация величин различных соотношений суммарных ГАГ и их фракций: К1=∑ ГАГ/ F1; К2=∑ ГАГ/ F2; К3=∑ ГАГ/ F3; К4=∑ F2+F3/ F1, после применения 5-6 курсов. Было установлено, что после воздействия НПХТ на раковую опухоль яичника в ней отмечается повышение содержания коллагеновых белков (по оксипролину) и снижение содержания неколлагеновых белков (по тирозину). Выживаемость больных РЯ III-IV стадий с применением разного количества курсов (1-2, 3-4, 5-6) НПХТ через 1,2 и 3 года достоверно повышалась от уровня показателей в группе без оперативного вмешательства до уровня показателей эффективности лечения при варианте с операцией на первом этапе.

Результаты проведенных исследований позволили сформировать диагностический комплекс и сформулировать способ оценки эффективности больных РЯ III-IV стадий, который включает проведение НПХТ с дальнейшим исследованием биологического материала, который отличается тем, что НПХТ проводят курсами от 1 до 6, при этом после каждого курса определяют комплекс показателей: размеры опухолевого конгломерата, размеры метастатической опухоли в ректо-влагалищной перегородке, размеры субкапсулярных метастазов в печени, объем асцитической жидкости, уровень опухолевого маркера СА-125, суммарных сульфатированных ГАГ, суммарных хондроитинсульфатов в сыворотке крови, далее, на основании полученных данных определяют коэффициенты К1,К2,К3 как соотношение суммарных сульфатированных ГАГ и, соответственно, содержания первой (F1), второй (F2), третьей F3 фракций ГАГ, и К4, как соотношение содержания суммы второй и третьей фракций к величине первой фракции, где F1 содержит хондроитин-6-сульфат, F2- содержит хондроитин-4-сульфат и дерматансульфат, F3 содержит гепарин, гепаран-сульфат и кератан-сульфат, а на послеоперационном этапе определяют в опухолях лечебный патоморфоз, экспрессию маркера пролиферации Ki-67, содержание оксипролина и тирозина, и при изменении размеров опухолевого конгломерата до 60-20%, размеров метастатической опухоли в ректо-влагалищной перегородке до 70-20%, размеров субкапсуллярных метастазов в печени на 40% и более, объема асцитической жидкости до 0, уровня опухолевого маркера СА125 до 9,6-3,6% от исходного уровня, суммарных ГАГ и суммарных хондроитинсульфатов F1,F3, К1,К2,К3,К4 до нормы, уменьшении F2 на 25-35% от исходного уровня, наличии лечебного патоморфоза, умеренной или выраженной экспрессии Ki-67 (индекс пролиферации меньше или равен 40%), повышении содержания оксипролина до уровня 150% и более, снижении содержания тирозина до уровня 120% и менее, в сравнении с содержанием в ДОЯ, оценивают эффективность влияния НПХТ на течение опухолевого процесса.

ЛИТЕРАТУРА

1. Бохман Я.В. Руководство по онкогинекологии / Я.В. Бохман. – СПб. : Фолиант, 2002. – 540 с.
2. Винокуров В.Л. Рак яичников: закономерности метастазирования и выбор адекватного лечения больных / В.Л. Винокуров. – СПб. : ФОЛИАНТ, 2004. – 336 с.
3. Волков А.Е. Ультразвуковая диагностика в акушерстве и гинекологии / А.Е. Волков. – М. : Феникс, 2009. – 477 с.
4. Павлова Т.Д. Онкогинекология: учебное пособие для врачей онкогинекологов и акушеров-гинекологов / Т. Д. Павлова, М.В. Князева, А. В. Прокопюк. - Харьков: Каравелла, 2006. - 364 с.
5. Щепотин И.Б. Онкология. / Щепотин И.Б., Ганул В.Л., Клименко И.О. и др..-К.: Книга плюс, 2008.-568 с.

Begimbetova R.S.
MD, professor of the Department of internship and residency GP № 2. By name of S.D. Asfendiyarov
Salimova S.S.
Associate Professor, PhD of the Department of internship and residency GP № 2. By name of S.D. Asfendiyarov
Akanova K.K.
Associate Professor, PhD of the Department of internship and residency GP № 2. By name of S.D. Asfendiyarov

SPUTUM CYTOLOGY DURING EXACERBATION OF COPD

In order to identify not medically diagnosed cases of COPD was conducted screening residents (7650: 786 in Almaty, Aktobe 6864) method of questioning in individuals who do not consider themselves to patients with lung disease, at the time of the survey had no acute or exacerbation of chronic disease. The proposed screening questionnaire completed 2012 (247 in Almaty, 1765 in Aktobe) people. Screening consisted of two stages.

In the first stage (n = 2012): a) survey of the number of permanent residents (1094 men) randomized to identify long-term (more than 3 months) cough persons B) survey of persons who came to the outpatient care, to identify those with prolonged cough, 303 patients. B) survey of the family doctor is not ill and did not complain of the family, which was a challenge to the house, to identify those with a long-cough 615 people.

In the second step for people with long-term cough we performed spirography and radiography for diagnosis and staging of COPD disease.

Clinical, laboratory and instrumental examination and treatment of patients in Aktobe as an outpatient at words with uncomplicated exacerbation (UE) COPD of moderate severity (II phase), n = 208: patients identified by screening UE COPD stage I (n = 36) + UE COPD stage II (n = 27), and identified in the clinic UE stage II COPD (n = 145)

Clinical, laboratory and instrumental examination and rehabilitation of patients without exacerbation (n = 394) with a diagnosis of COPD stage I, n = 137, M-89, smokes-76 w-48 and stage II COPD, n = 257: m-141 smokes-103, w-116). Rehabilitation programs included training of the patients, their families and doctors, the treatment of tobacco dependence, kinesitherapy sessions with patients in outpatient and home under medical supervision.

Questionnaire for screening study is made on the basis of the proposed questionnaire GOLG-2006, respectively, and rationalized for the research objectives. Streamlined profile for the study was discussed at a postgraduate training meeting of Department of the post-graduate studies and the Department of Family Medicine and outpatient therapy of KazNMU by name of S.D. Asfendiyarov on February 20, 2006. Minutes № 2. Questionnaire includes passport, anthropometric data, medical history, occupational and social conditions, the intensity and duration of smoking, clinical symptoms and the treatment, and also features both medical and sociological research. Authored questions adequate, accessible, unambiguous and not causing concern.

The diagnosis of COPD is evaluated based on GOLD-2006: I stage light - FEV1/FVC <70% FEV1> 80% predicted values, chronic cough and sputum production, usually, but not always; II stage, mid-FEV1/FVC < 0.70, 50% ≤ FEV1 <80% predicted, shortness of breath, which usually occurs during physical activity, as well as cough and sputum production. Introduced in the diagnosis of the term "simple (uncomplicated), acute exacerbation of COPD" means infrequent exacerbations of the disease (less than 4 per year) occurring in patients aged 65 years with no serious comorbidity and minor or moderate bronchial obstruction (forced expiratory volume for 1 sec-FEV 1> 50%)

Criteria for inclusion of patients in the second and third part of the study: patients older than 18 years with a diagnosis of COPD stage I-II of criteria for GOLD-2006.

Exclusion criteria were patients with COPD receiving systemic corticosteroids, asthma, occupational respiratory diseases, bronchiectasis, tuberculosis, all patients with signs of pulmonary heart decompensation, pathology of the circulatory system (heart disease, hypertension, heart failure), systemic connective tissue disease , endocrine diseases, including diabetes, osteoarthritis deformans with functional impairment of the joints, cancer patients, people with mental illness who abuse alcohol and / or drug history who had undergone surgery in the previous month, as well as pregnant women.

General description of patient examination

For early detection of COPD by the "screening questionnaire, spirometry" questionnaire survey 2012 people, average age-40,1 ± 15,8 years. Screening study was undertaken due to the fact that the treatment of patients with COPD more often too late, that is, the presence of a distinct clinical disease, and in the early stages, and doctors often regard the existing late manifestations as normal colds. Of 2012 examined the presence of chronic cough for more than 3 months was observed in 31.3% (630: -378 men, average age-39,1 ± 12,3 g, 252 women, age-47,4 ± 9 , 8 years.).

In the second stage screening among individuals with a history of chronic cough after spirographic survey revealed a disease in 219 men (mean age 47, 3 ± 9,9): COPD stage II, 82 (46 of them were smoked 31 women 36), COPD stage I -137 (male 79, female 58). Lung function (postbronchodilation) qualify for GOLD-2006. Peak flow figures were close to the value of FEV1, so we used a peak flow meter to monitor respiratory function during dynamic examination of the patients.

In out-patient conditions were treated 208 patients with uncomplicated COPD exacerbation. In the screening of the patients we identified persons with stage I COPD NO-NO and 36 patients with COPD stage II -27 patients. In addition, among the patients who came to the outpatient with complaints for cough, fever, after in-depth survey we verified diagnosis of uncomplicated acute COPD II stage in 145 patients. Among patients with stage II COPD (n = 172: 89 males, mean age 47,5 ± 7,7 years, women -83, the average age-48,5 ± 10,2) were randomly selected 30-I group who received conventional therapy (CT): antibiotics, bronchodilators, mucolytics; II group, 48 people, in addition to the CT received mildronat, III-46 group were receiving CT + Polyphepan, IV-48 group were receiving CT + + mildronat+Polyphepan.

Induced sputum (IS) was obtained by the standard technique after inhalation of 3.5% sterile hypertonic sodium chloride solution by ultrasonic nebulizer. Inhalation sessions held for 5-7 minutes, the total duration of inhalation was usually no more than 30 minutes. Every 5-7 minutes of inhalation of hypertonic saline concentration was increasing by 1%, that is consistently used the 3 -, 4 -, 5 -% salt solution. Before and after the procedure we make measurements of PCI. After the first session inhalation and subsequently after each session, patients were asked to thoroughly rinse their mouth and try to produce sputum in a special container. Upon receipt of a satisfactory sputum sample procedure was stopped. Sputum was carried out not later than 2 hours Paulsen received material. IS homogenized and dispersed, and then out of it were prepared Pap smears. All cytological preparations were stained with Romanovsky-Giemsa. Cytological examination of stained performed under magnification 1000 light-optical microscope. Microscopically counted at least 300 cells.

Cytological examination of the sputum.

Sputum of all patients were examined cytologically in depth, as in the routine analysis of sputum generally not given the morphological changes in the cell structure, but only the quantitative characteristics.

The cytological examination of the sputum in all (170) patients had signs of inflammation with the neutrophilic infiltration. In COPD stage I we didn't find an expressed morphological changes of the epithelial cells of the respiratory tract. In COPD stage II we have found morphological changes that characterized chronic inflammation [1,151],. In smears of sputum of 71 patients, 41.5% (mean age 48.5 ± 7.8%), there were signs of dystrophy of epithelial cells of respiratory tract [2,164], signs of metaplasia in individual cells, the PAP cells were smears in 56.4% [3], . Minor signs of dysplasia [4,56], in individual cells were observed in smears of 4 patients (2.3%)

During the correlation analysis between the morphological changes in sputum and disease duration, age of the patient and there is a linear relationship (coefficient of 0.68). We didn't find a correlation between dystrophy, metaplasia and dysplasia on one side and the number of leukocytes in the overall analysis of sputum. The rates of smoking among the patients and patients with the presence of malnutrition or metaplasia did not differ from the main group and a correlational analysis of smoking, malnutrition and metaplasia did not reveal the presence of correlations. Thus, no clear link found a direct factor of smoking with morphological changes in the sputum, which, apparently, has more to do with a long period of untreated COPD, while long duration of COPD patients were smokers. However, relying solely on the material received by us we could not exclude the factor of smoking, which is currently recognized factor that induces carcinogenesis, since cigarette smoke can affect the genome via oxidant-antioxidant.

Detection of malnutrition in 41.3%, 56.4% in metaplasia, dysplasia in 2.3% of patients with stage II COPD US emphasizes the important role of sputum cytology. Re-examination of sputum in patients one year showed no changes with respect to morphological changes in cells.

A high percentage of detection metaplasia (56.4%) in patients with COPD US moderate suggests that such patients should be prescribed with care drugs, with stimulant properties, as well as physiotherapy, to exclude the possibility of activation of cellular proto-oncogenes.

1. Silkoff PE, Busacker A, Trudeau J et al. Sputum dysplasia, related to bacterial load, oxidative stress, and airway inflammation in COPD // Chest., 2004 May,125 (5 Suppl), 151 s.
2. Bota S, Auliac JB, Paris C, et al. Follow- up of bronchial precancerous lesions and carcinoma in situ using fluorescence endoscopy// Am J Respir Crit Care Med, 2001, 164, 1688-1693
3. MD, professor A.I. Shibanova supervisor Cytology Department of the Kazakh Research Institute of Oncology and Radiology made an interpretation of the results of the sputum cytology.
4. Kennedy TC, Proudfoot SP, Franklin WA et al. Cytopathological analysis of sputum in patients with airflow obstruction and significant smoking histories // Cancer Res., 1996, Oct 15,56 (20), 4673-4678

K.M. Kaparova, R.S. Begimbetova, S.S. Salimova, K.K. Akanova
The department of the Internship of the General Practitioner №2.
Kazakh National Medical University named after S.D. Asfendiyarov

MOEXIPRIL AND THE TREATMENT OF THE ARTERIAL HYPERTENSION

Inhibitors of APF represent the most widely used modern drugs used in mono and multi-therapy of the arterial hypertension [1,9-16]. As pharmacokinetic and pharmacodynamic properties of the inhibitors of APF determine their hypotensive properties therefore attention should be paid while choosing the drug. One of the preferred actions of the drug is efficacy and efficiency during 24 hours after a single intake and moexipirl was proved to show these properties [5, 11].

Initially taken as pro-drug, it becomes activated upon metabolic transformation (hydrolysis) in the liver, the kidneys, the mucous of the GIT and the blood. Upon absorption moexpril is turned into moexiprylate with the maximum plasma concentration in 1,5-2 hours after the intake. Moexiprylate has prolonged phase of the excretion therefore the effect on AH lasts for over than 24 hours which is comfortable for the patient of any age.

The initial recommended dose is 7, 5 mg per 24 hours, though if it is combined with diuretics the dose is reduced to 3, 75 mg; the recommended sustained dose is 7,5 -15 mg taken once in 24 hours. However, in patients with the liver insufficiency and low speed of the canal filtration (less than 30 ml/min) the starting dose should be 3, 75 mg; the aged patients with appropriate kidney functioning do not require the modulation of the dosage.

In this study 22 cases with moderate AD were investigated where 40 % and 60 % represented men and women respectively; the average age was 49.7± 2.1 years. 12 of them had essential II stage arterial hypertension; the rest had nephrogenic arterial hypertension emanating from the chronic glomerulonephritis (5 cases) and the diabetic nephropathy (5 cases). The uptake of any hypotensives was halt for 3 days before the moexipril treatment with the dosage of 7, 5mg for the following 2 weeks. Moreover, ECG examinations showed that the majority of the patients had the hypertrophy of the left ventricle; furthermore, Reberg probes showed that in patients with essential arterial hypertension the speed of canal filtration was not affected whereas in those with nephrogenic AH it was reduced from 10 to 25 % (~for 18,6 %) compared to the normal speed in healthy people.

Urea examinations showed that in the patients with essential arterial hypertension the protein contents of diurnal protein urea amount was not greater than 50 mg and in patients with nephrogenic arterial hypertension 0.62- 1.4 gr/l (~ 1.12 g/l). Upon 2 weeks of moexipril treatment, it was detected that AH was reduced reliably, so, for example, the initial average systolic arterial hypertension (~142± 2.7 mm Hg (p<0.001), diastolic arterial hypertension ~92.4±1.6 mm Hg (p,0.001)), the AP ~ 116.4±1.8 mm Hg (p<0.001) so that systolic arterial hypertension reduced for 17.6 %, diastolic arterial hypertension reduced for 16.2 %, arterial hypertension in average reduced for 18.1 %. In addition, moexpipiril treatment led to the improvement of the kidneys functioning, for example, the patients with the reduced speed of canal filtration showed improved filtration from 5 to 16 % (~ for 11.8 %), patients lost less proteins in their urea for up to 31.6 %.

Hypotensive effect was also associated with improved general state of the health, fewer headaches, dizziness and cardialgias, there were no side effects detected.

Thus, our investigations proved high anti-hypertensive activity of moexipril in the patients with essential and nephrogenic arterial hypertension, its positive influence on the functional state of the kidneys as well as good tolerance and safety. Furthermore, the pharmacoeconomics of the moexpipril should also be mentioned because it represents one of the cheapest and affordable drugs. To sum up, moexipril has several prominent advantages such as being highly effective, well tolerated, comfortable in use and affordable drug.

Literature

1 . Britov A.N. Assessment of cardiovascular risk when maintaining patients by an arterial hypertension. Cardiovascular therapy and prevention

2. Glezer M. G. Whether women need special diagnostic and medical approaches? Problems of female health

3 . Kazantsev L.S. Clinical value of parallel arterial pressure and electrocardiogram at a hypertensive illness and nefrogenny hypertensions Moscow

4 . Kobalava Zh.D., Tolkachyov of V.V., Moryleva O. N. Clinical features and treatment of an arterial hypertension at women. Reviews of clinical cardiology

5 . Shvaybovich S. A. Efficiency моэксиприла in correction of arterial pressure at patients with terminal articles of chronic kidney insufficiency receiving zamestiteny therapy the hroniogemodializy. author's abstract. Candidate. Tyumen

Information about authors

- 1.Kaparova K.M-internist of higher category
- 2.Begimbetova R.S- professor, doctor of medical sciences
- 3.Salimova S.S- an associate professor, a candidate of medical sciences
- 4.Akanova K.K- an associate professor, a candidate of medical sciences

Борисенко А.В.
профессор, д.м.н.
Мялковский К.О.
магистрант Нац. мед. университет имени А.А. Богомольца

РАСПРОСТРАНЕННОСТЬ И ОСОБЕННОСТИ РАЗВИТИЯ НЕКАРИОЗНЫХ ПОРАЖЕНИЙ ЗУБОВ ПРИ ЗАБОЛЕВАНИЯХ ПАРОДОНТА У ЛИЦ МОЛОДОГО ВОЗРАСТА

В последние годы в Украине наблюдается высокая распространенность основных стоматологических заболеваний, особенно среди лиц молодого возраста. Так в зависимости от региона проживания заболевания пародонта встречаются от 64% до 93%. Распространенность у лиц в возрасте 18 – 25 лет составляет – 47 -85% [1,232].

Причиной патологических процессов в тканях пародонта и твердых тканях зубов являются как местные, так и общие факторы.

Среди общих факторов наиболее распространенными является эндокринные, сосудистые поражения, нарушения ЦНС и заболевания ЖКТ [2,102].

Среди местных факторов превалирует недостаточная индивидуальная гигиена полости рта и травматическая окклюзия.

Одними из ранних проявлений генерализованых заболеваний пародонта – хронического катарального гингивита и генерализованого пародонтита являются некариозные поражения твердых тканей зубов – гиперестезия, клиновидные дефекты, эрозии эмали и др. [3,55].

Знание особенностей развития некариозных поражений у лиц молодого возраста позволяет проводить раннюю профилактику и превентивные лечения заболеваний пародонта с целью сохранения жевательного аппарата.

В связи с выше изложенным, перед нами была поставлена цель: изучить распространенность заболеваний пародонта и некариозных поражений твердых тканей зубов у лиц молодого возраста и их взаимосвязь с местными повреждающими факторами.

Объект и методы исследования.

Под наблюдением находилось 120 студентов-добровольцев в возрасте 18 – 25 лет, которым проведен комплексное клиническое обследования. Индивидуальную гигиену полости рта оценивали по индексу Грин-Вермильона(OHI-S), воспаление десны по индексу PMA, диагностику гиперестезии проводили зондированием пришеечной области и термопробой.

Результаты исследования.

В результате клинического обследования оказалось, что только 8 человек из 1290 были здоровы, у остальных диагностированы те или иные заболевания пародонта. Так, у 100(83,3%) диагностировано воспалительные заболевания пародонта и у 12(10%) – дистрофически-воспалительные.

Среди воспалительных заболеваний у 93(77,5%) пациентов выявили хронический катаральный гингивит. Причем у 11(11,8%) был поставлен диагноз – генерализированный хронический катаральный гингивит. Эти пациенты отмечали наличие общих заболеваниями (гастрит, хронический холецистит и др.). Состояние десны оценивалось у них как средняя степень тяжести гингивита, показатели индекса PMA колебались от 28,0% до 35,0%. Состояние индивидуальной гигиены полости рта оценивалось как неудовлетворительно (OHI-S = 1,7 – 2,0). Выявлены следующие некариозные поражения среди пациентов с хроническим катаральным гингивитом: гиперестезия у 45(47%) человек, эрозии в пришеечной области у 4(4,3%) человек.

Локализированный пародонтит диагностирован у 7(5,8%) обследуемых, среди них гиперестезию выявили у 4 человек, а эрозию у одного пациента.

Генерализованый пародонтит начальной степени диагностирован у 12 человек. Некариозные поражения выявили у 9 пациентов, из них у 7 гиперестезия, у 3 обследуемых эрозии в том числе и у одного диагностирован клиновидный дефект. У всех пациентов этой группы отмечена неудовлетворительная индивидуальная гигиена – индекс OHI-S от 2,2 до 2.4.

Заключение.

Некариозные поражения твердых тканей зубов развиваются уже в молодом возрасте под влиянием комплекса общих и местных факторов, и являются начальными (субъективными и объективными) симптомами заболеваний пародонта.

Высокая распространенность некариозных поражений при заболеваниях пародонта требует создания индивидуальных лечебно-профилактических программ, включающих гигиенические мероприятия, противовоспалительную терапию, десенситайзерные и реминерализирующие средства.

Список литературы:

1. Терапевтическая стоматология: Учебник: В 4т. – Т.3 Заболевания пародонта / Н.Ф. Данилевский, А.В. Борисенко и др. – К.;2011. – 616с.

2. Хоменко Л.А., Шматко В.І. та ін. Стоматологічна профілактика у дітей. – К.,1993.- 192с.

3. Грохольский А.П. Зубные отложения и их влияние на ткани пародонта. – Автореф. дис. …. канд. 1982. – 72с.

Даньщикова И.И.
аспирант, iidanshikova@geo.komisc.ru
Майдль Т.В.
к.г-м.н. ИГ Коми НЦ УрО РАН, Сыктывкар,
maydl@geo.komisc.ru

ПРОЯВЛЕНИЕ ХАРАКТЕРА ТЕКТОНИЧЕСКИХ ДЕФОРМАЦИЙ В ВЕРХНЕОРДОВИКСКО-НИЖНЕДЕВОНСКИХ ТОЛЩАХ АДАКСКОГО БЛОКА (ГРЯДЫ ЧЕРНЫШЕВА)

Район, расположенный в центральной части гряды Чернышева на Адакской площади (рис.1), много лет существенно по-разному рассматривался, как с научной точки зрения, так и с практической - для поисков структурных ловушек углеводородов. Основным тектоническим элементом, формирующим структуру блока, является послойный срыв, проникающий по верхнеордовикским соленосным отложениям с территории Косью-Роговской впадины [2]. У поверхности этот срыв выражен дугообразными в плане Западно-Чернышевским взбросо-надвигом и встречно падающим Восточно-Чернышевским ретронадвигом [3]. Выполненные тематические работы по переработке и переинтерпретации материалов позволили существенно уточнить структурно-тектоническую модель развития сложно построенной западной части Косью-Роговской впадины.

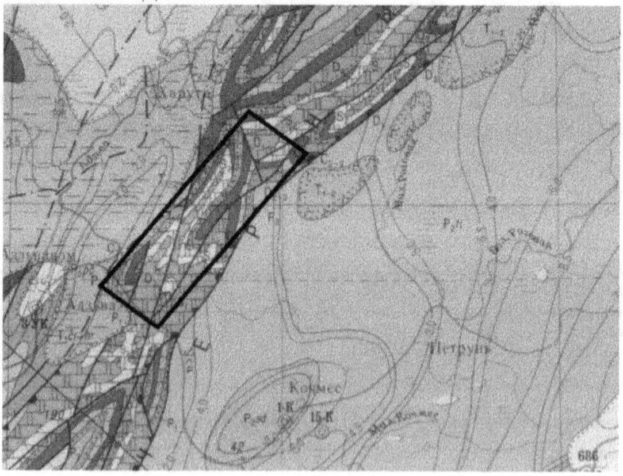

Рис.1 Обзорная карта района работ (фрагмент геологической карты масштаба 1:1000000).

Нами исследован керн скважин 1,2–Адак из аллохтонной части «Адакской чешуи», наиболее дислоцированной структуры, разделяющей Тальбейский и Шарью-Заостренский блоки [1]. При изучении этих отложений отмечаются многочисленные признаки тектонических (пластических и разрывных) деформаций, проявленных как в характерных текстурных новообразованиях, так и в эпигенетических преобразованиях пород, вызванных процессами динамокатагенеза.

Зоны повышенной трещиноватости и брекчирования пород располагаются в основании аллохтонных пластин, под которыми расположены основные зоны срывов. В составе брекчии среди известняков присутствуют глины, аргиллиты, глинистые известняки и доломиты, отражающие первичную пластичность пород. Трещины и поры выщелачивания заполнены сульфатным материалом (рис.2) и новообразованными минералами (в основном кальцитом) или нефтью. Здесь же широко развиты процессы выщелачивания. Породы интенсивно преобразованы, в них наблюдаются поры и каверны, развиты макро- и микротрещины, распределение которых весьма неравномерное. Нередко наблюдаются мелкие сложно перемятые складки, характерные для некомпетентных пород вблизи субпослойных срывов.

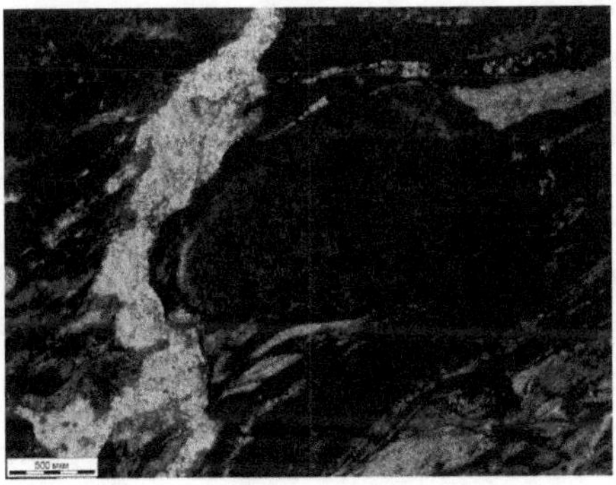

Рис.2 Поры выщелачивания, заполненные сульфатным материалом (ангидрит).

В верхней части аллохтонных пластин бурением вскрыты нижнедевонские и силурийские отложения, в которых часто отмечаются мелкие надвиговые деформации и процессы окремнения (рис.3). Зачастую обособление кремнистого вещества происходит в виде различных стяжений, линз или пропластков микрокристаллического строения длиной до 1 мм. Интенсивное окремнение наблюдаются, как правило, или выше крупных залежей нефти, или в пределах самих выдержанных нефтяных пластов, лишая их пористости.

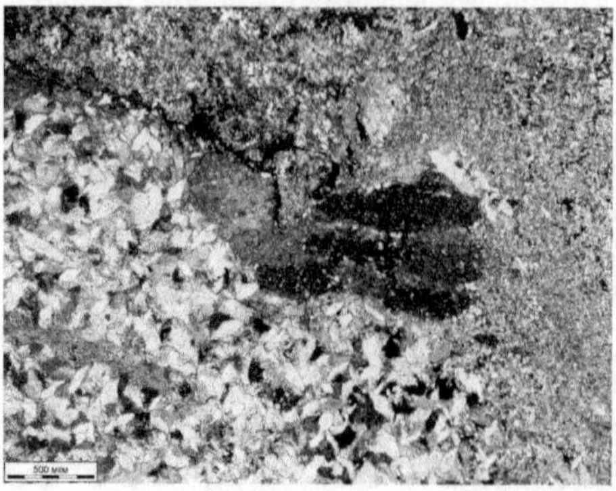

Рис. 3 Доломит средне-тонкозернистый с окремненным участком.

Таким образом, изложенный материал обосновывает наличие брекчированных тел, связанных в рэмпами и флэтами. В рассматриваемом районе поднятия Чернышева отмечаются как процессы сжатия, так и локального растяжения в сместителях надвигов. Стресс обусловил такие признаки как мраморизация, интенсивная стилолитизация, брекчирование. Об условиях растяжения в процессе надвиговой дезинтеграции пород вблизи сместителя свидетельствуют развитие трещин, пористых брекчий, процессы выщелачивания и окремнения. В сместителях надвигов все они могут создавать зоны повышенной проницаемости, разгерметизирующие аллохтонные структурные ловушки углеводородов. Исключение могут составлять участки сместителей, выполненные пластичными позднеордовикскими солями. В связи с этим, наиболее перспективными, видимо, следует считать поднадвиговые структуры, выявленные под Западно-Чернышевским надвигом и Восточно-Чернышевским ретронадвигом.

Работа выполнена при поддержке программы фундаментальных исследований УрО РАН, проект УрО РАН № 12-5-6-012-АРКТИКА *«Формирование углеводородных систем в толщах верхнего палеозоя в арктическом районе Тимано-Печорского нефтегазоносного бассейна»*.

Литература

1. Перспективы нефтегазоносности центральной части поднятия Чернышева по результатам геологоразведочных работ на Адакской площади / Данилов В.Н., Иванов В.В., Гудельман А.А. и др. // электр. науч. журн. Нефтегазовая геология. Теория и практика - http://www.ngtp.ru, 2011. Т.6. №2. С.1-30

2. Юдин В.В. Послойные срывы в чехле востока Печорской плиты – возможный объект поиска углеводородов. В кн.: “Печорский нефтегазоносный бассейн” (Труды Института геологии Коми ФАН СССР, вып. 52). Сыктывкар. 1985. С. 38-45.

3. Юдин В.В. Орогенез севера Урала и Пай-Хоя. Екатеринбург: УИФ Наука, 1994. 285 с.

Балгазина Б.С.
доцент, кандидат педагогических наук,
Казахский национальный педагогический университет имени Абая

СТИМУЛИРОВАНИЕ ИНТЕРЕСА СТУДЕНТОВ К ИЗУЧЕНИЮ РУССКОГО ЯЗЫКА И РУССКОЙ КУЛЬТУРЫ ВНЕ ЯЗЫКОВОЙ СРЕДЫ

Сегодня быстро меняющийся мир требует внедрения в учебный процесс новых форм работы со студентами при обучении иностранному языку, чтобы стимулировать интерес студентов к освоению языка. В этом отношении очень важно использовать всё лучшее, что есть в мировом образовательном пространстве.

В Южной Корее изучению иностранных языков придают очень большое значение: в стране изучают более 25 иностранных языков. Наиболее важными, стратегически значимыми для развития страны считаются четыре языка - английский, китайский, японский и русский (языки расположены по степени их популярности и востребованности в стране).

В последние годы интерес к русскому языку в Корее постепенно и стабильно растёт. Сейчас русский язык изучают в 35 высших учебных заведениях, в том числе и в ведущих университетах страны – в Сеульском национальном университете, в университетах Корё Ёнгссэй, Хангук, Чун-Анг и др. Кроме того, русский язык введён и в некоторых колледжах с двухлетним сроком обучения, а также в средних школах с углубленным изучением иностранных языков.

Известно, что фактор «языковой среды» является наиболее эффективным при обучении иностранному языку. Языковую среду трудно заменить чем-нибудь более действенным, однако существуют такие формы обучения и организации труда студентов, которые способствуют улучшению и ускорению процесса овладения языком вне языковой среды.

Роль преподавателя в учебном процессе и в повышении мотивации студентов огромна и оказывает существенное влияние на успешное/неуспешное изучение иностранного языка. В корейских вузах используется практика **привлечения к обучению иностранным языкам преподавателей - носителей языка**. Кафедры русского языка и литературы приглашают российских специалистов – филологов. Сейчас «наличие» специалистов русского языка из ведущих вузов России, в которых накоплен большой опыт преподавания русского языка как иностранного, на кафедрах русского языка не только в центральных вузах, но и во многих провинциальных – явление самое обычное.

Например, в Университете Чунг-Анг работают преподаватели-русисты из российских вузов – из Государственного института русского языка им. А.С. Пушкина (г. Москва) и Российского государственного педагогического университета им. А.И. Герцена (г. Санкт-Петербург). Такая практика приносит свои плоды. «Внедрение» носителей языка в учебный процесс позитивно влияет на качество обучения студентов русскому языку вне языковой среды. Эти преподаватели ведут специальный курс «Русский разговор» (разные уровни), где студенты получают возможность «погружаться» в русскую речевую среду. Преподаватели – носители русского языка помогают им снять психологический барьер («иноязычно-речевая деятельность человека представляет собой явление не столько лингвистическое, сколько психологическое» [1, 67]), «научить» артикуляционный аппарат студентов работать по-русски.

Еще одним средством повышения коммуникативной компетентности является **языковая стажировка** корейских студентов в стране изучаемого языка. Студенты Университета Чунг-Анг (так же, как и других вузов Кореи) после окончания 2 курса имеют возможность поехать в Россию для обучения русскому языку в течение одного учебного года. Для этого они должны иметь такие языковые навыки, которые позволят им легко адаптироваться к проживанию и обучению в русскоязычной среде.

В последние годы южнокорейские университеты активно используют практику **обмена студентами** с российскими вузами: российские студенты приезжают в Корею на семестр или учебный год изучать корейский язык, а корейцы – в Россию изучать русский.

В Университете Чунг-Анг программа обмена студентами расширена географически: сюда приезжают студенты не только из России, но и из Казахстана, Узбекистана и Киргизстана. И, соответственно, в эти страны едут корейские студенты. По этой программе в Университете Чунг-Анг успешно учатся студенты из Казахского университета международных отношений и мировых языков имени Абылай хана, приехавшие на один или два семестра.

«Включение» в речевую среду позволяет студентам сделать большой качественный «скачок» в языковых навыках, что является мощным мотивационным фактором в изучении иностранного языка, а также помогает им познакомиться с культурой народа изучаемого языка «изнутри».

Корейские русисты обучают русскому языку не только на учебных занятиях, но и во внеаудиторное время. «Внеаудиторные мероприятия позволяют не только развивать речевые навыки и умения студентов, но также формировать у них страноведческие знания, расширять их кругозор, стимулировать их интерес к изучению русского языка и русской культуры» [1, 226]. Рассмотрим некоторые виды внеаудиторных мероприятий, которые проводятся корейскими русистами в Университете Чунг-Анг.

Эффективной формой «погружения» в изучаемый язык является **проведение фестивалей искусств**. Корейцы – очень музыкальный и артистичный народ. Возможно, поэтому у них сильны традиции студенческой самодеятельности. Ежегодно в Университете Чунг-Анг каждый языковой факультет организовывает концерт на изучаемом языке. Студенты кафедры русского языка исполняют русские фольклорные и современные песни, читают стихи русских поэтов, демонстрируют постановки пьес и юмористические сценки. Причём, инсценируют довольно сложные произведения: «Чайку» А. Чехова, «Свадьбу» М. Зощенко и даже кинофильм «Служебный роман». Такая организация внеучебного процесса положительно влияет на процесс овладения студентами русскоязычным общением: снимаются психологические барьеры, активизируются их речевая деятельность и лексико-грамматические знания.

Известно, что только в рамках групповой, коллективной деятельности как средства решения задач активизируются речевые умения. Одной из форм такой деятельности является **выпуск газет и журналов на изучаемом языке**.

На кафедре русского языка Университета Чунг-Анг ежемесячно издаётся журнал на русском языке «Солнышко». Его называют «новостным», потому что в нём освещаются вопросы университетской и студенческой жизни и «внешнего» мира: заметки об успехах студентов (в учёбе, в спорте и др.); стихи студентов на русском языке (!); новинки кино, культуры, моды; экскурсии-рассказы о разных странах; советы преподавателей («например, «Как изучать русский язык с интересом»); статьи-размышления на нравственные темы. И, что важно, весь материал на изучаемом языке.

Издавая журналы, участвуя в фестивалях, общаясь с носителями языка и т.д., студенты имеют возможность видеть результаты своей деятельности. Следовательно, усиливается внутренняя мотивация студентов, а также их активность. В результате процесс обучения тесно связывается с реальной действительностью и перерастает в нечто большее, чем просто учёба.

В этой работе мы постарались показать на примере одного вуза, каким образом в корейских вузах решается задача стимулирования интереса студентов к изучению русского языка.

Литература

1. Беляев Б.В. Очерки по психологии обучения иностранным языкам. - М., 1965.

2. Капитонова Т.И., Московкин Л.В. Методика обучения русскому языку как иностранному. - СПб., 2006.

Дрозд К.В.
к.п.н., доцент кафедры педагогики ВлГУ

АКТУАЛЬНОСТЬ ИССЛЕДОВАНИЯ ЖИЗНЕННОГО САМООПРЕДЕЛЕНИЯ СУБЪЕКТОВ ВОСПИТАТЕЛЬНОГО ПРОСТРАНСТВА

Основной целью современного отечественного образования и одной из приоритетных задач общества и государства является воспитание, социально-педагогическая поддержка становления и развития высоконравственного, ответственного, творческого, инициативного, компетентного гражданина России. В этих условиях важным качеством личности становится способность к самоопределению, благодаря которому человек сможет разумно существовать в условиях выбора, т. е. в условиях свободы и ответственности. Основным результатом образовательного процесса является личность, способная к самосовершенствованию, самоактуализации, самопознанию, саморазвитию. Важнейшей целью современного воспитания является создание условий для развития самоопределения личности, ее самореализации [1, 60].

Актуальность жизненного самоопределения субъектов воспитательного пространства исследования определяется состоянием современной образовательной практики, для которой характерна активная модернизация педагогического образования, осуществляемая в рамках перехода к новым стандартам общего и высшего профессионального образования, а также тем, что современные реалии «требуют кардинального переосмысления научных основ и практико-ориентированных подходов к воспитанию» [4, 123].

Однако, при многочисленных попытках модернизации содержания современного образования в России и совершенствования педагогических технологий, образовательная деятельность в большей степени направлена на подготовку выпускников к выбору профессии и получению ими профессионального образования, что, безусловно, важно, но недостаточно для жизненного самоопределения личности.

На наш взгляд, задачи педагогического обеспечения новых образовательных инициатив должны носить системный характер, так как обращены и к студенту вуза - будущему педагогу, и к работающему педагогу, и к учащемуся. Характер взаимодействия с окружающим миром в высокой степени определяется тем, как субъект воспринимает окружающую среду, преобразует или создает в соответствии со своим замыслом и представлениями. Это определяет актуальность исследования проблемы взаимообусловленности пространства жизнедеятельности и жизненного самоопределения субъекта.

Рассматривая жизненное самоопределение как специфический компонент социализации, важным становится моделирование воспитательного пространства на основе событийного подхода к воспитанию, детерминирующего процесс отбора субъектом ценностей, идеалов, жизненных принципов, смыслов, целей и мотивов деятельности, базовых отношений к миру и другим людям. Таким образом, актуальность темы исследования жизненного самоопределения субъектов воспитательного пространства обусловлена:

во-первых, выдвижением новых требований к личности в контексте развития модернизационных процессов образования в России;

во-вторых, значимостью решения проблемы самоопределения и самореализации молодежи в современных условиях российского общества;

в-третьих, необходимостью описания формально-динамических характеристик, этапов формирования и закономерностей функционирования интегрированного воспитательного пространства общеобразовательной школы и вуза;

в-четвертых, необходимостью определения профессиональных и социально-личностных компетенций как индикаторов профессионального, нравственного, гражданского, эстетического самоопределения субъектов образовательного процесс;

в-пятых, необходимостью разработки и практической реализации психолого-педагогических технологий, способствующих развитию жизненного самоопределения субъектов образовательного процесса.

Проблема жизненного самоопределения личности глубоко и подробно рассматривается в гуманитарных науках. Философские представления о сущности и феномене самоопределения личности раскрыты в работах М.М. Бахтина, Г.С. Батищева, М. Хайдеггера. М.М. Бахтин считает, что в процессе постижения мира, человек несет ответственность за формирование собственного смыслового единства и его реализацию. В конечном результате становления человек обретает самоопределение.

В социально-философском плане самоопределение понимается как социальный смысл, как социальное предназначение, социальная судьба. Эта интерпретация находит отражение в работах М. Вебера, К. Барта, Э. Кассирера, К. Мангейма, Ж. Липовецки, Э. Мунье, Р. Нибура, Х. Ортеги-и-Гассета, Ж.-П. Сартра, Ю. Хабермаса, М. Хайдеггера, М. Фуко, К. Ясперса и др.

С точки зрения социальной философии жизненное самоопределение является необходимым способом, который позволяет человеку осуществить успешную самоидентицикацию, адаптацию к современным очень непростым социокультурным изменениям в жизни нашего общества (В.С. Иванова).

С позиции рефлексивно-прогностического подхода сформулировано также понимание жизненного самоопределения как выбора человеком смысла собственной жизни на основе рефлексии жизненных событий.

Самоопределение, рассматриваемое в психологии как процесс и результат поиска и выбора личностью собственной позиции, целей и средств самоосуществления в конкретных обстоятельствах жизни, выступает основным механизмом обретения и проявления человеком внутренней свободы и, одновременно, принятия ответственности за свои свободные решения и поступки (К.А. Абульханова-Славская, Л.И. Божович, В.А. Петровский, К.Р. Роджерс, С.Л. Рубинштейн, В.В. Столин, Д.И. Фельдштейн, В. Франкл).

Под самоопределением (А.Л.Журавлев, А.Б. Купрейченко) понимается поиск субъектом своего способа жизнедеятельности в мире на основе воспринимаемых, принимаемых или формируемых (создаваемых) им во временной перспективе базовых отношений к миру, другим людям, человеческому сообществу в целом и самому себе, а также на основе собственной системы жизненных смыслов и принципов, ценностей и идеалов, возможностей и способностей, ожиданий и притязаний [3, 8].

С позиций возрастной психологии точка обращения личности к самоопределению лежит в пределах подросткового возраста (М.Р. Гинзбург, Е.И. Исаев, В.С. Мухина, В.А. Петровский, В.И. Слободчиков, А.В. Толстых, Д.И. Фельдштейн, Г.А. Цукерман), состоит из структурных компонентов психологического настоящего (самопознание и самореализация) и психологического будущего, связано с ценностным насыщением и обнаружением подростком значимости проблемы смысла жизни (М.Р. Гинзбург).

Жизненное самоопределение рассмотрено как компонент социализации в течение всей жизни человека, что в разных концепциях связывают со становлением субъектности (К.Н.Поливанова, В.И. Слободчиков, Г.А. Цукерман, Б.Д. Эльконин), достижением идентичности (М. Кле, Дж. Марсиа, З. Фрейд, Э. Эриксон), формированием самосознания (Л.И. Божович, Л.С. Выготский, А.Н. Леонтьев, Д.Б. Эльконин).

Особенностью педагогического подхода к проблеме самоопределения является рассмотрение процесса самоопределения не только с онтологической, но и с организационно-деятельностной позиции, предполагающей целее- и ценностно-организованного взаимодействия с другим человеком. До недавнего времени отечественная педагогическая наука и практика ограничивались изучением и организацией профессионального, гражданского, нравственного и эстетического самоопределения.

Постановка вопроса о целостном жизненном самоопределении человека (О.С. Газман) открывает возможности исследования феномена самоопределения как совокупности ситуативного, социального, культурного, экзистенциального смысловых пространств самоопределения (Н.Г. Алексеев, В.Р. Имакаев, Р.Г. Каменский, С.И. Краснов, В.М. Розин).

Проблема жизненного самоопределения является одной из центральных в понимании сущности образования и воспитания, смысла педагогической деятельности и видения в ребенке потенциально способного к ответственному действию субъекта с собственными культурными критериями и правами, интересами и взглядами. Важно отметить, что эта точка зрения не признает возрастных ограничений и распространяется в равной степени на дошкольника, младшего школьника, подростка, юношу, взрослого человека.

Культурологический подход к образованию и воспитанию, рассматривающий современные социокультурные условия развития образования, культурную среду и ее роль в образовании и воспитании личности выделяет жизненное самоопределение как центральный механизм становления личностной зрелости, как экзистенциальный выбор человека, заключающийся в принятии решения о смысле жизни и ее стратегии на основе рефлексивно-ценностного осмысления пережитых событий и самореализация в соответствии с принятым решением (Н.И. Алексеев, Ш.А. Амонашвили, А.Г. Асмолов, А.П. Валицкая, О.С. Газман, О.В. Заславская, В.П. Зинченко, Н.Б. Крылова, З.А. Малькова, В.А. Сластенин, Я.С. Турбовской, Е.Н. Шиянов, И.С. Якиманская и др.).

Педагогический аспект жизненного самоопределения связан с созданием условий, обеспечивающих формирование личностной и функциональной готовности субъектов образовательного процесса к экзистенциальному выбору (Сапожникова Т.Н.). Важнейшие аспекты жизненного самоопределения – нравственный, гражданский, эстетический, профессиональный нашли свое отражение в работах многих ученых и педагогов (К.В. Дрозд, О.П. Леванова, С.В. Скутнева, А.Е. Воробьева, Н.С. Пряжников, Н.А. Гришакова, С.Н. Чистякова, Е.В. Филатова и др.).

Профессиональное становление и самовоспитание будущих педагогов исследуются в работах В.И. Андреева, В.Б. Арюткина, Е.В. Головнева, С.Б. Елканова, Н.С. Копеиной, В.А. Кулько, О.Ю. Петровой, С.В. Кульневича, Н.В. Кухарева, П.Е. Рыженкова и др. В теории педагогического образования профессиональное самоопределение рассматривается как неотъемлемая составляющая профессиональной компетентности специалиста (Н.В. Борисова, В.В. Беляев, Н.В. Кузьмина, И.А. Колесникова, А.К. Маркова Д.В. Чернышевский). На протяжении всей профессиональной деятельности личность продолжает свой профессиональный рост, углубляя и уточняя профессиональное самоопределение. Педагогическое образование прежде всего призвано научить педагога воспринимать себя как человека, обладающего пока еще не полностью раскрытым и реализованным потенциалом и берущего на себя ответственность постоянно делать выбор, касающийся целей жизни и профессиональной деятельности; обеспечить его становление как саморазвивающейся и самоадаптирующейся личности, способной определять свой жизненный и профессиональный путь и готовой к решению сложных жизненных и профессиональных проблем.

Жизненное самоопределение личности - качественная характеристика субъекта образовательного процесса, проявляющаяся в профессиональных и личностных компетенциях (В.И. Байденко, В.А. Болотов и В.В. Сериков, И.А. Зимняя, А.В. Хуторской, В.Д. Шадриков). Компетентностный подход в организации практической психолого-педагогической деятельности позволяет выделить системообразующим понятием жизненное самоопределение личности, что открывает достаточно широкое междисциплинарное проблемное поле, работая в котором, педагог совместно с психологом решает современные задачи воспитания молодежи.

Актуальными для современного состояния образования, по нашему мнению, являются работы в области гуманитарных наук, раскрывающие сущность влияния на развитие жизненного самоопределение личности события. Понятие «событие» трактуется в философской литературе как «способ совместности и единства бытия», событие дает нам возможность «сбыться в собственном существе», «быть самим собой» (М.М. Бахтин, Э. Левинас М.Хайдеггер). А.А. Кроник определяет событие как «эпицентр значимого общения», как «точку соприкосновения, взаимопересечения судеб». В.И. Слободчиков полагает, что условием, средством и целью гармонического единства отношений человека и реальности является «событие, представляющее собой объединение людей на основе общих ценностей, или общность». Таким образом, событие становится смыслообразующим понятием в процессе жизненного самоопределения личности.

Анализ психологических и педагогических исследований проблемы влияния события на развитие личности (Д.В. Григорьев, Н.Л. Селиванова, В.И. Слободчиков, Г.А. Цукерман, Н.Е.Щуркова, Б.Д. Эльконин), позволяет выделить педагогическое событие как технологию целее- и ценностно-организованного взаимодействия субъектов образовательного пространства. Динамическая сеть взаимосвязанных педагогических событий представляет собой воспитательное пространство [2, 80].

Важное значение для разработки исследования жизненного самоопределения субъектов воспитательного пространства имеют методологические основания и методические разработки в области моделирования образовательной среды (В.И. Панов, В.А. Ясвин), исследования формально-динамических характеристик социально-психологического пространства, влияющих на процесс самоопределения субъекта (А.Л.Журавлев, А.Б. Купрейченко), теория воспитательных пространств, обоснованная в трудах Ю.П. Сокольникова, О.И.Попова, С.Н.

Сивкова, концепция о сущности и содержания процесса воспитания как целенаправленного процесса по созданию оптимальных условий для развития личности (Д.В. Григорьев, Х.Й. Лийметс, Л.И. Новикова, Н.Л. Селиванова), а также системный и событийный подходы к построению воспитательного пространства (Д.В. Григорьев, Л.И. Новикова, Н.Л. Селиванова), исследования особенностей взаимодействия социокультурных институтов как фактора развития воспитательного пространства (М.С.Якушкина) и теоретических основ построения и функционирования воспитательного пространства вуза (Н.А. Баранова, М.Г. Резниченко).

На наш взгляд, разработка структурно-функциональной модели воспитательного пространства "школа-вуз", ее формально-динамических характеристик и психолого-педагогические технологий, влияющих на жизненное самоопределение субъектов образовательного процесса на современном этапе развития педагогической науки является одной из важных научных проблем, на решение которой должны быть направлены исследования.

Внедрение в педагогическую практику модели воспитательного пространства "школа-вуз" поможет выйти на новое качество образования, которое обеспечит формирование компетентного профессионала, способного ориентироваться в особенностях современного общества, способного самостоятельно делать ответственный выбор, выстраивать свою линию жизни, наполнять свою жизнь созидательным и гуманистическим содержанием.

Издание осуществлено при финансовой поддержке РГНФ, проект № 13-06-00513а.

Литература:

1. Газман О.С. Неклассическое воспитание: От авторитарной педагогики к педагогике свободы / О.С. Газман. – М.: МИРОС, 2002. – 296 с.
2. Григорьев Д.В. Создание воспитательного пространства: Событийный подход / Д.В. Григорьев. // Современные гуманитарные подходы в теории и практике воспитания: Сборник научных статей. – Пермь, 2001. – С. 77-88.
3. Журавлев А.Л., Купрейченко А.Б.Социально-психологическое пространство самоопределяющегося субъекта: понимание, характеристики, виды // Вестник практической психологии образования. 2007. №2. – С. 7-13
4. Фельдштейн Д. И. Психология взросления: структурно-содержательные характеристики процесса развития личности / Фельдштейн Д. И. – М.: Моск. пс.- соц. ин-т: Флинта, 2004. – 672 с.

Кудряшова Е.В.
кандидат политических наук, доцент кафедры политологии АГУ
Смольев В.В.
студент, Астраханский государственный университет.
black_imperar@mail.ru

ГЕОПОЛИТИЧЕСКИЕ ФАНТАЗИИ И АМБИЦИИ ГОСУДАРСТВ ВОСТОЧНОЙ ЕВРОПЫ В КОНЦЕ XX – НАЧАЛЕ XXI В.В.

Явление геополитических фантазий в современной истории человечества не ново. Потеря территориальных владений в ходе поражения в войнах, распада империй или иностранной интервенции вызывало лишь реваншистские настроения и раздумья о будущем возвращении утерянных провинций в среде элит проигравшей стороны. Ярким историческим примером является противоборство Франции и Германии за территории Эльзаса и Лотарингии, которое послужило поводом к резкому ухудшению отношений между двумя странами и косвенно являлось причиной участия этих стран в военных конфликтов второй половины девятнадцатого – первой половины двадцатого веков (Франко-Прусской войне 1871 года, Первой и Второй мировых войнах). Сегодня, после краха СССР и коммунистического лагеря в целом, в связи с кардинальным изменением геополитических, экономических и социо-культурных реалий, в некоторых странах бывшего Варшавского договора и СССР резко возросли прежние геополитические фантазии и амбиции, которые могут привести (и уже приводят) к витку новых военно-политических противоборств и столкновений.

Националистическая партия «Великая Румыния» выступает за территориальные претензии к Украине, за пересмотр государственных границ и воссоединения с Румынией южной Бессарабии и северной Буковины и создания «Великой Румынии» в границах 1940 года. Партия была представлена в румынском парламенте, но на выборах 2008 года не преодолела пятипроцентный барьер. Доктрина «Великой Румынии» стала возможной благодаря провинциальным националистам Украины и Молдовы, считающим преступным пакт Молотова-Риббентропа. Создание Великой Румынии на основе воссоединения с Молдавией всегда будет находить сторонников среди политической элиты страны. Оппоненты румынских националистов считают румынскую идентичность вторичной по отношению к молдавской. В Румынии преимущественно в Трансильвании проживает 1,5 млн. венгров, которые борются за автономию. Заметную роль в политической пространстве Румынии играет Демократический союз венгров Румынии, имеющий представительство при Европейском парламенте. В 2011 году в Венгрии вступил в силу закон о предоставлении не только второго венгерского гражданства, но и избирательного права представителям диаспоры. Аналогичный закон, направленный на «воссоединении нации» за счет Молдовы и Южной Бессарабии имеется в Румынии. Поэтому форсирование румынскими националистами создание «Великой Румынии» может привести к утрате Трансильвании. [1] Самостийной Украине достался статус третьей ядерной державы с экономической мощью, соответствующей среднемировому уровню. До распада СССР советская Украина по макроэкономическим показателям на душу населения превосходила всех соседей, включая Румынии, которая из-за долгов по международным кредитам наряду с Албанией была самой бедной страной Европы. Но за годы самостийности Украина поменялась местами с Румынией и стала одной из самых бедных стран Европы. В свою очередь, Румыния стала членом НАТО и ЕС, а её макроэкономические показатели выше, чем у Украины.

Информация для сравнения (2011 год):

Украина. ВВП (ППС) $327,9 млрд. (39 место в мире) или $7198 на душу населения.

ИРЧП (по уровню и качеству жизни) — 76 место в мире.

Румыния. ВВП (ППС) $264,0 млрд. (47 место в мире) или $13840 на душу населения.

ИРЧП (по уровню и качеству жизни) — 50 место в мире.

В отличие от глубокого экономического кризиса на Украине, Румыния демонстрирует высокие темпы роста в Европе. Превращение румынского порта Констанца в главные восточные ворота ЕС в Черноморском регионе имеет самые негативные последствия для Одесской группы портов Украины (Одесса, Южный и Ильичевск), которые создавались как южные морские ворота Российской империи/СССР. За последнее десятилетие Украина утратила функции главного коммуникационного узла на Нижнем Дунае, уступив первое место соседней Румынии. Таким образом, геополитическое положение и мощь государства Украины после приобретения независимости начало катастрофически ухудшаться, что и провоцирует популярность проекта «Великой Румынии», включая территориальные претензии к Украине. Длительные украинско-румынские переговоры о делимитации границы и статуса острова Змеиный отрицательно сказались на инвестиционном климате в Украинском Придунавье, ставшим одним из самых депрессионных районов страны. В 1995 г. обострился украинско-румынский конфликт вокруг острова Змеиный.[2]

Ещё одним «гордиевым узлом» современной Балканской и Восточноевропейской геополитики является проект «Великая Албания» - государство, которое бы объединяло все территории с албанским населением (образование включает в свои границы собственно Албанию, Косово, южносербские общины Прешево, Медведжа и Буяновац со смешанным сербо-албанским населением, значительные части Македонии, Черногорию, греческую область Эпир). [3] И этот проект с распадом Югославии и ослаблением Сербии набирает всё большую силу.

Таким образом, одной из главных проблем на начало XXI века в Восточноевропейском и Балканском регионах является обострение межгосударственных отношений на почве амбициозных геополитических планов и покушения со стороны одних государств на территориальную целостность и суверенитет других путём попирания прежних договорённостей, наращивания военного потенциала и откровенных дипломатических провокаций. Решение этих проблем требует тщательной и осторожно проводимой политики как со стороны конфликтующих сторон, так и взвешенного решения международного сообщества.

Литература

1) Гулевич В. «Румыния: кризис, геополитика и рекомендации США». - Режим доступа: http://odnarodyna.com.ua/content/rumyniya-krizis-geopolitika-i-rekomendacii-ssha , свободный. – Загл. с экрана. – Яз. Рус.
2) Дергачев В. «Черноморский остров Змеиный в зеркале геополитики». - Режим доступа: http://dergachev.ru/geop_events/05.html , свободный. – Загл. с экрана. – Яз. Рус.
3) Искендеров И.А. «Зримый призрак «Великой Албании». – Режим доступа: http://www.perspectivy.info/oykumena/balkan/zrimyj_prizrak_velikoj_albanii_2010-03-30.htm , свободный. – Загл. с экрана. – Яз. Рус.

Лаврентьев В.А.
кандидат педагогических наук, доцент кафедры педагогики Владимирского государственного университета им. А.Г. и Н.Г.Столетовых, член-корреспондент Международной академии наук педагогического образования (МАНПО); e-mail: lwa33@mail.ru

ВОСПИТАТЕЛЬНОЕ ЗНАЧЕНИЕ ОБЩЕНИЯ МАТЕРИ С РЕБЕНКОМ В ПЕРИОД ЕГО ВНУТРИУТРОБНОГО РАЗВИТИЯ

Одним из самых счастливых событий в жизни женщины и семьи является рождение ребенка. И понятие «рождение ребенка» стало ключевым для нашего исследования уже потому, что сам по себе вопрос, какую дату, какой день считать днем рождения человека, то есть с какого момента мы можем говорить о том, что человек родился и живет, имеет логическим продолжением вопрос, с какого времени начинать воспитывать?

Традиционно днем рождения человека принято считать день его появления на свет, хотя рождение человека (за/рождение, что соответствует одной из научных точек зрения на это) происходит с момента соединения мужского и женского начал, которое дает начало жизни всему живому в природе, и в некоторых странах возраст человека отсчитывается с первого дня его существования во чреве матери (т.е. с момента зачатия). Период с момента оплодотворения до появления на свет новорожденного называют детством до рождения. В традиции любого народа присутствует понимание особой связи матери с ребёнком в период ее беременности, что имеет большое воспитательное значение для его дальнейшего развития.

Более ста лет назад ученые обратили внимание на тот факт, что в мозгу новорожденного имеется определенный процент атрофированных нейронов. Выдвинутая в это время гипотеза, что эти нейроны атрофированы вследствие их невостребованности в период внутриутробного развития плода, нашла научное подтверждение в результатах дальнейших изысканий в этой области, которые подтвердили, что число нервных клеток головного мозга напрямую определяет уровень интеллектуального развития, психической зрелости ребенка. В связи с этим в последние десятилетия сначала в Европе, а затем и в США возникла идея о целесообразности научно обоснованного целенаправленного воспитательного процесса в дородовый период жизни человека с целью сохранения и развития наибольшего количества нейронов головного мозга, которые в противном случае могут не проснуться, а значит, и не развиться.

Все время жизни ребенка в таком тесном единстве с матерью (в языке это время, точно отражая суть явления и определяя эмбрион и затем плод как «уже ребенка», называется «вынашивать ребенка») должно быть временем не только физического развития организма, но обязательно и временем формирования будущих качеств характера, интеллектуальных основ и творческих задатков, воспитанию которых в это время мать должна придавать большое значение и уделять этому самое серьезное и любящее внимание. Как это делать, ей подскажут народный опыт и материнское сердце, но в то же время матери следует знать, что вся ее жизнь (мысли, поступки, занятия, слова) отражаются на ее ребенке: он их «видит», слышит, чувствует – радуется или огорчается им, реагируя на них уже потому, что является частью материнского организма, и эмоционально отзываясь на них, так как является самостоятельно живущим и чувствующим человеком, чрезвычайно восприимчивым в это время к целенаправленному материнскому воспитательному контакту-воздействию, которое появившаяся в конце семидесятых годов прошлого века новая отрасль психологии, педагогики и медицины называет дородовым воспитанием.

Период беременности является временем, во многом определяющим формирование и воспитание личностных качеств ребёнка в процессе постоянного внутреннего взаимоответного диалога матери и ребенка, и потому такую высокую воспитательную значимость имеют различные формы влияния матери на ребёнка во время его внутриутробного развития.

В некоторых странах Востока (например, в Китае, в Японии и в Корее) издавна верили, что в день появления на свет ребенку уже девять месяцев (и сейчас паспортный возраст новорожденного японца включает в себя время его внутриутробного развития): неслучайно древняя мудрость гласит, что воспитание должно начинаться с момента зачатия, о чем обязательно должны знать родители.

История и народная память хранят сведения о том, что, опираясь на тысячелетний народный опыт и свод правил и примет, регулирующих поведение беременной (особенно в северных регионах, в Вологодской и Новгородской губерниях) повивальные бабки, акушерки-повитухи и «лекарки» - монахини исстари обучали женщину правильному поведению после зачатия: поведение, занятия, образ жизни женщины ставились в прямую взаимосвязь с формированием здоровой психики, развитого интеллекта, необходимых личностных качеств вынашиваемого ею ребенка, в то же время одновременно воспринимаясь народным сознанием как важное условие предотвращения у него не только различных психологических комплексов и личностных проблем, но и ряда телесных и душевных заболеваний. То есть еще на этой стадии предпринимались меры, направленные на предупреждение и исключение возможности раннего негативного импринтинга — запечатленного в психике ребенка на самых ранних этапах его жизни поведенческого механизма, сформированного в результате сильного негативного переживания.

Последние достижения медицины, психологии и педагогики фактически подтверждают мудрость народного разума: целенаправленное и эффективное воспитание ребенка должно начинаться в дородовый период жизни ребенка, так как он эмоционально и психологически тесно связан с матерью, способен воспринимать ее ощущения и настроения (и потому так важно, чтобы они были светлыми, чистыми, положительными).

Сейчас пренатальное воспитание все больше становится предметом научного интереса педагогов-исследователей, но в то же время необходимость знания и понимания научно-педагогической обоснованности форм такого воспитательного процесса еще недостаточно осознается молодыми родителями, что служит почвой для появления «альтернативных» центров пренатальной подготовки, в основе которых лежат различные вненаучные (связанные с языческими культами, восточно-мистическими учениями, «пробуждением сверхспособностей» и пр. и поэтому крайне опасные для духовного здоровья человека) религиозные, философские и психологические представления (напр., идея перевоплощения душ и совершенствования без Бога, «мистическая школа сознательного зачатия и беременности», «работа с энергией», применение гипноза, наркотиков и холотропного дыхания). Приверженцы нетрадиционного пренатального воспитания, говоря о необходимости «постоянного контакта» матери и плода, считают необходимым для этого вводить женщину в состояние измененного сознания, эйфорию или гипноз (что категорически противопоказано при беременности), утверждая, что таким образом общение матери и ребенка достигает наивысшего уровня, и практикуют научно никак не обоснованные приемы для ежедневного «обучения» ребенка в этот период его жизни языкам, для чего ставят беременным женщинам на живот наушники с записью текстов на иностранных языках, математике и алфавиту, рисуя для ребенка на животе матери световым лучом буквы и цифры. Но в данном случае такое целенаправленное воздействие с целью ускорить психическое и интеллектуальное развитие ребенка в дородовый период разрушительно воздействует на его нервную систему и может привести к внутриутробной психической травме, которая в этом случае происходит в результате подмены раннего интеллектуального развития ребенка стимуляцией формирующихся у него органов чувств. Потому такое большое значение имеют способность беременной женщины установить и поддерживать педагогически значимый контакт с ребёнком и ее умение создавать условия для целенаправленного взаимодействия с ним, сама возможность, формы и воспитательное значение которого научно подтверждены.

По мысли св.отца Александра Ельчанинова, ребёнок, зачатый и выношенный в любви, добре и сердечном единении с родителями, продолжит свое дальнейшее развитие в заданном ему направлении по пути к совершенству. Современная наука подтверждает идеи православных авторов: жизненный путь человека в большой степени обусловлен целостной взаимосвязью мотивов и обстоятельств его зачатия, особенностей протекания у матери беременности и родов, а также условий и отношений, в которых с момента своего появления на свет жил новорожденный: по утверждению известного английского психотерапевта Дж.Грэхэма, опыт, переживаемый челове-

ком во время внутриутробной жизни, в момент рождения и в первые несколько часов после него, абсолютно уникален, т.к. «запечатлеваясь, этот опыт генерирует определенную жизненную поведенческую модель».
Американский психотерапевт Э.Берн в своей монографии «Люди, которые играют в игры» также утверждает, что основа жизненного плана человека формируется во многом под влиянием отношений родителей к ребенку и возникает еще до его рождения, и, согласно данной теории, «ситуация зачатия человека» и его жизнь до рождения будут «сильно влиять на его будущую судьбу», что подтверждает уже в названии своей книги «Воспитание в утробе матери, или Рассказ об упущенных возможностях» президент Французской ассоциации пренатального воспитания А.Бертин.
Недаром народная мудрость гласит, что самые прекрасные и счастливые дети - это дети любви. Подчеркнем, родительской любви к ним во все время еще до их рождения, когда воспитательное воздействие родителей на ребенка в первые девять месяцев его жизни «может уменьшить влияние негативных и усилить воздействие положительных факторов при формировании будущего генетического капитала ребенка», так как, согласно изречению одного из православных авторов, наклонность к добру и злу, чувство любви и неприязни, спокойствие и агрессивность, уровень физического здоровья и жизненной активности закладываются в момент оплодотворения, продолжая формироваться до и после родов. Поэтому «порочное состояние духа родителей при зачатии и во время беременности есть тяжкий грех». Родители должны сделать счастливым свое дитя еще до рождения, для чего большое значение имеет их воспитательно значимое общение с ребенком в пренатальный период его жизни.

Ключевая задача дородового воспитания — установить психологический контакт родителей (и в первую очередь матери) с ребёнком и увидеть возможности взаимодействия с ним, для чего нужно «растить» материнский инстинкт, потому что если он сформирован недостаточно, то женщина даже при желанной беременности может ощущать растерянность или стресс, не будучи уверенной в том, что она способна адекватно реагировать на состояние, а главное - на «голос» ребенка. Именно потому родителям (и в первую очередь молодым) необходима педагогическая грамотность, которая позволит им с первых дней жизни их ребёнка осуществлять его целенаправленное дородовое воспитание.
Это воспитание в равной степени направлено как на ребёнка, так и на мать, поскольку ребёнок в это время в прямом смысле слова неразрывно связан с матерью, а она должна не только чувствовать эту связь, но и успешно «использовать» её в воспитательных целях. Следует отметить, что и роль отца здесь чрезвычайно важна: состояние матери, её настроения, спокойствие напрямую зависят от её отношений с отцом ребёнка, и при этом не последнюю роль играет отношение отца к ребёнку, который чувствует, когда и что отец о нем думает, слышит, о чем и как он с ним разговаривает, как

«через мать» прикасается к нему рукой и губами. Правильно общаясь с ребенком до рождения, родители дают ему необходимые стимулы для полноценного физического и психического развития, а главное - тепло, ласку и заботу, которые ребёнок слышит и чувствует, - которым он радуется и на которые он отзывается. Поэтому чрезвычайно важно то, какие слова он слышит, и какие чувства испытывает и какие эмоции в это время своей жизни ощущает!

Кроме того, прислушиваясь к ребёнку, родители создают основу добрых и доверительных отношений между собой и с ним, ведь, ещё не появившись на свет, ребёнок уже должен и будет знать, что его любят, и он ответит на это своей любовью. В этой связи следует отметить важность пренатальной психологии как области научного знания о психической жизни нерожденного ребенка, знание основ которой не только познакомит родителей с обстоятельствами и закономерностями дородового психического развития ребёнка, но и поможет им определить практические пути воспитательного воздействия на него в этот период. Проблема только в том, где родители могут получить такие знания.

В 1971году доктор Густав Ханс Грабер сформировал в Вене Международную исследовательскую группу по пренатальной психологии, а в 1986 году прошел первый Международный конгресс пренатальных психологов. Там же было объявлено о создании Международной Ассоциации пренатальной и перинатальной психологии и медицины, с 1989г. издается Международный журнал одноименной тематики. В России первая Ассоциация перинатальной психологии и медицины (АППМ) зарегистрирована в городе Иваново в 1994 году. При Российском психологическом обществе открыты секция и специальный сайт по пренатальной психологии. С 2004 года издается журнал «Перинатальная психология и психология родительства».

Результаты исследований, опубликованные в профессиональных журналах, научные доклады на международных конференциях, всемирных конгрессах и симпозиумах подтверждают, что в дородовый период своей жизни ребенок многое чувствует, понимает, обладает памятью, проявляет эмоции и ответно реагирует на общение с ним: многие черты характера и личностные качества человека начинают формироваться именно внутриутробно, т.к. между матерью и ребенком существует особая взаимоответная информационная связь, - именно потому мы намеренно избегаем использования в этом содержательном поле слова «плод». Чрезвычайно тесная в это время связь ребенка с матерью позволяет ей выстраивать с ним совершенно особые отношения и через мать соединяет ребенка с окружающим миром, который он слышит и чувствует: так, например, уже на втором месяце своей жизни ребенок реагирует на боль матери и отстраняется от луча света, направленного на ее живот. На пятом месяце жизни он активно реагирует на различные внешние звуки: «пугается», «сердится», «радуется» и отзывается на интонации голоса и слова матери адекватно ее настроению. Примерно с шестого месяца жизни ребенок не только отзывается в ответ на голоса родителей, но и реагирует на их появление или отсутствие. Он «увязывает» свои действия со знакомым голосом, иногда «предугадывает», какие движения вызовут у родителей удовольствие, а какие - нет. Если родители ссорятся и говорят на повышенных тонах, с раздражением, ребенок сворачивается, прикрывает головку ручками или толкается ножками. Все это означает, что особенности состояния матери (ритм ее сердца, шум кровотока в сосудах, напряжение мышц, характер движений, частота дыхания и т. д.) и того, что происходит «извне», соотносятся с тем, как ребенок «ощущает» самого себя, и что происходит с ним самим. Молодым родителям следовало бы знать и о результатах исследований А.И.Захарова, которые показали, что еще в утробе матери ребенок «учится» определять ее позитивные и негативные реакции и настроения, чувствовать и оценивать наличие и содержание общения с ним, проявления внешней жизни и среды, в которой он находится. Мать должна не только знать это, но и использовать эти знания в воспитательных целях, предвидя возможные проявления поведения и реакции ребенка в это время, максимально исключив или скорректировав какие-либо негативные проявления в своем физическом и душевном состоянии, в своих физических и мысленных контактах с ребенком, что в конечном счете определит воспитательную значимость целей ее взаимосвязи с ребенком во время его счастливой дородовой жизни, обеспечить которую еще не рожденному ребенку должна готовиться, должна быть способна, должна хотеть и уметь в первую очередь его мать.

Т.Верни в своей книге «Тайная жизнь ребенка до рождения» подчеркивает, что события, происходящие на этой стадии жизни ребенка, влияют на него особым образом, оказывая большое влияние на формирование личности ребёнка, а в «Манифесте пре/перинатальной психологии и медицины» (г.Москва) отмечается решающее значение поведения и образа жизни матери во время внутриутробной жизни ее ребенка и утверждается, что:

- еще не родившийся ребенок является человеком с его собственными эмоциями, восприятием и функционирующей памятью: его жизнь начинается с зачатия, а предварительные условия появляются даже раньше;
- условия дородовой жизни ребенка содействуют или препятствуют проявлению его генетических способностей и талантов: то, как ребенок в это время развивается и «учится», зависит от динамического взаимодействия его генетической природы и внешней среды;
- стресс беременной матери может иметь результатом воздействие на развитие еще не родившегося ребенка и его дальнейшую жизнь после рождения, способствуя появлению аутизма, психосоматических симптомов, предрасположенности к гиперактивности, агрессии т.п.;
- пренатальная (дородовая) и ранняя постнатальная (послеродовая) стадии развития в большой степени определяют биологические и психологиче-

ские особенности ребенка, а дородовый опыт влияет на формирование структуры его мозга, в дальнейшем во многом определяя способность к восприятию, творчеству, учению.

- для развития ребенка с момента его зачатия семья играет важную роль в создании благоприятных условий и воспитательной среды, чтобы ребенок до и после рождения чувствовал себя и был здоровым и желанным.

Ученые утверждают, что опыт, приобретенный ребенком еще в утробе матери, важен не только для самопознания и общения в детстве, но во многом впоследствии определяет склонности, потребности, мироощущение подростка и взрослого человека. Помня о том, что уже на четвертой неделе жизни ребенка его центральная нервная система практически сформировалась, а с шестой недели будущий ребенок способен осуществлять первые двигательные реакции и считается жизнеспособным, родители должны считать естественной нормой активное общение с ним, способствуя пробуждению у ребенка широкого спектра восприятий и эмоций, что будет способствовать развитию его способностей, физического и психического здоровья. При этом одним из основных условий успешного внутриутробного роста ребенка является не только здоровый образ жизни самой матери, но и знание ею основных этапов и особенностей внутриутробного развития ее ребенка, что позволит ей правильно выстроить свое общение с ним и заложить базу для его физического, психического и интеллектуального развития, которое начинается именно на том этапе, когда формируются нервная система и мозг, все клетки которого сформированы у ребенка уже за два месяца до появления ребенка на свет и будут подвержены прямому воздействию возможных вредных привычек матери, к которым в первую очередь следует отнести алкогольную, никотиновую и наркотическую зависимости, а также несогласованный с особенностями развития ребенка образ жизни матери. Реальность и эффективность такого общения с ребенком находится в прямой зависимости от родительской компетентности в области пренатального воспитания ребенка, в чем большую помощь им могут оказать специалисты - психологи и педагоги. Нерешенная пока проблема состоит в том, где и кто будет давать знания и обучать практическим навыкам пренатальной психологии и дородовой педагогики как основы материнства и родительства, что предполагает не только физическое и личностное развитие ребенка.

Потому сегодня так востребованы и приобретают все большую популярность курсы (например, московский психолог И.В.Богинская уже много лет по разработанным ею методикам в двух роддомах успешно ведет занятия по дородовому психологическому сопровождению женщин в период их беременности), на которых по специальным и авторским методикам педагогами и врачами-психологами проводятся занятия с беременными женщинами с целью научить их целенаправленному воспитательному общению со своим еще не родившимся ребенком, когда гаптономия (прикосновение ладоней к животу) позволяет установить между ними эмоциональное восприятие друг друга, что, по убеждению психологов, даст возможность родителям и ребенку после его рождения лучше понимать друг друга. Такой контакт может быть и опосредованным: когда мать рисует, лепит или делает аппликации, она тем самым закладывает базу мелкой моторики рук и стимулирует развитие соответствующих отделов мозга своего ребенка, что весьма благотворно отражается на его физическом и нервнопсихическом состоянии, а формирующийся вестибулярный аппарат положительно реагирует как на саму творческую атмосферу, так и на такую творческую работу матери.

Ирина Васильевна Богинская помогает женщинам понять, что живущая единым целым со своим ребенком мать должна постоянно сохранять мысленный контакт с ним, который может проявляться не только в его реакции на эмоции, поведение и мысли матери (напр., ребенок прекращает активное шевеление, когда уставшая мать просит его успокоиться и дать ей возможность отдохнуть), но и в ответном диалоге с ней. На ее занятиях женщины практически убеждаются (и учатся этому), что разговаривать с не рожденным еще ребенком не только можно и необходимо, но следует делать это целенаправленно и педагогически грамотно: хотя до определенного времени ребенок не слышит слов и не всегда распознает голос матери «на слух», но чувствует и узнает его. При этом любые звуки извне (прежде всего речь родителей) - это ценная информация, которая стимулирует и налаживает обратную связь ребенка с внешним миром.

Еще одним, и с каждым днем становящимся все более значимым, важным воспитательным фактором в этот период жизни ребенка является «погода в доме» - позитивная атмосфера внутрисемейных отношений: любовь и забота отца о своем ребенке и его матери - одно из главных условий формирования у ребенка ощущения спокойствия, которое напрямую связано со спокойствием матери, рожденным постоянным и активным участием отца в воспитании пока скрытого от него, но уже любимого им ребенка.

Дородовый период жизни ребенка не только время активного воспитательного общения с ним, определяющего формирование основных черт его характера и личности, но и время прохождения его родителями педагогического ликбеза, от заинтересованного участия в котором и от его правильной организации во многом зависят физическое, психическое и даже во многом интеллектуальное здоровье ребенка и его последующая жизнь.

Литература:

1. Аверин В.А., Добряков И.В., Осорина М.В. и др. Развитие личности ребенка от рождения до года. Издательство: Рама Паблишинг, 2010.
2. Акин А., Стрельцова Д. Девять месяцев и вся жизнь. Роды нового тысячелетия. М.: Генезис, 2009.
3. Коваленко Н.П. Перинатальная психология. – СПб, Ювента, 2002.

Карабутов А.П.[1], Уваров Г.И.[2]
[1]кандидат сельскохозяйственных наук, ГНУ Белгородский НИИСХ Россельхозакадемии, karabut.ap@mail.ru
[2]профессор, доктор сельскохозяйственных наук, Белгородский государственный национальный исследовательский университет (НИУ БелГУ), uvarov@bsu.edu.ru

ВОЗМОЖНОСТИ СТАБИЛИЗАЦИИ ПЛОДОРОДИЯ ПОЧВ ЦЕНТРАЛЬНО-ЧЕРНОЗЕМНОГО РЕГИОНА РОССИИ

Цель данной работы – установить возможности стабилизации основных агрогенетических характеристик чернозёма типичного при длительном действии систем удобрения на фоне способов основной обработки почвы.

Исследования проведены в стационарном полевом опыте лаборатории плодородия почв и мониторинга Белгородского НИИСХ, заложенного в 1987 году. Почва – постлитогенный аккумулятивно-гумусовый агрочернозём миграционно-мицелярный (чернозем типичный), среднемощный, малогумусный тяжелосуглинистый на лессовидном суглинке. На время закладки опыта в 1987 году в слое 0-30 см содержание гумуса (по Тюрину) составляло 5,27-5,36%, общего азота 0,29-0,31%, щёлочногидролизуемого азота – 151-163 мг/кг почвы, подвижного фосфора и обменного калия (по Чирикову) - 45-71 и 90-106 мг/кг почвы соответственно, $pH_{(сол)}$ - 5,6-5,8 единиц, степень насыщенности основаниями около 90%, нитрификационная способность почвы – 27,4-29,9 мг/кг почвы.

На фонах способов основной обработки почвы (фактор А): вспашки, безотвальной и минимальной обработки испытывали действие удобрений (фактор В) по схеме, в которой за одну дозу минеральных удобрений принимали N60P62K62 кг/га действующего вещества, навоза – 8 т/га севооборотной площади.

Перед закладкой опыта содержание подвижного фосфора в слое 0-30 см было среднее. За годы исследований содержание фосфатов в почве увеличилось на неудобренном варианте в 1,4 раза. Минеральная система удобрения в одинарных дозах увеличивает содержание подвижного фосфора до повышенного уровня. При внесении двойных доз содержание подвижных фосфатов возрастает в 3,9 раза и степень обеспеченности данным элементом доходит до высокого и очень высокого уровня. Кроме того минимальная обработка почвы способствует повышению содержания подвижного фосфора в почве на 13% по отношению к вспашке (табл. 1).

Органическая система удобрения увеличивает содержание подвижного фосфора по сравнению с минеральной в 1,9 раза. Внесение минеральных удобрений на фоне органических способствует наибольшему повышению содержания подвижного фосфора. Одинарные дозы NPK на фоне 8 и 16 т/га навоза повысили содержание фосфора в 2,9 раза, а двойные в 4,2 раза.

Таблица 1. Изменение содержания подвижных форм фосфора в слое почвы 0-30 см при длительном применении удобрений и способов обработки

Удобрения		P_2O_5, мг/кг почвы по годам и отклонение (±) за 20 лет								
навоз, т/га	NPK, доза	Вспашка			Безотвальная			Минимальная		
		199	2010	±	1990	2010	±	1990	2010	±
0	0	48	77	29	52	69	17	51	68	17
	1	54	122	68	57	128	71	62	147	85
	2	51	181	130	49	192	143	48	205	157
8	0	51	101	50	50	98	48	45	96	51
	1	53	136	83	51	146	95	51	161	110
	2	58	214	156	51	230	179	53	230	177
16	0	56	102	46	63	99	36	66	108	42
	1	54	167	113	59	171	112	65	187	122
	2	54	235	181	54	248	194	71	255	184
$НСР_{05}$, мг/кг по факторам: А - 15; В – 14										

За четыре ротации севооборота произошло заметное изменение реакции среды (табл. 2).

Таблица 2. Изменение гидролитической кислотности слоя почвы 0-30 см при длительном применении удобрений и способов обработки

Удобрения		$Н_г$, ммоль/100 г почвы по годам и отклонение (±) за 20 лет								
навоз, т/га	NPK, доза	Вспашка			Безотвальная			Минимальная		
		199	2010	±	1990	2010	±	1990	2010	±
0	0	2,88	3,46	0,58	3,37	3,91	0,54	3,72	3,99	0,27
	1	3,56	4,07	0,51	3,49	4,56	1,07	3,46	5,03	1,57
	2	3,17	4,91	1,74	2,80	5,68	2,88	3,65	5,97	2,32
8	0	4,08	3,60	-0,48	3,81	3,91	0,10	3,89	3,89	0,00
	1	3,48	3,88	0,40	4,36	4,60	0,24	3,83	3,90	0,07
	2	4,16	4,88	0,72	4,24	5,89	1,65	4,05	5,39	1,34
16	0	3,31	3,04	-0,27	3,18	3,47	0,29	3,30	3,37	0,07
	1	3,90	3,66	-0,24	3,33	3,99	0,66	3,12	4,19	1,07
	2	3,17	3,75	0,58	3,26	4,59	1,33	2,91	4,46	1,55
$НСР_{05}$, ммоль/100 г по факторам: А – 0,96; В - 0,41.										

Кислотность почвы повысилась даже на контрольном варианте, т.е. без удобрений. При внесении одинарных доз минеральных удобрений кислотность возросла в 1,3 раза, а двойных доз в 1,7 раза. Кроме того минимальная обработка почвы при минеральной системе удобрения повышает кислотность пахотного слоя на 23% по сравнению со вспашкой. Навоз, внесенный в дозе 16 т/а, в том числе и с минеральными удобрениями, создает благоприятную реакцию почвенного раствора для основных сельскохозяйственных культур.

Содержание гумуса в почве за 20 лет проведения опыта снизилось на варианте без удобрения в слое 0-30 см на 0,24 абсолютных процента. По минимальной обработке потери гумуса были меньше на 0,12 %, чем по вспашке или безотвальной обработке (табл. 3).

Таблица 3. Изменение содержания гумуса в почве при длительном применении удобрений и способов обработки, в среднем для слоя 0-30 см

Удобрения		$C_{общ}$, % по годам и отклонение (±) за 20 лет						
навоз, т/га	NPK, доза	1987-1990	Вспашка		Безотвальная		Минимальная	
			2007-	±	2007-	±	2007-	±
0	0	5,36	5,05	-0,31	5,09	-0,27	5,19	-0,17
	1	5,29	5,20	-0,09	5,20	-0,09	5,25	-0,04
	2	5,33	5,29	-0,04	5,30	-0,03	5,31	-0,02
8	0	5,29	5,51	0,22	5,39	0,10	5,42	0,13
	1	5,35	5,55	0,20	5,44	0,09	5,46	0,11
	2	5,30	5,60	0,30	5,51	0,21	5,52	0,22
16	0	5,27	5,65	0,38	5,53	0,26	5,53	0,26
	1	5,31	5,71	0,40	5,60	0,29	5,61	0,30
	2	5,31	5,76	0,45	5,66	0,35	5,67	0,36
$НСР_{05, \%}$ по факторам: А - 0,08; В - 0,05								

Процессы дегумификации в почве сдерживаются при внесении минеральных удобрений в одной дозе. Удвоение доз приводит к повышению гумуса на 0,19%. Внесение навоза в дозе 8 т/га севооборотной площади увеличивает содержание гумуса на 0,16%, а при удвоении дозы - на 0,32%. При совместном применении минеральных и органических удобрений содержание гумуса повышается на 0,59%.

Таким образом, в современных технологиях возделывания сельскохозяйственных культур стабилизация основных элементов плодородия чернозема ЦЧР (подвижного фосфора, кислотности и содержания общего гумуса) возможна при совместном внесении минеральных и органических удобрений. Однако при этом важен выбор приемов основной обработки почвы.

Боровкова О.Э.
ФГАОУ ВПО «Волгоградский государственный университет»
borovkovaol@rambler.ru

РАЗВИТИЕ ТЕОРЕТИКО-МЕТОДОЛОГИЧЕСКИХ ПОДХОДОВ К ИЗУЧЕНИЮ ПОНЯТИЯ «ЗДОРОВЬЕ» В СОВРЕМЕННОЙ СОЦИОЛОГИИ

Здоровье человека или социума играют решающую роль в двух важнейших процессах общественного развития: производстве и воспроизводстве материальной, предметной и социальной, духовной жизни.

Исследование здоровья человека в социальных науках представляет собой сложную теоретическую и методологическую проблему, которая является следствием сложности, неоднозначности трактовки понятия «здоровье».

Естественно, больше всего определений и формулировок понятия «здоровья» дано представителями медицинской науки и практики. Так, Р.М. Баевский считал, что здоровье является контрольным специфическим состоянием человеческого организма, обеспечивающим достижение им своего функционального оптимума. Под здоровьем следует понимать возможность организма человека адаптироваться к изменениям окружающей среды, взаимодействуя с ней свободно, на основе биохимической, психологической и социальной сущности человека [1]. Несмотря на тот факт, что это определение дано относительно давно, оно сохраняется свою точность и адекватность сущности понятия современной ситуации.

Один из основоположников валеологии и становления валеологического образования в РФ Э.Н. Вайнер считает, что здоровье есть состояние равновесия между адаптационными возможностями организма (потенциалом человека) и постоянно меняющимися условиями среды. В этом случае понятие адаптации следует считать центральным [2].

Определение здоровья, сформулированное специалистами ВОЗ, считается наиболее приемлемым и популярным в научном мире во всех странах. В уставе (Конституции) Всемирной Организации Здравоохранения еще в 1946 г. было зафиксировано: «Здоровье это не просто отсутствие болезней, а состояние физического, психического и социального благополучия». Есть другое определение: « .... здоровье следует понимать как состояние полного физического, душевного и социального благополучия, а не только как отсутствие болезней или физических дефектов» [3]. Таким образом, в документах ВОЗ и других международных материалах, а также в трудах большинства отечественных ученых здоровье определяется как совокупность трех основных органически взаимосвязанных компонентов - физического, который характеризуется способностью сохранять и использовать тело, душевного или психического здоровья, который определяется способностью сохранять душевное равновесие и использовать резервы психики, и «социального благополучия», связанного непосредственно с реализацией человека, той или иной общественной и производственной деятельностью в каждодневной жизни.

Академик РАМН В.П. Казначеев подчеркивает, что главной «ценностью государства должны быть здоровье, образование, духовность, творческое развитие народонаселения» [4].

Сущностные характеристики человеческого здоровья рассматривались также в контексте концептуальных установок экономической науки.

Следует отметить, что еще Людвиг фон Мизес отмечал значение здоровья как средства достижения цели деятельности: «Здоровье, как и честь, доблесть, слава и сама жизнь, участвуют в деятельности и как средства, и как цели, но они не учитываются в экономическом расчете, т.е. не продаются и не покупаются за деньги» [5]. Человеческая жизнь и здоровье требуют значительных издержек и затраты для его приобретения и сохранения. В этом отношении здоровье сродни капиталу, который создается и приумножается благодаря инвестициям.

Майкл Гроссман видит в здоровье двойную природу, которая проявляется как: потребительское благо и как средство для получения прибыли. Именно во втором своем качестве оно представляет собою составляющую часть человеческого капитала, являющуюся объектом инвестиционных вложений. Человек в этом случае ведет себя как рациональный инвестор, выбирающий, чем он готов пожертвовать, ради сохранения здоровья и продления срока своей жизни. При этом объем инвестиций для каждого конкретного человека зависит от его долгосрочных предпочтений, оценки издержек и др. [6]. Основными измерителями здоровья в контексте экономической науки являются потенции здоровья человека, как составная часть человеческого потенциала и капитал здоровья, как главный (узловой) компонент человеческого капитала.

В социологической науке здоровье рассматривается в разных аспектах. Так, например, Э. Гидденс считает, что социальные факторы оказывают очень большое влияние и на возникновение и протекание болезни, и на то, как мы реагируем, чувствуя себя больными. Он также проводит параллель между развитием культуры, социума и здоровьем человека. «Чем более развита культура, в среде которой живет человек, тем меньше вероятность, что на протяжении своей жизни он будет страдать от серьезных заболеваний»[7, 26].

У.Бек понимает здоровье, прежде всего как ресурс, приближаясь в своих взглядах к экономистам. Однако для У.Бека ресурс нужен индивидам для передвижения по социальному полю. В качестве основания стратификации У.Бек выделяет риск. Бек видит стратификацию в причудливо группирующихся в каждый момент строго определенным образом и в различающихся угрожаемыми рисками группах. При этом их возможности зависят от различных типов ресурсов, которыми они располагают [8, 23].

В. Радаев рассматривает здоровье как один из видов капитала. При этом в числе основных типов капитала, определяющего социальное неравенство, он выделил: 1) экономический; 2) физиологический, включающий **здоровье,** трудоспособность, наличие определенных физических качеств; 3) культурный, воплощенный в практическом знании и навыках социализации и проявляющийся в стилях жизни, нормах поведения, потребительских вкусах и т.д.; 4) человеческий, обусловленный разницей полученного образования и квалификации и т.д. [9,с.398-400].

Таким образом, в социологической науке здоровье рассматривается, прежде всего, как качество, потенциал, ресурс, даже как капитал человека, личности, от состояния которого зависит жизнь этого человека, продуктивность его деятельности, успешное функционирование его семьи, развитие детей и т.д. Каждая личность развивается в социуме, представляющем собой окружающую этого человека социальную среду. В современных условиях эта среда, зачастую, характеризуется неопределенностью, и социальные институты как база этой среды крайне неэффективно снижают эту неопределенность, создавая систему рисков. В связи с этим индивиды ориентированы на краткосрочные задачи, не верят в будущее и демонстрируют такие виды поведения, как: «проедание» капитала здоровья. С другой стороны, многие пренебрегают фактором неопределенности, считают, что здоровье вечно. В современной обстановке человек живет в условиях «…перепроизводства возможностей, из чего следует, например, увеличение шансов, но также и принуждения к выбору, высокая степень невероятности и рискованность любого типа принятия решений, в процессе любого выбора…»[10, 99]. Складывающаяся социальная ситуация заставляет, с одной стороны, бездумно использовать индивидами ресурсы своего здоровья, а с другой - в силу отсутствия видимой связи между сохранением здоровья и получаемым результатом (прибылью) снижать инвестиции в здоровье работников, нации со стороны организаций и государства.

Литература:

1. Баевский Р.М. Прогнозирование состояний на грани нормы и патологии. – М.: Медицина, 1979.

2. Вайнер Э.Н. Валеология. – М.: Флинта: Наука, 2001.

3. Официальный сайт ВОЗ [Электронный ресурс] – URL: http://www.who.int/ru.

4. Казначеев В.П. Спасти усталую нацию еще не поздно // АиФ. – 2010. – №28.

5. Мизес, Людвиг фон. Человеческая деятельность: трактат по экономической теории / пер. с 3-го испр. англ. изд. А.В. Куряева. – Челябинск: Социум, 2005.

6. Grossman M. On the concept of health capital and the demand for health // Journal of Political Economy. – 1972. – Vol. 80. Feb.

7. Гидденс Э. Социология 2-е изд., полн. перераб. и доп. - : М.: Едиториал УРСС, 2005.

8.Бек У. Общество риска. На пути к другому модерну // М.: Прогресс-Традиция, 2000.

9. Радаев В.В. Экономическая социология // М.: Изд. Дом ГУ ВШЭ, 2005.

10. Бехманн Готтхард Современное общество: общество риска, информационное общество, общество знаний. – М.: Логос, 2010.

Гнатов А.В.
к.т.н., доц. г. Харьков, Харьковский национальный автомобильно-дорожный университет, kalifus@yandex.ru.
Аргун Щ.В.
аспирант, г. Харьков, Харьковский национальный автомобильно-дорожный университет, shasyana@gmail.com.
Трунова И.С.
аспирант, г. Харьков, Харьковский национальный автомобильно-дорожный университет, trynova_irinka@mail.ru.

ДОЗИРУЕМОСТЬ И УПРАВЛЯЕМОСТЬ БЕСКОНТАКТНОЙ МАГНИТНО-ИМПУЛЬСНОЙ РИХТОВКИ

Методы и способы магнитно-импульсного ремонта и восстановления кузовов автотранспортных средств имеют одну отличительную особенность, которая особо ярко отражает их преимущества (актуальность, перспективность) по сравнению с традиционными методами. Данная особенность заключается в том, что возбуждаемые усилия, для выполнения производственной операции ремонта, рихтовки или восстановления элементов кузовных покрытий автомобилей, являются дозированными и управляемыми [1,214]. Т.е., энергии затрачивается ровно столько, сколько необходимо и достаточно для проведения данной производственной операции, при этом сама операция является гибкой и управляемой. Это достигается выбором точного значения необходимых дозируемых усилий [1,19; 2,3].

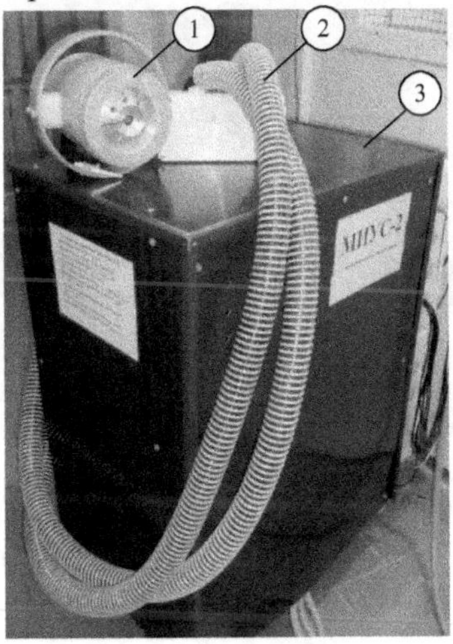

1 – инструмент магнитно-импульсного воздействия;
2 – кабельный подвод;
3 – магнитно-импульсная установка МИУС-2.

Рис. 1. Экспериментальный комплекс бесконтактной магнитно-импульсной рихтовки

Целью данных экспериментальных исследований является иллюстрация управляемости процесса магнитно-импульсного ремонта (формовки, рихтовки, восстановления), осуществляемого с помощью разработанного комплекса бесконтактной магнитно-импульсной рихтовки [3, 61;4,131].

Экспериментальные исследования проводились на экспериментальном комплексе для бесконтактной магнитно-импульсной рихтовки, созданном на базе магнитно-импульсной установки МИУС-2, разработанной в лаборатории электромагнитных технологий ХНАДУ (рис. 1) [4,132; 5,63].

Опыт № 1 Трансформация выпуклости в соответствующую вогнутость на образце обшивки кузова автомобиля «Субару». Результаты экспериментальных исследований по опыту №1 представлены на рис.2.

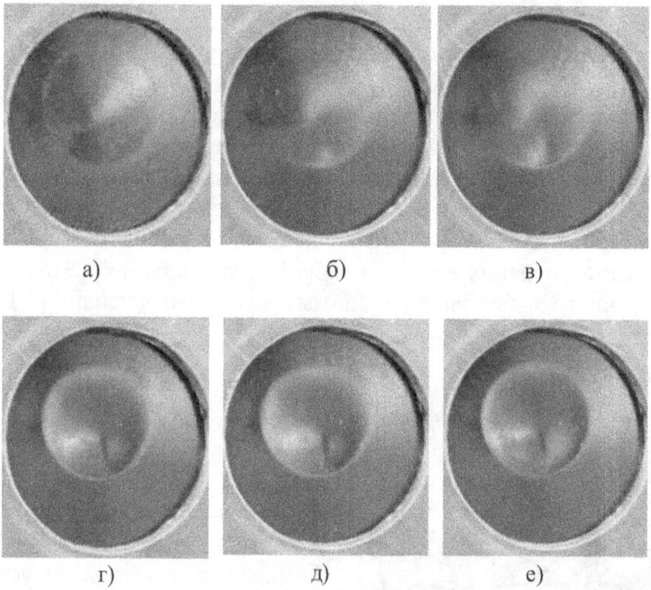

а) б) в)

г) д) е)

Рис. 2. Дозированная трансформация выпуклости в соответствующую вогнутость на образце обшивки кузова автомобиля «Субару»; а – экспериментальный образец с созданной выпуклостью, б – магнитно-импульсное притяжение при воздействии серии из 10 разрядных импульсов, в – при воздействии 12 разрядных импульсов, г – при воздействии 22 разрядных импульсов, д – при воздействии 32 разрядных импульсов, е – при воздействии 42 разрядных импульсов

Опыт № 2 Удаление выпуклости на образце обшивки кузова автомобиля «Субару». Результаты экспериментальных исследований по опыту №2 представлены на рис. 3.

Выводы

1. Магнитно-импульсные методы ремонта и реставрации кузовов автотранспортных средств позволяют обеспечить дозируемость и управляемость силового воздействия при выполнении заданной производственной операции.

2. В процессе выполнения операции ремонта, оператор имеет возможность отслеживать интенсивность и уровень силового воздействия, при этом определять необходимое количество силовых импульсов.

3. Операции ремонта и восстановления панелей кузовного покрытия автомобиля происходит бесконтактно и без повреждения защитного (лакокрасочного) покрытия.

4. Магнитно-импульсные методы ремонта позволяют, как создавать необходимые деформации на панелях кузовных элементов автомобиля, так и эффективно удалять на них вмятины.

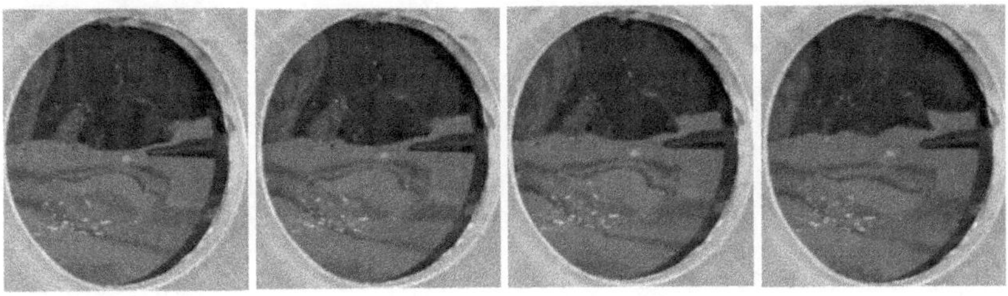

а) б) в) г)

Рис. 3. Удаление выпуклости на образце обшивки кузова автомобиля «Субару»; а – экспериментальный образец с выпуклостью, б – магнитно-импульсное удаление выпуклости при воздействии серии из 10 разрядных импульсов, в – при воздействии 20 разрядных импульсов, г – при воздействии 30 разрядных импульсов

Литература

1. Гнатов А. В. Импульсные магнитные поля для прогрессивных технологий. Магнитно-импульсные технологии бесконтактной рихтовки кузовных элементов автомобиля: монография /А.В. Гнатов, Ю.В. Батыгин, Е.А. Чаплыгин. – Saarbrücken: LAP LAMBERT Academic Publ., 2012 –242 с.

2. Лаборатория электромагнитных технологий // Матеріали сайту – 2012. – Режим доступу: http://electromagnetic.comoj.com.

3. Батыгин Ю. В. Притяжение тонкостенных металлических листов магнитным полем одновиткового индуктора / Ю. В. Батыгин, А. В. Гнатов, С. А Щиголева // Электричество. – М.– 2011. – №4. – С. 55–62.

4. Бесконтактная внешняя магнитно-импульсная рихтовка автомобильных кузовов. Сборник трудов XV международной научно-технической конференция [«Автомобильный транспорт: проблемы и перспективы.»], (Севастополь, 10-17 сентября 2012 г.) / А. В. Гнатов – Севастополь : Вестник СевНТУ, 2012. – В. 134. – С. 131–134.

5. Батыгин Ю. В. Магнитно-импульсное притяжение/отталкивание тонкостенных листовых ферромагнетиков / Ю. В. Батыгин, А. В. Гнатов // Электричество. – М., 2012. – № 8. – С. 58–65.

П.Ю. Бранцевич
к.т.н., доцент, Белорусский государственный университет информатики и радиоэлектроники

МЕТОДИКА ИССЛЕДОВАНИЯ ВИБРОСИГНАЛОВ ПРИ АНАЛИЗЕ ПРИЧИН ИЗМЕНЕНИЯ ВИБРАЦИОННОГО СОСТОЯНИЯ ЭНЕРГОАГРЕГАТА

Эксплуатация сложных механизмов и агрегатов с вращательным движением предполагает использование штатных систем вибрационного контроля, мониторинга и защиты. В современных системах, решающих эти задачи, может быть реализован режим цифрового магнитофона, функцией которого является непрерывная запись вибрационного сигнала на протяжении длительных интервалов времени (десятки минут, часы и даже сутки) [1]. Это позволяет фиксировать редко возникающие аномальные ситуации и детально их анализировать.

В качестве примера таких исследований приведен анализ вибрационной ситуации, возникающий при работе детандер-генераторного агрегата (ДГА). ДГА состоит из генератора, редуктора, турбодетандера (турбина, функционирующая на основе использования энергии перепада давления природного газа).

При эксплуатации ДГА с помощью штатной системы вибрациионного контроля[1] было замечено, что при определенных режимах его работы происходит скачкообразное изменение среднего квадратического значения (СКЗ) виброскорости на турбодетандере (рис. 1).

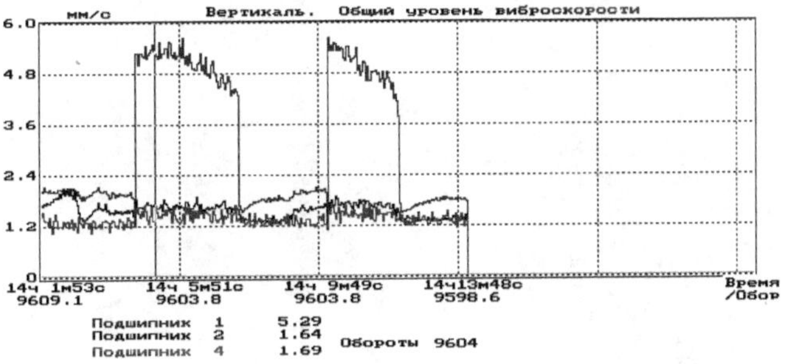

Рисунок 1 – Изменение СКЗ виброскорости при изменении режима работы турбодетандера

Для выяснения причин возникновения такой ситуации проведен анализ непрерывных вибрационных сигналов, возбуждаемых на корпусе турбодетандера (вертикальное направление), зафиксированных на протяжении длительных (несколько десятков минут) временных интервалов.

Целью выполненных исследований являлось определение того, к какому частотному диапазону принадлежат вибрационные составляющие, ставшие причиной изменения интенсивности вибрации, и не стал ли причиной увеличения вибрации какой-либо дефект вала турбины.

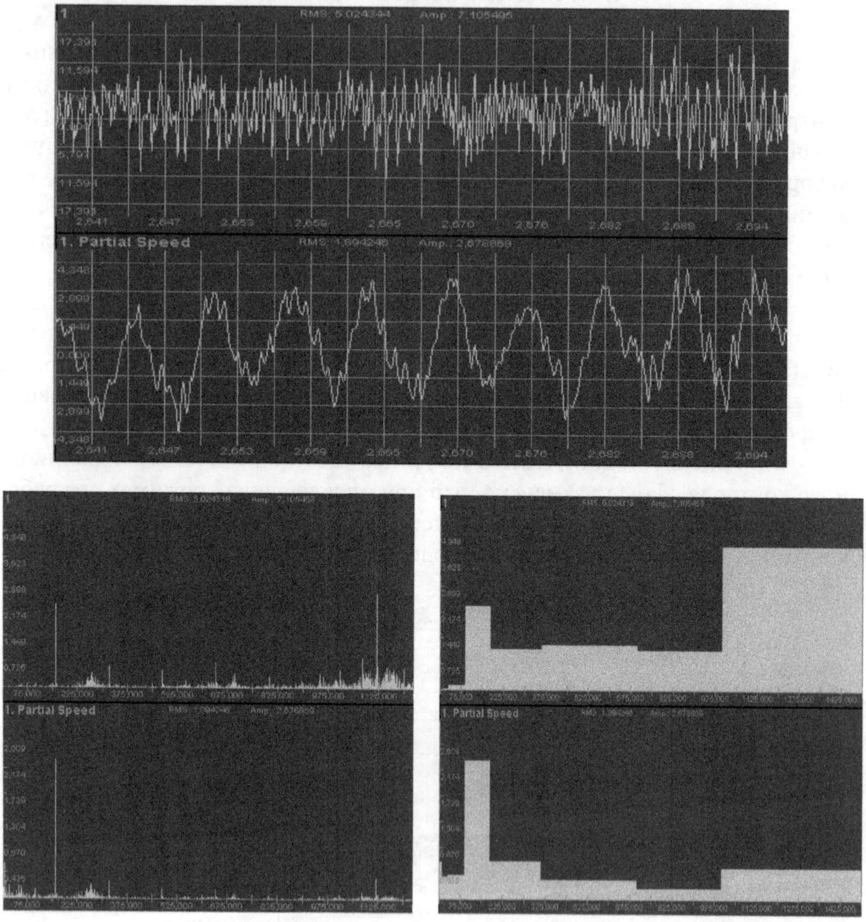

Рисунок 2 − Вибрационный сигнал, амплитудный и полосовой спектры в единицах виброускорения и виброскорости для нормального режима работы турбодетандера

На первом этапе были определены амплитудный спектр и полосовой спектр, с границами частотных полос 10, 30, 90, 180, 360, 700, 1000, 1500,

2000 Гц, вибросигналов, представленных в единицах виброускорения и виброскорости, для нормального режима работы турбоагрегата и режима работы с повышенной вибрацией. Полученные результаты представлены на рисунках 2,3. Частота вращения ротора турбины 160 Гц.

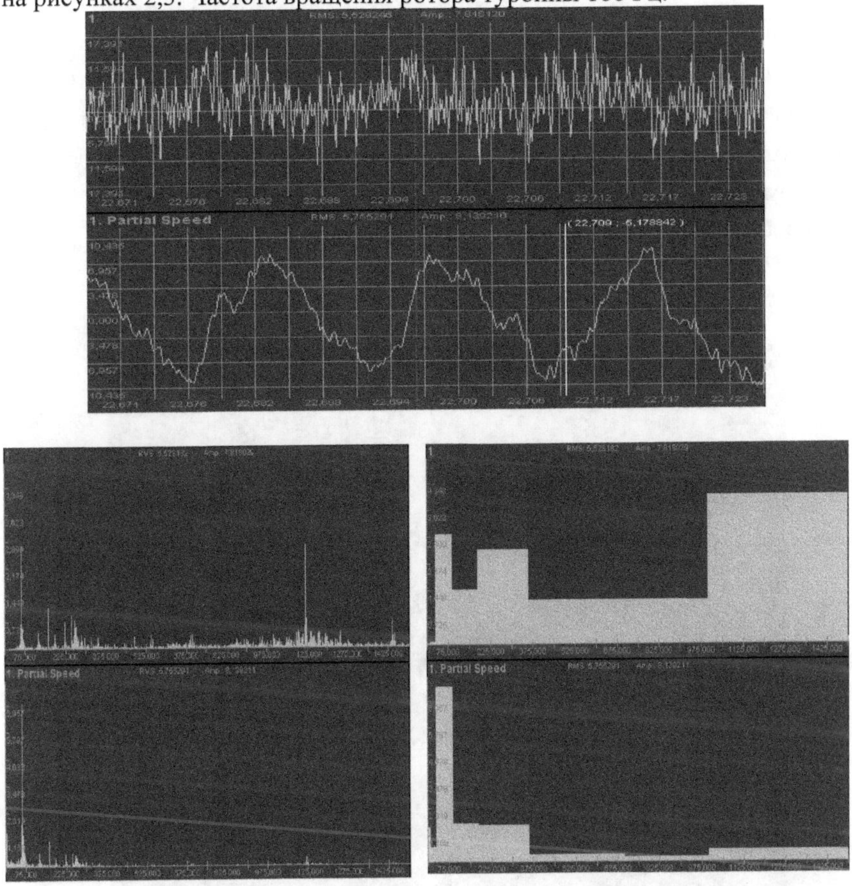

Рисунок 3 – Вибрационный сигнал, амплитудный и полосовой спектры в единицах виброускорения и виброскорости при работе турбодетандера в режиме повышенной вибрации

Из этих данных следует, что изменение вибрационного состояния агрегата обусловлено появлением частотной составляющей в диапазоне 30-90 Гц и ряда кратных ей составляющих. При этом амплитуда оборотной составляющей вибрации (частота 160 гц) даже уменьшилась. Это привело к резкому изменению СКЗ виброскорости при незначительном изменении СКЗ виброускорения.

Для того, чтобы убедиться, что повышение вибрации не вызвано изменением состояния ротора проведено разложение вибросигнала на периодическую $p(nt_d)$ и шумоподобную $s(nt_d)$ составляющие [2]:

$$x(nt_d) = p(nt_d) + s(nt_d) = \sum_{m=1}^{L} A_m \cos\left[2\pi k_m f_o nt_d - \phi_m\right] + s(nt_d), \qquad (1)$$

где $n-$ номер дискретного отсчета, n=0,1,2, ….. ; t_d- интервал дискретизации; f_o- оборотная или базовая частота; k_m- кратность m-ой гармоники относительно f_o; A_m, f_m, ϕ_m- амплитуда, частота, начальная фаза m-ой гармоники, $f_m = k_m f_o$; $L-$ число гармоник в периодической составляющей вибросигнала, а

$$s(nt_d) = x(nt_d) - p(nt_d). \qquad (2)$$

А затем проведен анализ полученных составляющих.

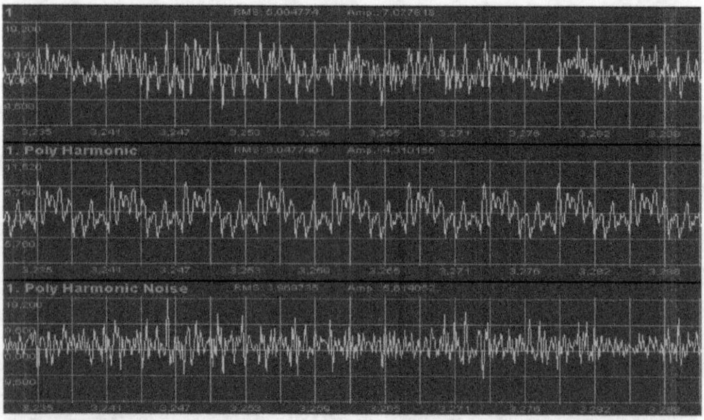

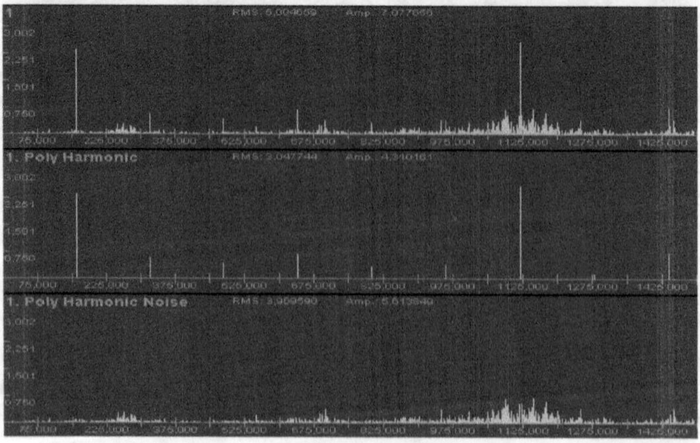

Рисунок 4 − Временная реализация и амплитудный спектр вибрационного сигнала, его периодической и шумоподобной составляющих для нормального режима работы турбодетандера

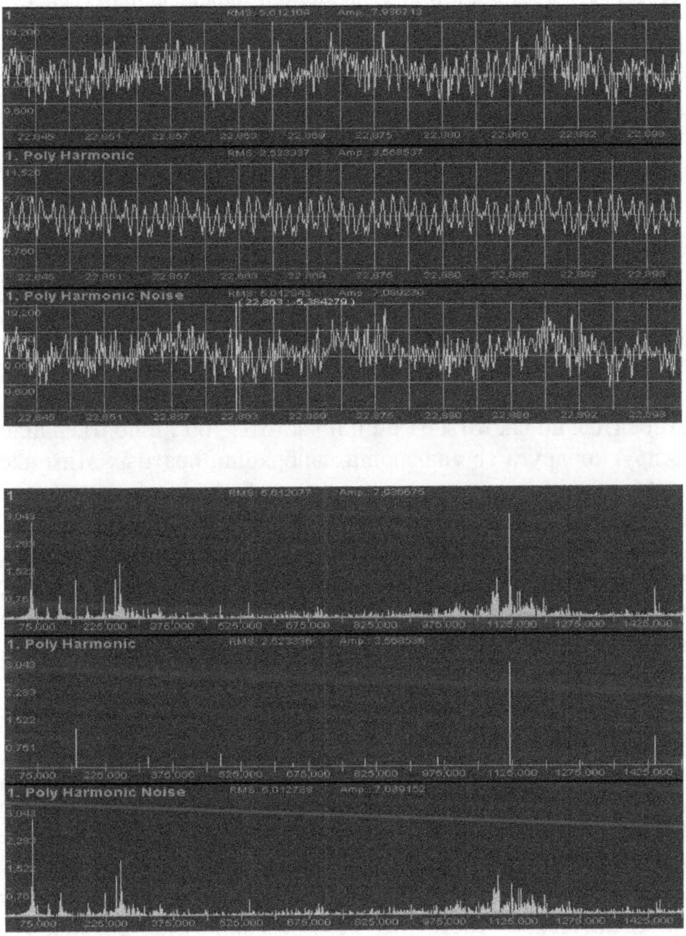

Рисунок 5 − Временная реализация и амплитудный спектр вибрационного сигнала, его периодической и шумоподобной составляющих при работе турбодетандера в режиме повышенной вибрации

Для рассматриваемого случая f_o=160 Гц, а в периодическую составляющую включены гармоники с кратностью от 1 до 20. Вид периодической и шумоподобной составляющих, а также их амплитудные спектры показаны на рисунках 4-5. Полученные результаты, подтверждают, что периодическая составляющая вибрации не является причиной её изменения.

Частотная составляющая, вызвавшая повышение вибрации не кратна фундаментальной частоте спектрального анализа Δf, которая равна 2,5 Гц. Для уточнения ее частоты и амплитуды использованы формулы [1]:

$$f_b = \Delta f\left[(i+1) - \frac{A_i}{A_i + A_{i+1}}\right], \qquad (2)$$

$$A_{f_b} = \frac{A_i \cdot A_{i+1}}{A_i + A_{i+1}} \cdot \frac{\pi}{\sin\left(\pi \frac{A_i}{A_i + A_{i+1}}\right)}, \qquad (3)$$

где A_i, A_{i+1} – амплитуды спектральных составляющих, на частотах 60 и 62,5 Гц, а $i = 24$ – номер ближайшей, меньшей по частоте, гармоники относительно искомой частоты.

Вычисленное значение частоты данной гармоники равно 61,6 Гц, а амплитуда – 2,88 $м / c^2$. Исследование сигналов с помощью вейвлетов показало, что время изменения интенсивности вибрации от нормального до повышенного не превышает 0,15-0,2 секунды. Усреднение во временной области относительно частоты 61,6 Гц и частоты 160 Гц подтвердило независимость друг от друга составляющих вибрации, кратных этим частотам [3]. В результате, было принято решение о выборе режимов эксплуатации турбодетандера, которые не приводят к повышению вибрации.

Таким образом, предлагаемая методика исследования вибрационных сигналов позволяет устанавливать наличие или отсутствие взаимосвязей между периодическими, кратными частоте вращения, составляющими вибрации и вибрационными составляющими, приводящими к увеличению интенсивности общего уровня вибрации, что, в свою очередь, дает возможность принимать решения о проведении мероприятий, направленных на снижение интенсивности вибрации.

Литература

1. Бранцевич, П.Ю. ИВК «Лукомль-2001» для вибрационного контроля / П.Ю. Бранцевич // Энергетика и ТЭК. – 2008. – № 12(69). – с.19-21.

2. Бранцевич, П. Ю. Способ анализа вибрационных сигналов при исследовании технического состояния механизмов / П.Ю. Бранцевич // Информационные технологии. Радиоэлектроника. Телекоммуникации (ITRT-2012) : сб. ст. II междунар. заочной науч.-техн. конф. Ч. 1 / Поволжский гос. ун-т сервиса. – Тольятти : Изд-во ПВГУС, 2012. – с.244 – 250.

3. Бранцевич, П.Ю. Применение усреднения во временной области и вейвлет-анализа для исследования вибрационных сигналов / П.Ю. Бранцевич, В.А. Гузов // Проблемы вибрации, виброналадки, вибромониторинга и диагностики оборудования электрических станций: Сб. докл. – М.: ОАО «ВТИ», 2007. – с.58-66.

Чаплыгин Е. А.
доцент, к.т.н., Харьковский национальный автомобильно-дорожный университет ХНАДУ(chaplygin_e_a@mail.ru)
Барбашова М.В.
аспирант, Харьковский национальный автомобильно-дорожный университет ХНАДУ (barbashova1987@gmail.com)
Сабокарь О.С.
студент, Харьковский национальный автомобильно-дорожный университет ХНАДУ(krot_93@mail.ru)
Тришкин Е.В.
студент, Харьковский национальный автомобильно-дорожный университет ХНАДУ

ИЗМЕРЕНИЕ МАГНИТНОЙ ПРОНИЦАЕМОСТИ ФЕРРОМАГНЕТИКОВ ПРИ СИЛОВОМ ВОЗДЕЙСТВИИ ИМПУЛЬСНЫХ ПОЛЕЙ. ТЕОРЕТИЧЕСКОЕ ОБОСНОВАНИЕ МЕТОДА

С появлением разработок производственных операций, основанных на магнитно-импульсном притяжении ферромагнетиков, идентификация магнитной проницаемости объектов обработки при реальном силовом воздействии становится весьма актуальной. Результаты проведенных исследований (не прямо, но косвенно!) дали основание полагать, что её величина, даже незначительно больше единицы, определяет амплитуды возбуждаемых сил магнитного притяжения заготовки к источнику поля – индуктору [1; 2, 9-14; 3].

Достоверность последнего утверждения, как и численной аппроксимации относительной магнитной проницаемости, в цитируемых работах, требует проведения непосредственных измерений в реальных экспериментах при силовом воздействии импульсных полей.

Цель работы – предложение и теоретическое обоснование методики измерений и определения магнитной проницаемости тонкостенных листовых ферромагнетиков при силовом воздействии импульсных полей.

Методика измерения. Для определения относительной магнитной проницаемости целесообразно использовать индукционные датчики, представляющие собой многовитковые катушечные зонды, выполненные на полом диэлектрическом каркасе [4].

В теле ферромагнитной листовой заготовки от центра к периферии выполняются два прямоугольных выреза. Их взаимное расположение: либо по радиусам под прямым углом, либо по диаметру в противоположные стороны. В одном из них полностью удалён металл и вместо удалённого металла крепится плоская прямоугольная вставка из диэлектрика. В другом оставлена полоска металла. Поперечные размеры вставки и металлической полоски таковы, что на них можно надеть полый диэлектрический каркас измерительного индукционного датчика.

Ферромагнитная листовая заготовка с вырезом устанавливается на рабочую поверхность индуктора – инструмента магнитно-импульсного притяжения. В режиме силового воздействия, индуцированные электрические сигналы с обмоток идентичных датчиков непосредственно или через интегратор подаются на вход осциллографа.

Отношение сигналов с обмоток датчиков даст величину магнитной проницаемости ферромагнитной заготовки в режиме реального импульсного силового воздействия.

Вывод рабочих соотношений. Достоверность рабочих соотношений должна подтверждаться физически обоснованной корректной постановкой задач и достаточно строгими математическими выкладками. Поэтому для получения аналитических выражений используются фундаментальные зависимости, описывающие процессы в теории электромагнитного поля – уравнения Максвелла и материальные связи между характеристиками полей [4; 5]. Далее, тождественным образом преобразовываем их к виду, пригодному для практического использования.

Поскольку речь идёт о выводах, описывающих интегральные характеристики (то есть, процесс в целом), необходимо использовать математический аппарат усреднения по пространственным координатам и времени [6; 7].

В результате, после проведенных нами вычислений были получены выражения, которые определяют динамическую (1) и относительную (2) магнитные проницаемости. Усреднение магнитных характеристик по пространственным переменным проведено с учётом функциональных зависимостей от дискретных значений обобщённых координат – ζ_k, фиксирующих места расположения датчиков в рабочей зоне индукторной системы [8, 55-62; 9, 39-41].

$$\bar{\mu}_{н} = \frac{\sum_{k=1}^{N}\left(\int_0^T \varepsilon_{\mu_r \neq 1}(t, \zeta_k) \cdot dt\right)}{\sum_{k=1}^{N}\left(\int_0^T \varepsilon_{\mu_r = 1}(t, \zeta_k) \cdot dt\right)}, \qquad (1)$$

где

$\varepsilon_{\mu_r \neq 1}(t, \zeta_k)$ - возбуждаемое Э.Д.С. в катушке индукционного датчика, размещённого на диэлектрической вставке заготовки.

$\varepsilon_{\mu_r = 1}(t, \zeta_k)$ - возбуждаемое Э.Д.С. в катушке индукционного датчика, размещённого на ферромагнитной вставке заготовки.

T – длительность импульса.

$$\bar{\mu}_r = \frac{\sum_{k=1}^{N}\left[\int_0^T\left(\int_x \varepsilon_{\mu_r \neq 1}(t,\zeta_k)\cdot dt\right)dx\right]}{\sum_{k=1}^{N}\left[\int_0^T\left(\int_x \varepsilon_{\mu_r = 1}(t,\zeta_k)\cdot dt\right)dx\right]}. \quad (2)$$

Формулы (1) и (2) представляют собой соотношения для расчёта средних значений динамической и относительной магнитной проницаемости листовых заготовок в практике МИОМ.

Выводы

1. Предложена методика измерения магнитных характеристик в режиме реального силового воздействия при магнитно-импульсном притяжении тонкостенных листовых ферромагнетиков;

2. Рабочие соотношения приведены к виду, позволяющему характеризовать как пространственно-временную зависимость проницаемостей, так и давать интегральную информацию о магнитном состоянии обрабатываемой заготовки по усреднённым показателям магнитных свойств её металла.

Литература

[1]. R. Meichtry, I. Kouba Dent removing method and device. Patent US 2008/0163661A1, Jul.10,2008.

[2]. Батыгин Ю. В., Гнатов А. В. Особенности возбуждения электромагнитных сил при магнитно-импульсной обработке листовых ферромагнетиков.// Техн. электродинамика. – К: 2012. – №1.

[3]. Круг К. А. Основы электротехники. М-Л: Главная редакция энергетической литературы. 1936. – 887с.

[4]. Кнопфель Г. Сверхсильные импульсные магнитные поля. М: «Мир». 1972. – 380с.

[5]. Ландау Л. Д., Лившиц Е. М. Электродинамика сплошных сред. М: «Наука». 1982. – 620с.

[6]. Дж.Мэтьюз, Р. Уокер Математические методы физики. Пер. с англ. Крайнова В. П. М: Атомиздат. 1972. – 399с.

[7]. Корн Г., Корн Т. Справочник по математике. 4-е изд. – М: «Наука». 1978. – 830с.

[8]. Батыгин Ю. В., Гнатов А. В., Щиголева С. А. Притяжение тонкостенных металлических листов магнитным полем одновиткового индуктора. // Электричество. – М: 2011. – №4.

[9]. Батыгин Ю. В., Головащенко С. Ф., Гнатов А. В., Смирнов Д. О. Экспериментальные исследования магнитно-импульсного притяжения тонкостенных листовых металлов. // Електротехніка і електромеханіка.– Харків: 2010. –№3.

Балакина Е.В.
д.т.н., проф. ВолгГТУ
Зотов Н.М.
к.т.н., доцент ВолгГТУ
Марухин Д.А.
аспирант ВолгГТУ
Зотов В.М.
к.т.н., доцент ВолГАУ
Федин А.П.
к.т.н., доцент ВолгГТУ
balakina@vstu.ru

К ВОПРОСУ О ЗОНАХ ТРЕНИЯ ПОКОЯ И СКОЛЬЖЕНИЯ В КОНТАКТЕ ШИНЫ С ДОРОГОЙ

Известно, что в пятне контакта шины с опорной поверхностью есть зоны трения покоя и скольжения [1,44]. Их расположение в передней или задней частях пятна контакта относительно направления движения автомобиля определяет различные явления в пятне контакта. В частности, при отсутствии бокового скольжения колеса, зона трения скольжения воспринимает продольную нагрузку и реализует часть продольной реакции опорной поверхности, а зона трения покоя воспринимает продольную и боковую нагрузки и реализует как часть продольной, так и всю боковую реакцию опорной поверхности. Это влияет как на увод эластичного колеса, так и параметры колебаний управляемых колес.

В литературных источниках приводятся нечеткие, иногда даже противоречивые данные о расположении зон трения в пятне контакта шины с опорной поверхностью при различных условиях нагружения колеса. При этом знание о расположении зон трения в пятне контакта позволит более точно рассчитывать моменты, поворачивающие управляемые колеса вокруг осей поворотов, что определяет параметры угловых колебаний управляемых колес и их шинную стабилизацию.

Известно [3,49], что в режиме торможения колеса эпюра нормальных напряжений в пятне контакта смещается в сторону задней части пятна контакта. При этом, как показано на рисунке 1, расстояние от равнодействующей нормальной реакции опорной поверхности R_z до геометрического центра пятна контакта принято за b [3,49].

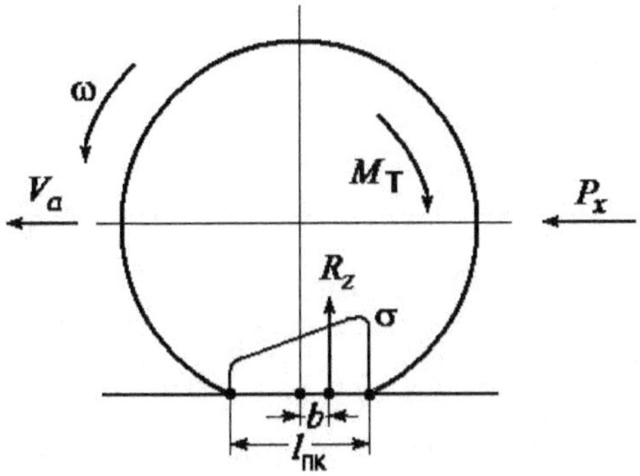

Рис. 1. Общая схема нагружения тормозящего колеса

Если разложить приведенную общую схему рисунка 1 на две раздельные схемы, то получим две составляющие величины смещения b. Первая из них – a – характеризует неупругую составляющую смещения, а вторая – c – характеризует упругую составляющую смещения в направлении толкающей силы. Автором Зотовым Н.М. экспериментально доказано, что составляющая a в тормозном режиме отрицательна. Поскольку составляющая c характеризует упругую продольную деформацию шины и представляет собой смещение в направлении толкающей силы, то она в тормозном режиме положительна.

Оценены величины составляющих смещения b.

Авторами установлено, что составляющая a имеет максимальную величину

$$a_{max} = \frac{1}{6} l_{пк},$$

где $l_{пк}$ – длина пятна контакта шины с дорогой.

Расчетами по формуле Хедекеля длин пятен контакта шин легковых и грузовых автомобилей (из их геометрических размеров, радиальной жесткости и радиальной нагрузочной способности) получены величины a_{max}. Расчетами продольного упругого смещения шин легковых и грузовых автомобилей (из их продольной жесткости и продольной нагрузочной способности) получены величины c_{max}. Результаты расчетов сведены в табл. 1.

Таблица 1 – Величины составляющих смещения b равнодействующей нормальной реакции опорной поверхности от геометрического центра пятна контакта

Автомобили	a_{max}, см	c_{max}, см
Легковые	3..4,5	0,3..0,5
Грузовые	5..6,5	0,8..0,9

Из табл. 1 видно, что величина упругого смещения c приблизительно на порядок меньше величины неупругого смещения a. Отсюда следует вывод, что у тормозящего колеса величина смещения b равнодействующей нормальной реакции опорной поверхности от геометрического центра пятна контакта практически всегда отрицательна. Исключение может составлять начало торможения, при котором тормозной момент еще не успел вырасти.

Используя эпюру нормальных напряжений в пятне контакта тормозящего колеса с дорогой, можно составить эпюру допустимых касательных напряжений в пятне контакта тормозящего колеса с дорогой:

$$[\tau] = f_{п} \cdot \sigma,$$

где $[\tau]$ – допустимые касательные напряжения в пятне контакта тормозящего колеса с дорогой; σ – нормальные напряжения в пятне контакта тормозящего колеса с дорогой, взятые из эпюры рисунка 1; $f_{п}$ – коэффициент трения покоя между материалом шины и опорной поверхностью.

Известен вид эпюр касательных напряжений в режиме торможения колеса [2,93]. Некоторые авторы только на основании эпюр касательных напряжений делают вывод о взаимном расположении зон видов трения в пятне контакта эластичного колеса с твердой опорой. Такой подход является некорректным, поскольку участок скольжения зарождается там, где касательные напряжения начинают превышать допустимые, т.е. когда

$$\tau_i \geq [\tau_i] = f_{п} \cdot \sigma_i.$$

Таким образом, выявить место скольжения в пятне контакта можно только на основании сопоставления эпюр касательных и нормальных напряжений. Такое сопоставление позволяет сделать вывод о том, что в режиме торможения (в отличие от ведущего режима) колеса участок покоя расположен сзади, а участок скольжения зарождается в передней части пятна контакта и по мере роста коэффициента продольного скольжения колеса увеличивается в сторону задней части пятна контакта. Это явление доказано авторами Балакиной Е.В. и Марухиным Д.А. на основании экспериментов, проведенных в ВолгГТУ, в ходе которых зоны трения покоя и скольжения фиксировались видеоаппаратурой через оптически прозрачную модель дороги, взаимодействующую с эластичным колесом, нагруженным радиальной силой и тормозным моментом.

Литература

1. Е. Балакина. Улучшение устойчивости движения колесной машины на основе предпроектного выбора параметров элементов шасси: монография / Е. Балакина. – Saarbrucken (Germany): LAP LAMBERT Academic Publishing GmbH & Co. KG, 2012. – 467 с.
2. Кленников Е.В. Экспериментальные исследования нормальных и касательных напряжений в контакте шины / Е.В. Кленников, В.И. Кнороз, И.П. Петров / Труды НАМИ. Выпуск 120. Взаимодействие колеса с опорной поверхностью. – М.: Изд-во НАМИ, 1970, с. 78-95.
3. Московкин В.В. Частичное проскальзывание в контакте как один из источников смещения равнодействующей нормальной реакции эластичного колеса / В.В. Московкин, В.А. Петрушов / Труды НАМИ. Выпуск 106. Эластичное колесо в ряду передаточных механизмов. – М.: Изд-во НАМИ, 1969, с. 41-51.
4. Петрушов В.А. Автомобили и автопоезда: Новые технологии исследования сопротивлений качения и воздуха. – М.: ТОРУС ПРЕСС, 2008. – 352 с.

Тарасов Д.А.
старший преподаватель кафедры Полиграфии и веб-Дизайна Уральского Федерального Университета им. первого президента России Б.Н.Ельцина
datarasov@yandex.ru
Сергеев А.П.
к.ф.-м.н, доцент кафедры Полиграфии и веб-Дизайна Уральского Федерального Университета им. первого президента России Б.Н.Ельцина
alexanderpsergeev@gmail.com
Колмогоров Ю.Н.
к.ф.-м.н, кафедры Полиграфии и веб-Дизайна Уральского Федерального Университета им. первого президента России Б.Н.Ельцина
kolmogorovy@mail.ru

ВЛИЯНИЕ ИНТЕРЛИНЬЯЖА НА СКОРОСТЬ ЧТЕНИЯ ПОЛИГРАФИЧЕСКОГО И ВЕБ-ТЕКСТА

АННОТАЦИЯ

Работа посвящена разработке методики оценки скорости чтения текстов на бумажных и электронных носителях (веб-контента) и анализу влияния интерлиньяжа. Обнаружено, что зависимость скорости чтения сплошного текста на бумажных носителях от интерлиньяжа имеет экстремум в диапазоне 1,6-2,2. Не обнаружено статистически значимого влияния интерлиньяжа на скорость чтения текста, представленного в электронном виде.

Ключевые слова: интерлиньяж, удобочитаемость, скорость чтения, квалиметрия, текст.

1. ВВЕДЕНИЕ

В последние годы наблюдается снижение спроса на печатные издания и устойчивый рост интереса к «электронному» контенту, а также к «букридерам». Серьезным недостатком электронных изданий является более низкое разрешение репрезентации текста по сравнению с его полиграфическим воспроизведением. Следствием этого является меньшая удобочитаемость электронных текстов, большая нагрузка на глаза пользователя, чем при чтении печатных изданий. Проведенный анализ исследований, проводимых в области удобочитаемости изданий, показал недостаточную изученность вопросов, связанных с нахождением оптимальных пространственных характеристик представления текстовой информации. В связи с этим появляется необходимость корректировки правил набора текста печатных и электронных изданий с целью улучшения удобочитаемости.

Удобочитаемость — это комплексное свойство текстового материала, характеризующее лёгкость восприятия его человеком.

Необходимость соблюдения требования удобочитаемости вызвана психофизиологическими особенностями человека, проявляемыми в процессе чтения и осмысления текста [1]. Основным критерием удобочитаемости печатного материала является скорость чтения текста в этом типографском исполнении [3]. Существенное влияние на удобочитаемость оказывают пространственные характеристики полосы набора и параметры шрифта. Шрифт должен обладать удобочитаемостью и оптимальным кеглем. Из-за относительно низкого разрешения экрана ПК ухудшается различимость шрифтовых знаков. Поэтому экранный шрифт должен быть крупнее, чем печатный. Феличи [2] приводит несколько критериев оптимальной длины строки: она равна 1,5–2 длинам строчного алфавита; должна вмещать 9–10 слов, состоящих в среднем из 5 букв; должна быть равна 27 знакам, оптимальная длина – 40 знаков, а максимальная – 70. Интерлиньяж, расстояние между базовыми линиями строк текста, также существенно влияет на восприятие текста и его удобочитаемость (см. рис. 1).

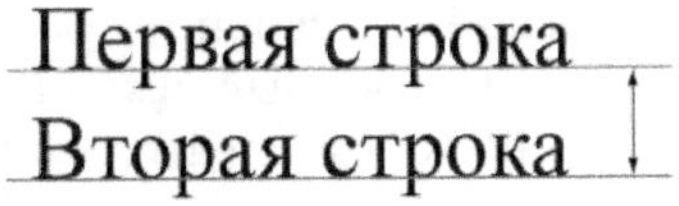

Рис. 1 Интерлиньяж

История исследований удобочитаемости насчитывает более ста лет. В 1885 году Кеттел [7] оценил удобочитаемость при помощи тахистоскопических измерений порога распознаваемости. Он обнаружил, что взгляд при чтении перескакивает по строке короткими промежутками, охватывая сразу восемь или девять знаков. Кеттел расположил строчные буквы алфавита по степени их распознаваемости в определенной последовательности. Сэнфорд [8] в 1987 году провел повторные исследования, но для другого шрифта, он получил другой порядок букв. Из этого следует вывод, что шрифты различаются по своей распознаваемости. В 1912 году Ретланд показала, что различимость символа определяется шестью факторами: форма, высота, насыщенность, окружающее пространство, местоположение в слове, величина слова. В 1926 году Пайк указал на разрозненность исследований и отсутствие систематического подхода к изучению распознаваемости и удобочитаемости текстов [9]. Он выделил 15 критериев удобочитаемости: скорость чтения, пороговое расстояние распознаваемости, объем восприятия, порог фокусировки, усталость, количество фиксаций, количество возвращений, регулярность движения глаз, ритм чтения, коэффициент удобочитаемости (сумма кегельных площадок букв, поделенная на общую площадь воспринимаемых букв), специфическая удобочитаемость (произведение коэффициента удобочитаемости на печатную площадь букв), рост букв, рост знаков, субъективные суждения читателей, эстетические суждения читателей. Пайк пришел к выводу, что удобочитаемость не следует путать с различимостью букв и слов, ее следует изучать отдельно от различимости. Он предложил оценивать удобочитаемость с помощью сравнения прочитанного с тем, что понято при чтении. Таким образом, был сделан вывод, что удобочитаемость должна оцениваться не при помощи разрозненных знаков, а на примерах, содержащих осмысленный текст. Тогда же возник вопрос о скорости чтения. Впервые скорость чтения как критерий удобочитаемости была предложена Вебером в 1881 году, но фактически стала учитываться после доклада Пайка. В 1929 году Петерсон и Тинкер [10] получили следующие результаты: текст, набранный прописными буквами, читается на 11,8% медленнее, чем набранный прописными и строчными буквами; курсивные начертания не замедляют скорости чтения, если они используются непродолжительно; жирные начертания не менее удобочитаемы, чем светлые, а рубленые шрифты не уступают в удобочитаемости шрифтам с засечками; шрифты от 8 до 13 кегля одинаково удобочитаемы при оптимальной для данного кегля длине строки; черный текст на желтой бумаге, зеленый или синий текст на белой бумаге читаются лишь немного медленнее, чем черный текст на белой бумаге, белое на черном читается примерно на 10% медленнее, чем черное на белом.

В СССР изучение сравнительной удобочитаемости шрифтов проводилось в 30–40-х гг. XX века в НИИ ОГИЗа, в 50–60-х гг. XX века в отделе наборных шрифтов ВНИИ Полиграфмаша. В.А. Артемов [11] предложил различать понятия видимости шрифта и его удобочитаемости, т.к. на удобочитаемость значительно влияют психофизиологические особенности чтения определенного читателя, в то время как видимость шрифта зависит только от качества рисунка шрифта и особенностей зрения человека. В 1973 году в Московском полиграфическом институте М. Гешевым [20] и А.И. Колосовым было проведено исследование влияния величины кегля шрифта, формата строки, интерлиньяжа и межсловных пробелов на удобочитаемость текстов. Был сделан вывод, что оптимальное значение величины межсловного пробела постоянно и не зависит от других факторов. Оптимальное значение кегля шрифта и формата строки тем меньше, чем больше удобочитаемость шрифта [3].

Широкий параграф даёт лучший результат в скорости чтения, но при этом глаза устают быстрее (после прочтения одной строки, глазу необходимо перестраиваться на следующую строку). А при длинной строке, глаз должен преодолеть большее расстояние, из-за чего ему сложнее найти следующую строку [4]. Оптимальную длину строки у разных исследователей определена по-разному. Вебер [16] – 10 см (максимум 15 см). Тинкер и Паттерсон [10] – 7,5-9 см (при кегле 10 пт), строки 18,5 см читались медленней. Кон [17] – 9 см (максимум 10 см). Дачники и Колерс [12] – 18,7 см. Дайсон и Киппинг [13] – 18,2 см (при кегле 12 пт), строки 10 см читались медленней. Янгмэн и Шарф [14] – 20 см (при кегле 12 пт), при этом респонденты предпочли 10-12,5 см. Бергхард, Фернандес и Халл [15] – 24,5 см (при кегле 12 пт), однако существенной разницы с 14,5 см и 8,5 см не выявлено, респонденты предпочли более короткие строки.

Удобочитаемость также связана с цветом. Текст, набранный черным по белому, тяжело читается с экрана компьютера. Человеческий глаз гораздо легче воспринимает цветные буквы на цветном фоне [5]. При чтении с экрана монитора период устойчивой работоспособности не наступает, что подчеркивает увеличение сложности зрительной работы. С учетом не только скорости чтения, но и количества ошибок, оптимальные цветовые решения экрана будут немного другими. Предпочтение следует отдавать синим знакам на желтом фоне, желтым знакам на синем и красным знакам на зеленом.

Т.о. до сих пор удобочитаемость не является строго операционализируемым понятием. Поэтому для объективного измерения показателей восприятия текста применяют метод измерения скорости чтения [6]. В результате экспериментов, проведенных Э. Тейлором [18], [19], было установлено, что для скорости чтения характерен большой индивидуальный разброс даже среди испытуемых с одинаковой читательской квалификацией. Чтобы нивелировать этот разброс в данном исследовании применялся несвязный, искусственно сгенерированный текст.

Целью проведения настоящего исследования было изучение зависимости скорости восприятия текстовой информации от интерлиньяжа. Для оценки скорости чтения бумажного и электронного текстового материала было проведено исследование методом прямого опроса и анкетирования, в котором участвовало 100 респондентов, в качестве которых выступили студенты Института профессионального образования и информационных технологий Башкирского государственного педагогического университета и военной кафедры Уфимского государственного авиационного технического университета.

2. ПРОВЕДЕНИЕ ИССЛЕДОВАНИЯ

В качестве стимульного материала для ста респондентов были выбраны 13 несвязных текстов объемом 1000 знаков. Тексты помещались на отдельные страницы электронного документа с различными значениями интерлиньяжа при прочих одинаковых параметрах набора: гарнитура *Times New Roman*, кегль 14 пунктов, поля 2 см, абзацный отступ 1,25 см, выключка по ширине страницы, цвет текста черный. Выбранные коэффициенты интерлиньяжа (согласно MS Word 2007): 0,8, 1,0, 1,1, 1,2, 1,3, 1,4, 1,5, 1,6, 1,7, 1,8, 1,9, 2,0, 2,2. Стимульный материал был отпечатан на писчей бумаге формата А4 плотностью 80 г/м^2 способом электростатической лазерной печати на многофункциональном устройстве

Konica Minolta bizhub C220. Средняя длина строки (с пробелами) - 73 символа, что составило 164,8 мм. Кроме интерлиньяжа, указанного в пунктах, на оттисках при помощи измерительного микроскопа были определены межстрочные расстояния и т.н. «габариты строки» (высота строки символов текста с учетом верхних и нижних выносных элементов).

В ходе первого этапа эксперимента измерялось время прочтения текстов разных интерлиньяжей, отпечатанных на бумаге. Респондентам предлагалось последовательно прочитать 13 вариантов стимульного материала с комфортной для себя скоростью, без пропусков и повторений. При этом фиксировалось время прочтения каждой страницы текста с помощью секундомера.

Для проведения второго этапа эксперимента, моделирущего восприятие веб-контента, были отобраны 9 текстов из созданного на первом этапе стимульного материала со следующими значениями коэффициента интерлиньяжа: 1,0, 1,2, 1,4, 1,5, 1,6, 1,7, 1,8, 1,9, 2,0. На этом этапе эксперимента были получены значения скорости чтения образцов текста с экрана ноутбука. Респондентам поочередно предлагалось прочитать 9 страниц стимульного материала с экрана ноутбука Asus A52F (диагональ экрана 15,6 дюйма, 16:9, LED, разрешение 96 dpi (1366x768 пикс.), цветопередача 32 бит) с фиксированием времени чтения с помощью секундомера. Чтение производилось в программе *Adobe Acrobat 9 Pro* в полноэкранном режиме.

Данные, полученные в ходе проведения эксперимента, были сведены в один файл. Значения времени, затраченного на чтение текстов объемом 1 000 знаков, были переведены в значения скорости чтения, в знаках в секунду. Для дальнейшей работы с данными были рассчитаны средние арифметические значения скорости чтения для каждого коэффициента интерлиньяжа, стандартные отклонения, среднеквадратические отклонения, доверительные интервалы при γ=0,95.

3. РЕЗУЛЬТАТЫ И ОБСУЖДЕНИЕ

На Рис 2 представлены зависимости скорости чтения и доверительных интервалов от интерлиньяжа при доверительной вероятнгсти 0,95. Из графика видно, что наибольшая скорость чтения наблюдается в диапазоне 1,6–2,2 с максимумом чтения с бумажного носителя 21,0 зн./с при интерлиньяже 1,7.

На графике зависимости скорости чтения электронного текста от величины интерлиньяжа максимум скорости чтения, 17,7 зн./с, достигается при интерлиньяже, равном 1,9. Однако не обнаружено статистически значимого влияния интерлиньяжа на скорость чтения текста, представленного в электронном виде.

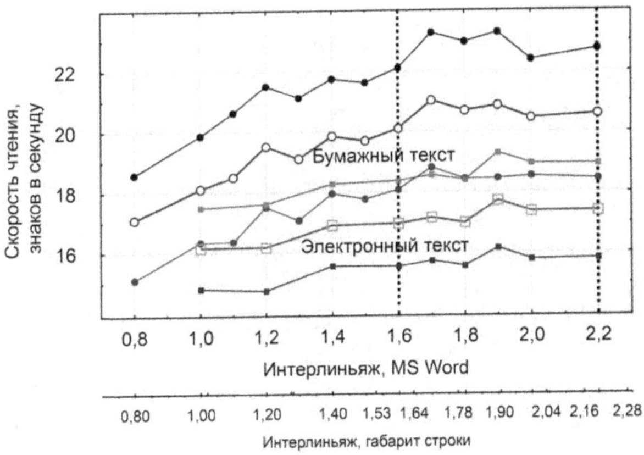

Рис. 2. Графики зависимости скорости чтения бумажного и электронного текстов от величины интерлиньяжа.

ВЫВОДЫ И ЗАКЛЮЧЕНИЕ

Обработка данных о скорости чтения показала, что зависимость скорости чтения печатного текста от интерлиньяжа имеет максимум. В частности, обнаруженный максимум лежит в интервале (1,6; 2,2). В то же время не было обнаружено статистически важного влияния интерлиньяжа на скорость чтения текста, представленного в электронном виде. Можно отметить, что в исследованиях, посвященных удобочитаемости, фактор субъективного восприятия либо не принимался во внимание, либо не оказывал влияния на итоговые выводы. Поэтому имеет смысл в будущих исследованиях принять во внимание этот фактор выявить закономерности, связывающие восприятие текста и его пространственные характеристики. Результаты исследования могут быть использованы, например, при наборе учебных пособий для студентов дневных отделений с целью облегчения восприятия учебных и научных текстов. Представление текстового материала в удобочитаемом для восприятия виде повысит эффективность обучения, качество усвоения информации.

ИСТОЧНИКИ И ЛИТЕРАТУРА

[1] Удобочитаемость шрифта. [Электронный ресурс].. http://alexbis.com/publ/1-1-0-28. Доступ 10/03/2012.

[2] Феличи Д. Типографика: шрифт, верстка, дизайн. СПб.: БХВ-Петербург, 2004. - 496 с.

[3] Токарь О.В., Зильберглейт М.А., Петрова Л.И. Удобочитаемость шрифтов // Известия вузов. Проблемы полиграфии и издательского дела. — М., 2004. — с.79–92.

[4] Оптимальная длина строки. [Электронный ресурс]. http://www.i2r.ru/static/676/out_22620.shtml. Доступ 10/03/2012.

[5] При чтении с монитора человеческий глаз намного легче воспринимает цветные буквы на цветном фоне, чем черные буквы на белом. [Электронный ресурс]. http://www.strf.ru/science.aspx?CatalogId=363&d_no=14000. Доступ 15/03/2012.

[6] Токарь О. В. Технология оценки качества полиграфического шрифта / О. В. Токарь // Молодой ученый. — 2011. — №12. Т.1. — С. 56-58.

[7] Cattell. J. M. The inertia of the eye and the brain. Brain. 1885, 8, 295-312.

[8] Sanford. A.J. The Mind of Man: Models of Human Understanding. Brighton: The Harvester Press, 1987.

[9] Pyke R.L. Report on the legibility of print. H.M. Stationery Office. London, 1926, 1v., 123p.

[10] Tinker. M. A., Paterson. D. G. Studies of typographical factors influencing speed of reading: III. Length of line. *Journal of Applied Psychology,* 13, 3, 1929, 205-219.

[11] Артемов В.А. Технографический анализ суммарных букв нового алфавита // *Письменность и революция.* M JL, 1933, № 1, 58-76.

[12] Duchnicky. J.L., Kolers. P.A. Readability of text scrolled on visual display terminals as a function of window size. *Human Factors*, 1983, 25, 683-692.

[13] Dyson. M.C., Kipping. G.J. The effects of line length and method of movement on patterns of reading from screen. *Visible Language*, 1998, 32, 150-181.

[14] Youngman. M., Scharff. L.V. Text width and border space influences on readability of GUIs. *Proceedings of the Twelfth National Conference on Undergraduate Research*. 1998, 2, 786-789.

[15] Bernard. M., Fernandez. M., Hull. S. The effects of line length on children and adults' online reading performance. *Usability News*, 2002, 4,2.

[16] Weber. A. Ueber die Augenuntersuchungen in den hoheren schulen zu Darmstadt. Abtheilung fur Gesunheitspflege. Marz, 1881.

[17] Cohn. H. Die Hygiene des Auges in den Schulen. Leipzig, 1883.

[18] Taylor. E. A. The fundamental reading skill. Springfield. IL: Charles C Thomas, 1966.

[19] Taylor. S. E. Eye movements while reading: Facts and fallacies. *American Educational Research Journal*, 1965, 2, 187-202.

[20] Гешев, М.Я. Разработка методики определения удобочитаемости текстов и исследование влияния отдельных факторов на технологию набора и параметры шрифта: дис. канд. техн. наук. / М.Я. Гешев— М.: МПИ, 1973.

Петров Е.П.
д.т.н., профессор, зав.кафедрой, ФГБОУ ВПО «ВятГУ»
Харина Н.Л.
к.т.н., доцент, ФГБОУ ВПО «ВятГУ»
Ржаникова Е.Д.
магистрант, ФГБОУ ВПО «ВятГУ»

МЕТОД СЖАТИЯ ЦИФРОВЫХ ПОЛУТОНОВЫХ ИЗОБРАЖЕНИЙ

Проблема сокращения избыточности (сжатия) цифровых полутоновых изображений (ЦПИ) является актуальной, несмотря на большое количество исследователей, вовлеченных в ее решение в России и за рубежом [1-3]. Главная причина – снижение искажений при восстановлении ЦПИ со сложными сценами, содержащими большое количество мелких деталей, имеющих часто важное значение. Изображения, подвергнутые сжатию методами, основанными на БПФ и вейвлет-преобразованиях с отсечкой высокочастотных составляющих, принципиально не могут быть восстановлены без искажений, что не допустимо в специальных приложениях обработки ЦПИ, например в медицине.

С развитием большого количества новых визуальных методов диагностики проблема передачи результатов исследования от врача - диагноста врачу - клиницисту стоит особенно остро, так как одного устного или письменного заключения обычно бывает недостаточно. Преобладание беспленочной технологии, комплексная автоматизация диагностических отделений, новые системы архивирования, использование стандартных программ обследования, уменьшение числа повторных исследований, контроль качества, коллегиальность специалистов - все это приведет к повышению качества диагностики и к снижению материальных затрат.

Предлагается метод сжатия оцифрованных флюорографических, МРТ и др. снимков (ЦПИ), основанный на двумерной цепи Маркова с несколькими состояниями [4,5].

Будем полагать, что ЦПИ представляет собой марковское случайное поле, основанное на суперпозиции двух ортогональных одномерных цепей Маркова с несколькими состояниями. Пусть марковское случайное поле (СП) размером $m \times n$, представляет двумерную цепь Маркова с N=4 равновероятными $(p_1 = p_2 = p_3 = p_4)$ состояниями M_1, M_2, M_3 и M_4 (рис.1)

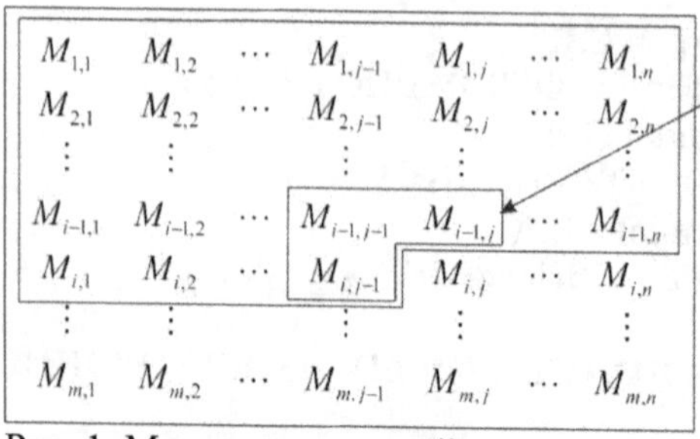

Рис. 1. Марковское случайное поле

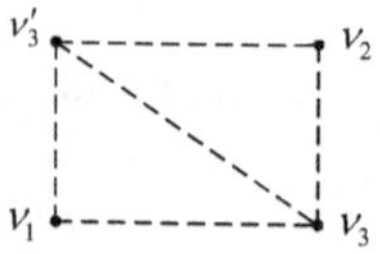

Рис. 2. Фрагмент области СП, где приняты обозначения $\nu_1 = M_{i,j-1}$; $\nu_2 = M_{i-1,j}$; $\nu_3 = M_{i,j}$; $\nu_3' = M_{i-1,j-1}$.

и МВП от состояний M_j, M_k, M_l к состоянию M_i по горизонтали и вертикали СП, соответственно:

$$ {}^1\Pi = \begin{Vmatrix} {}^1\pi_{11} & {}^1\pi_{12} & {}^1\pi_{13} & {}^1\pi_{14} \\ {}^1\pi_{21} & {}^1\pi_{22} & {}^1\pi_{23} & {}^1\pi_{24} \\ {}^1\pi_{31} & {}^1\pi_{32} & {}^1\pi_{33} & {}^1\pi_{34} \\ {}^1\pi_{41} & {}^1\pi_{42} & {}^1\pi_{43} & {}^1\pi_{44} \end{Vmatrix}, \quad {}^2\Pi = \begin{Vmatrix} {}^2\pi_{11} & {}^2\pi_{12} & {}^2\pi_{13} & {}^2\pi_{14} \\ {}^2\pi_{21} & {}^2\pi_{22} & {}^2\pi_{23} & {}^2\pi_{24} \\ {}^2\pi_{31} & {}^2\pi_{32} & {}^2\pi_{33} & {}^2\pi_{34} \\ {}^2\pi_{41} & {}^2\pi_{42} & {}^2\pi_{43} & {}^2\pi_{44} \end{Vmatrix}, \qquad (1) $$

удовлетворяющие условиям нормировки

$$ \sum_{i=1}^{N} \pi_{ij} = 1; \;\; j \in N \qquad (2) $$

и согласованности

$$ p_i = \sum_{j=1}^{N} p_j \pi^*_{ji}; \;\; i \in N, \qquad (3) $$

где π^*_{ji} - элементы транспонированной матрицы (1).

Если условная зависимость состояний определена от элементов левого верхнего сегмента марковского СП (рис.2), то СП является каузальным, в котором элемент $M_{i,j}\,(i \in m, j \in n)$ СП зависит только от элементов некоторого подмножества $\Lambda_{i,j}$ этого сегмента, называемого окрестностью. Лучшим образом удовлетворяющее условию каузальности является конфигурация окрестности (рис. 2) [4]

$$ \Lambda_{i,j} = \left\{ M_{i,j-1}, M_{i-1,j}, M_{i,j} \right\} \qquad (4) $$

Вероятность состояния элемента ν_3 (рис.2) полностью определяется энтропией состояния элемента ν_3 относительно состояний элементов окрестности $\Lambda_{i,j}$ как разность безусловной энтропии элемента ν_3 и взаимной информации между тремя состояниями элементов ν_3', ν_2, ν_1. Выражение энтропии состояния элемента ν_3 можно представить в виде [6]:

$$ H\left(\nu_3 \middle| \nu_2, \nu_1\right) = H\left(\nu_3\right) - I\left(\nu_3, \nu_2, \nu_1\right) = -\log \frac{w\left(\nu_3 \middle| \nu_1\right) w\left(\nu_3 \middle| \nu_2\right)}{w\left(\nu_3 \middle| \nu_1, \nu_2\right)} \qquad (5) $$

где $w(v_3|v_1)$, $w(v_3|v_2)$ - одномерные плотности вероятностей перехода между соседними состояниями; $w(v_3|v_1,v_2)$ - плотность вероятности перехода в двумерной цепи Маркова.

Вероятности перехода от состояний элементов окрестности $\Lambda_{i,j}$ к состоянию $M_{i,j}$ образуют сложную МВП вида:

$$\Pi = \begin{Vmatrix} \pi_{iii} & \pi_{iji} & \pi_{iki} & \pi_{ili} & \pi_{jii} & \pi_{jji} & \pi_{jki} & \pi_{jli} & \pi_{kii} & \pi_{kji} & \pi_{kki} & \pi_{kli} & \pi_{lii} & \pi_{lji} & \pi_{lki} & \pi_{lli} \\ \pi_{iij} & \pi_{ijj} & \pi_{ikj} & \pi_{ilj} & \pi_{jij} & \pi_{jjj} & \pi_{jkj} & \pi_{jlj} & \pi_{kij} & \pi_{kjj} & \pi_{kkj} & \pi_{klj} & \pi_{lij} & \pi_{ljj} & \pi_{lkj} & \pi_{llj} \\ \pi_{iik} & \pi_{ijk} & \pi_{ikk} & \pi_{ilk} & \pi_{jik} & \pi_{jjk} & \pi_{jkk} & \pi_{jlk} & \pi_{kik} & \pi_{kjk} & \pi_{kkk} & \pi_{klk} & \pi_{lik} & \pi_{ljk} & \pi_{lkk} & \pi_{llk} \\ \pi_{iil} & \pi_{ijl} & \pi_{ikl} & \pi_{ill} & \pi_{jil} & \pi_{jjl} & \pi_{jkl} & \pi_{jll} & \pi_{kil} & \pi_{kjl} & \pi_{kkl} & \pi_{kll} & \pi_{lil} & \pi_{ljl} & \pi_{lkl} & \pi_{lll} \end{Vmatrix} \qquad (6)$$

Элементы матрицы П (6) связаны с элементами матриц (1) следующими соотношениями:

$$\pi_{iii} = \frac{{}^1\pi_{ii} \cdot {}^2\pi_{ii}}{{}^3\pi_{ii}}, \quad \pi_{iij} = \frac{{}^1\pi_{ij} \cdot {}^2\pi_{ij}}{{}^3\pi_{ii}}, \quad \pi_{iik} = \frac{{}^1\pi_{ik} \cdot {}^2\pi_{ik}}{{}^3\pi_{ii}}, \quad \pi_{iil} = \frac{{}^1\pi_{il} \cdot {}^2\pi_{il}}{{}^3\pi_{ii}};$$

$$\pi_{iji} = \frac{{}^1\pi_{ii} \cdot {}^2\pi_{ji}}{{}^3\pi_{ij}}, \quad \pi_{ijj} = \frac{{}^1\pi_{ij} \cdot {}^2\pi_{jj}}{{}^3\pi_{ij}}, \quad \pi_{ijk} = \frac{{}^1\pi_{ik} \cdot {}^2\pi_{jk}}{{}^3\pi_{ij}}, \quad \pi_{ijl} = \frac{{}^1\pi_{il} \cdot {}^2\pi_{jl}}{{}^3\pi_{ij}};$$

где ${}^3\pi_{ii}$ - элементы дополнительной матрицы ${}^3\Pi = {}^1\Pi \times {}^2\Pi'$.

Приведены соотношения для первых двух столбцов МВП (6), остальные вычисляются аналогично. Элементы МВП удовлетворяют условиям нормировки (2) и согласованности (3). Каждой строке МВП соответствует определенное состояние блоков окрестности Λ_{ij} (рис.2).

ЦПИ разбивается на K плоскостей, состоящих из блоков с l пикселями r соседних разрядов ЦПИ, определяющих число состояний цепи Маркова $N=2^{lr}$. Для наглядности возьмем величину блоков l=1, r=2. Каждая плоскость представляет двумерную цепь Маркова с N=4 состояниями (рис.4) [4,5].

Алгоритм прогнозирования блоков № 1

1. Для каждой плоскости ЦПИ K вычисляются МВП по горизонтали ${}^1\Pi$ и вертикали ${}^2\Pi$ (1), соответственно, составляется сложная МВП (6),

2. С помощью сложной МВП (6) и окрестности $\Lambda_{i,j}$ прогнозируется блок.

3. Если прогнозируемый блок совпадает с истинным, то он не передается по каналу связи,

4. Если прогнозируемый блок не совпадает с истинным, он передается и становится опорным для следующего соседнего блока.

При восстановлении изображения в кадре переданные блоки используются как опорные для предсказания остальных, в соответствии МВП (6), точность предсказания составляет 100%.

Плоскости, построенные на младших разрядах ЦПИ представляют собой СП, близкое по структуре к СП белого гауссовского шума (БГШ), с вкраплением мелких деталей исходного изображения, которыми не всегда можно пренебречь. Младшие плоскости ЦПИ дают наибольшее количество несовпадений предсказанных по алгоритму № 1 блоков с истинными, снижая эффективность сжатия ЦПИ. Поэтому для таких плоскостей разработан модифицированный алгоритм № 2, аналогичный по своей структуре предыдущему.

Алгоритм прогнозирования блоков № 2

1. Опорный кадр ЦПИ разбивается на *K* плоскостей.

2. Определяется длина цуга (χ) - совокупность прогнозируемого блока M_i и предыдущих блоков M_i.

3. Если $\chi > \chi_{БГШ}$ (для БГШ $\chi_{БГШ} = 2$), то блок передается.

3. Если $\chi \leq \chi_{БГШ}$, блок не передается, а при восстановлении заменяется на приемной стороне выборками БГШ.

На рис. 3 приведены исходное (рис. 3а) и восстановленное (рис. 3б) ЦПИ. При этом для одной старшей плоскости, включающей два старших разряда ЦПИ применен первый, а для трех младших – второй метод прогнозирования блоков.

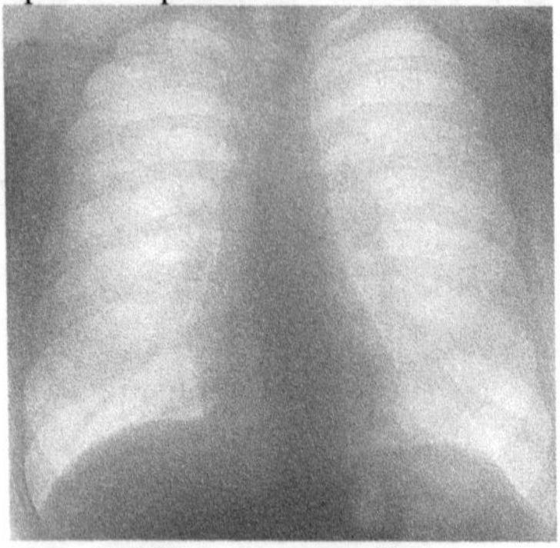

Рис. 3а Исходное изображение

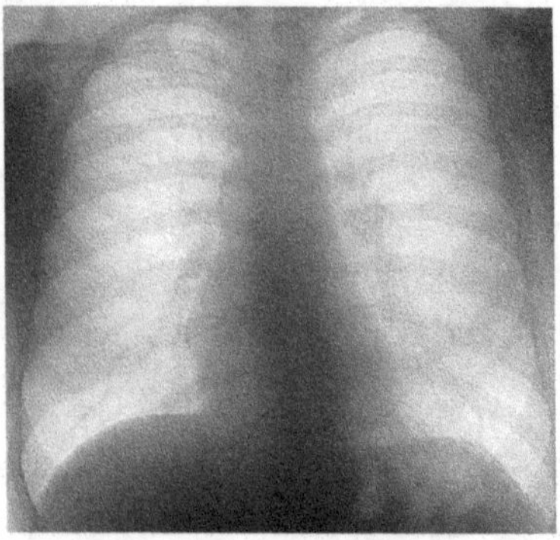

Рис. 3б Восстановленное изображение

На рис. 4 приведены примеры восстановления ЦПИ (рис.4а), представленного совокупностью четырех 2-х битовых плоскостей (рис.4а,в,д,ж) (каждая плоскость включает два соседних разряда 4-битового ЦПИ), а также изображения, на которых показаны не предсказанные (передаваемые или хранимые) блоки (рис. 4б,г,е,з).

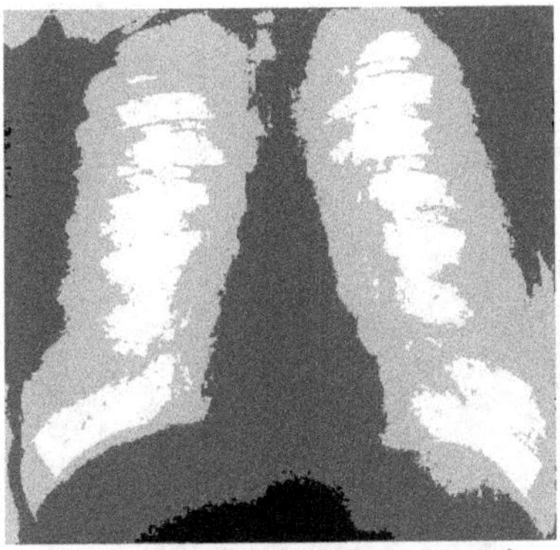

а) Плоскость K=4 (8,7 разряды)

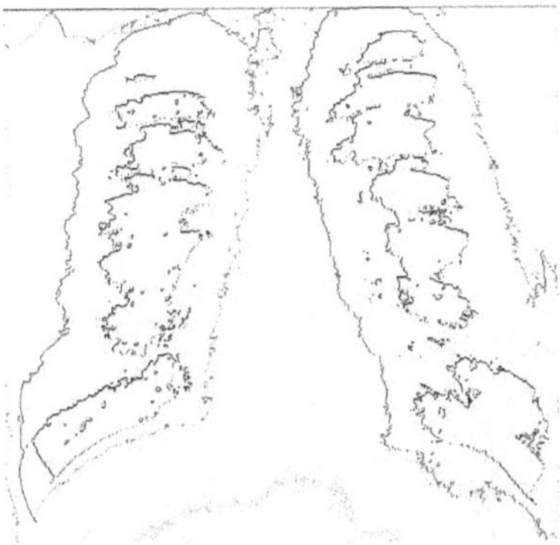

б) передаваемые или хранимые блоки (3%) плоскости K=4

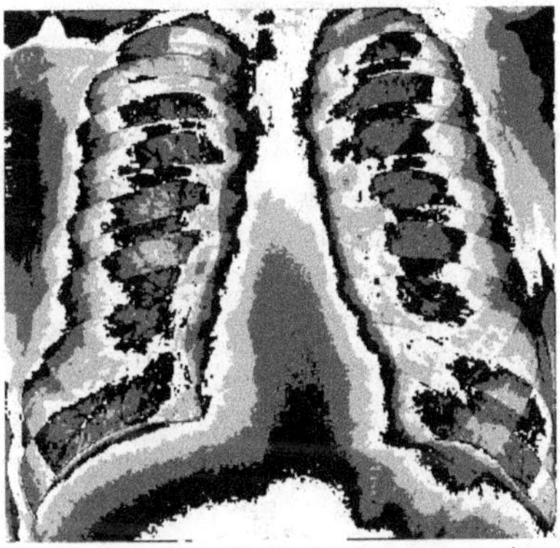

в) Плоскость K=3 (6,5 разряды)

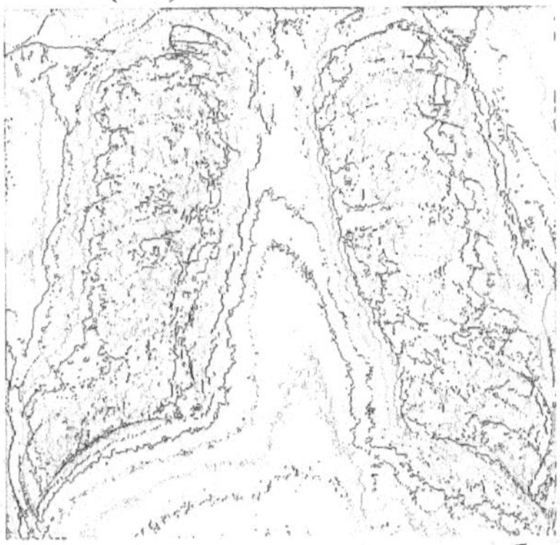

г) передаваемые или хранимые блоки (10%) плоскости K=3

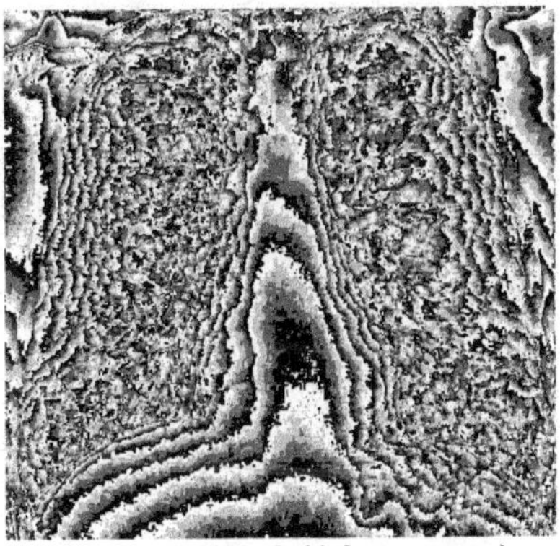

д) Плоскость K=2 (4,3 разряды)

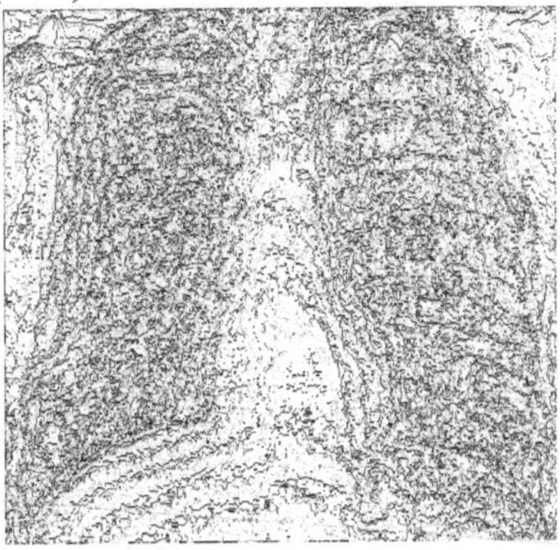

е) передаваемые или хранимые блоки (32%) плоскости K=2

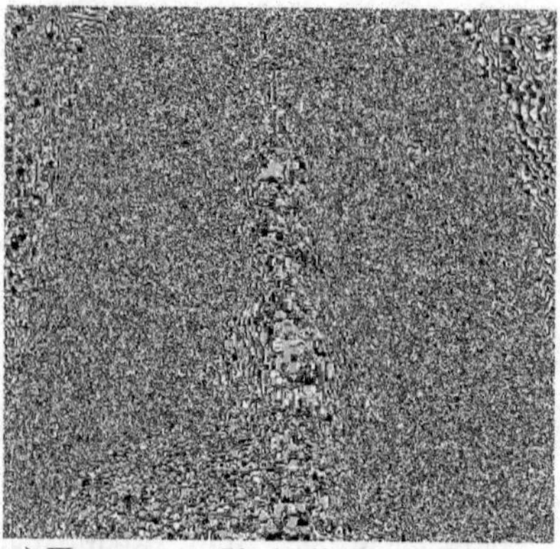

ж) Плоскость К=1 (2,1 разряды)

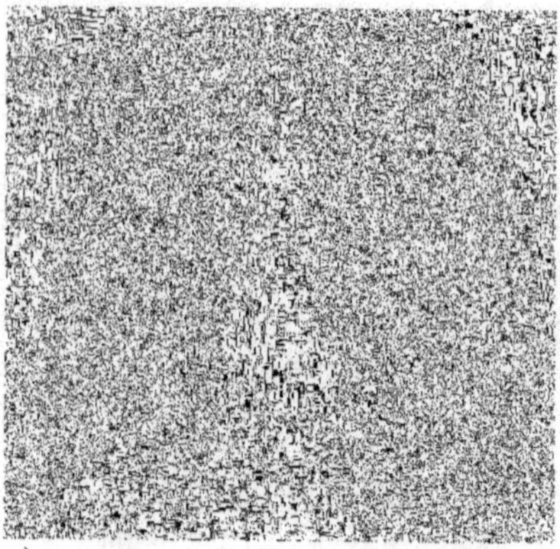

з) передаваемые или хранимые блоки (21%) плоскости К=1

Рис. 4

Коэффициент сжатия для данного изображения - 6. Для сложного по структуре ЦПИ (рис. 3а) результат существенный, при этом в восстановленном ЦПИ искажения отсутствуют (рис. 3б).

Выбор первого или второго алгоритма сжатия определяется по статистическим характеристикам ЦПИ. Если элементы МВП (6) превышают некоторый порог, то сжатие производится по первому алгоритму, иначе – по второму.

Для реализации данного метода сжатия ЦПИ требуется наличие на приемной стороне априорно известной МВП вида (1). Для этого может быть использована МВП из базы данных, в которой хранятся МВП для различных, в статистическом смысле, ЦПИ.

Предложенный алгоритм легко реализовать с помощью параллельного вычисления, так как обработка плоскостей производится независимо друг от друга.

Если требуется передавать сжатые изображения на расстояние, то можно использовать многофазные импульсные сигналы, число дискретных фаз которых равно N. При низкой скорости передачи сжатые изображение можно передавать по телефонным каналам связи.

Исследование выполнено при поддержке Министерства образования и науки Российской Федерации, соглашение 14.B37.21.0628.

Литература

1. Марков А.А. Избранные труды: Теория чисел. Теория вероятностей/ Под ред. проф. Ю.В.Линника.- М.: Изд-во академии наук, 1951. – 465 с.
2. Ching Wai-Ki, Michael K. Ng. Markov Chains: Models, Algorithms and Applications.- Springer Science+Business Media, Inc., 2006. – 211p.

3. Королюк В.С., Турбин А.Ф. Полумарковские процессы и их приложения. – Киев: Изд. Наукова думка», 1986. – 182 с.
4. Петров Е.П., Харина Н.Л., Харюшин В.Ф. Математические модели и алгоритмы фильтрации цифровых полутоновых изображений на основе сложных цепей Маркова//Цифровая обработка сигналов, № 3, 2012. – с.52-57.
5. Петров Е.П., Харина Н.Л., Ржаникова Е.Д. Модель цепи Маркова с несколькими состояниями// Сб.трудов X Международ. НТК «Физика и радиоэлектроника в медицине и экологии» ФРЭМЭ'2012, Книга 1. Владимир: 2012. - с.211-215.

К.П. Голоскоков, Н.К. Нестеренко, М.Ю. Чиркова

ФОРМИРОВАНИЕ ИНФОРМАЦИОННОЙ БАЗЫ ПРОГНОЗИРОВАНИЯ НАДЕЖНОСТИ СИСТЕМ ПРИ УПРАВЛЕНИИ КАЧЕСТВОМ

Выбор признаков (измерений), свойств, на которых основывается решение задачи прогнозирования и диагностирования технического состояния систем, является одним из наиболее важных вопросов.

Уменьшение количества признаков снижает затраты на произведение измерений и вычислений, но может привести к падению достоверности и точности прогнозирования. Но, если время на обучение и принятие решения жестко ограничено, повышение размерности признакового пространства может оказаться единственным средством увеличения достоверности требуемого уровня.

Очевидно, что с практической точки зрения, требования минимума общей размерности задачи распознавания и максимума достоверности оказываются противоречивыми. Уже из этого очевидно, что формирование признакового пространства является одной из важнейших задач.

Первоначальный выбор признаков формируется до начала распознавания из числа доступных измерению характеристик объекта $y_{1,}y_2, y_3,..., y_p$, отражающих его наиболее существенные для оценки технического состояния свойства. На следующем этапе из первоначального набора пытаются сформировать новый набор $x_{1,}x_2, x_3,..., x_k$, состоящий из меньшего числа переменных k < p.

Традиционный способ формирования новых признаков, в условиях полного априорного знания, основан на максимизации некоторой функции $g(y_1, y_2,..., y_p)$, называемой критерием, и обычно понимаемой как некоторое «расстояние» между классами в признаковом пространстве с координатами $y_{1,}y_2, y_3,..., y_p$. В других случаях критерий $g(y_p)$ выражает «диаметр» или «объем» области, занимаемой классом в признаковом пространстве. И новые признаки формируются путем минимизации критерия [2]. Оба эти варианта критериев по своей сути равнозначны.

Конкретно в качестве критерия $g(y_p)$ выбирают среднеквадратическую ошибку аппроксимации признаков $y_{1,}y_2, y_3,..., y_p$ с помощью новых признаков $x_{1,}x_2, x_3,..., x_k$, среднее межклассовое расстояние, внутриклассовый разброс наблюдений, энтропию одного класса относительно другого и т.д.

Традиционные критерии, основанные на геометрических понятиях расстояния между классами, исходят из того, что значения указанного расстояния пропорциональны достоверности распознавания.

Считают, что чем больше расстояние (различие) между классами, тем легче его обнаружить, и следовательно, тем выше будет достоверность различия классов.

Максимизация расстояния между классами повышает «разделяющую силу признаков» [1], которая как ожидается, обеспечит требуемую достоверность различия, особенно если само правило различия основано на том же самом критерии, что и выбор наиболее информативных параметров, как, например, в кластерном анализе [2].

Указанные критерии интуитивно убедительны, они могут быть основаны в определенной мере, когда достоверность можно связать с значением межклассового расстояния явной функциональной зависимостью.

Существует множество методов формирования признакового пространства, приспособленных не только к задачам различия, когда классы полностью заданы законами распределений вероятности признаков, и к задачам распознавания, в которых характеристики классов заранее не известны и получаются в процессе обучения [3].

Таким образом, различные критерии могут приводить к противоположным по смыслу рекомендациям по выбору признаков.

Причина этого заключается в отсутствии явной связи критериев, основанных на понятиях расстояний, с основанными показателями качества распознавания, в частности, с главным из них – достоверностью.

Поэтому трудно бывает отдать предпочтение какому-то определенному критерию и сделать обоснованный выбор между противоречиями в рекомендациях. В этом собственный и заключается недостаток перечисленных методов выбора признакового пространства.

Задача оптимизации может быть сформулирована как задача определения наиболее простой для реализации группы признаков, обеспечивающей качество распознавания не хуже заданного, или же как задача максимизации показателя качества распознавания при ограничении на степень сложности реализации отыскиваемой группы признаков.

Поставим теперь задачу найти такое преобразование параметров изделий в информационные признаки, которое обеспечивает наилучшее в определенном смысле разделение объектов обучающей выборки на классы работоспособности или долговечности.

Пусть r объектов x_i и $N-r$ объектов x_i, обучающей выборки размером N, принадлежат классам с запасом работоспособности R_1 и R_2 соответственно.

В качестве разделяющей гиперповерхности выберем поверхность вида:

$$x_1 + x_2 + ... + x_m - e = 0,$$

которая разделяет m - мерный гиперкуб с единичными ребрами.

Точное решение задачи распознавания с помощью гиперповерхности представляет собой решение задачи частично-целочисленного программирования:

максимизировать $\varphi = \sum_{i=1}^{N} \alpha_i$

при ограничениях

$$\begin{cases} -\sum_{k=1}^{m} x_{ik} + e + \Lambda\alpha_i \le \Lambda - \lambda, \ i = \overline{1, r} \\ \sum_{k=1}^{m} x_{ik} - e + \Lambda\alpha_i < \Lambda - \lambda, \ i = \overline{r+1, N} \\ 0 \le \alpha_i \le 1, \end{cases}$$

здесь как и прежде α_i - булевы переменные;

Λ, α - соответственно верхняя и нижняя границы для неравенств

α_i - принимает значение 1, если x_i входит (попадает) в свой класс и 0 – в противном случае.

Сопоставим каждому k-му признаку булеву переменную μ_k. Положим μ_k=1, если x_k входит в описание объекта и μ_k=0 - в противном случае.

Потребуем минимизировать количество признаков описания объектов, обеспечивающих значение показателя качества не ниже заданного значения.

Тогда задача информативных параметров примет вид:

$$W = \sum_{k=1}^{m} \mu_k \to \min$$

при ограничениях

$$\begin{cases} -\sum_{k=1}^{m} x_{ik}\mu_k + e + \Lambda\alpha_i \le \Lambda - \lambda, \ i = \overline{1, r} \\ \sum_{k=1}^{m} x_{ik}\mu_k - e + \Lambda\alpha_i < \Lambda - \lambda, \ i = \overline{r+1, N} \\ \sum_{i=1}^{N} \alpha_i \ge \varphi_1 \\ 0 \le \alpha_i \le 1, \\ 0 \le \mu_k \le 1 \end{cases}$$

Очевидно, что поставленная задача поиска информативных параметров для прогнозирования технического состояния систем, является задачей частично-целочисленного линейного программирования с булевыми переменными.

Обеспечение качества начинается при формулировании технического задания на разработку. Уровень качества, планируемый техническим заданием, с одной стороны, должен быть достаточно высоким, чтобы удовлетворить требованиям потребителя, а с другой, должен соответствовать технологическому уровня совершенствующегося производства и быть экономически сбалансированным. Таким образом, при составлении технологического задания закладываются те технические и технологические параметры, которые будут определять качество изделия.

Управление качеством изделий на этапе производства является также важным звеном в единой системе управления качеством. Используя результаты анализа информации, полученные при контроле качества применяемых материалов, технологических процессов, оборудования и готовых изделий можно управлять технологическими процессами контролировать режимы и воздействовать на разработку или модернизацию изделий, выпускаемых в настоящее время. Отсюда очевидна связь между системой управления качеством и системой управления технологическими процессами.

Литература

1. Голоскоков К.П. Прогнозирование технического состояния изделий электронной техники. СПб, ООО «ПаркКом», 2007. – 148 с.
2. Айвазян С.А., Бежаева З.И., Староверов О.В. Классификация многомерных наблюдений.- М.: Статистика, 1974.- 240 с.
3. Гаскаров Д.В., Голоскоков К.П., Шкабардня А.В. Применение математического программирования в дискриминантом анализе для решения задачи прогнозирования. Автоматика и телемеханика, - N7, 1988, с. 174-181.

Герасимов А. И.
вед. науч. сотрудник, к.т.н.
Ефимов С. Е.
мл. науч. сотрудник
Федеральное государственное бюджетное учреждение науки Институт проблем нефти и газа Сибирского отделения Российской академии наук

СОВЕРШЕНСТВОВАНИЕ ЛИКВИДАЦИИ АВАРИЙНЫХ РАЗЛИВОВ НЕФТИ НА ПОДВОДНЫХ ПЕРЕХОДАХ МАГИСТРАЛЬНЫХ НЕФТЕПРОВОДОВ

Наибольшую потенциальную опасность в результате аварийных ситуаций на нефтепроводах представляет собой угроза попадания нефти в водные объекты, поэтому к технической надежности и качеству конструктивных элементов подводных переходов магистральных нефтепроводов (ППМН) предъявляются повышенные требования.

Протяженность первой очереди нефтепровода Восточная Сибирь - Тихий Океан (ВСТО-1) по территории Республики Саха (Якутия) 1458 км и имеет свыше 100 водных пересечений. Из них всего 19 рек имеют важное жизнеобеспечивающее значение для населения прилегающих населенных пунктов. Наиболее крупное пересечение ВСТО-1 находится на р. Лена, где протяженность траншейной прокладки ППМН – 2350 м при русловом участке протяженностью 1597 м [1, 33].

В настоящее время при аварийных ситуациях в летнее время основным средством локализации аварийных разливов нефти (АРН) на ППМН являются боновые заграждения (БЗ), устанавливаемые на нескольких рубежах. Первый рубеж устанавливается непосредственно возле ППМН, во время его ремонта, второй рубеж основной и третий резервный, предназначенный для улавливания «проскока» разлившейся нефти на втором рубеже. Локализованное бонами нефтяное пятно подлежит сбору с применением нефтесборщиков и сорбирующих материалов. Данный способ защиты используется для рек, скорость течения которых не превышает 0,5 м/с. Причем все перечисленные мероприятия направлены на ликвидацию нефтяного разлива с поверхности водных объектов. В тоже время и за рубежом и у нас в Российской Федерации практически отсутствуют средства по очистке водных объектов от нефтяных эмульсий, образующихся под воздействием течения и ветра, которые проникают в толщу воды на значительную глубину - до 5 - 15 метров [2, 105-106].

В зимних условиях при наличии ледового покрова способ локализации нефти и направление ее в зону сбора проводится в результате создания во льду направляющих ледовых прорезей. Прорези располагают под углом к течению реки в зависимости от скорости в соответствии с рекомендуемыми углами установки БЗ. В конце направляющей прорези сооружают майну для размещения нефтесборщика и вспомогательного оборудования [3, 44].

Однако применение данных методов имеет свои ограничения в силу, как природных факторов, так и технического плана, не позволяющих провести полноценный отвод и сбор аварийной нефти рекомендуемыми способами. Многие реки, через которые проходит ППМН имеют достаточно значительную скорость течения и промерзают практически до дна и в данных условиях применение бонов является весьма затруднительным, не говоря уже о периодах ледостава и ледохода когда в течении почти трех месяцев установка заградительных бонов и проведение плановых мероприятий по ликвидации аварийных ситуаций является практически невозможным.

При таких обстоятельствах наиболее приемлемым является превентивная защита водных ресурсов. В Институте проблем нефти и газа СО РАН разработаны стационарные защитные устройства размещаемые непосредственно над ППМН.

На реках малой ширины защитное покрытие содержащий сорбирующий материал, размещенный в несколько слоев внутри гибкого сетчатого чехла, прокладывается нефтенепроницаемое полимерное полотно над ППМН [4].

В другом защитном устройстве сорбирующий материал размещен в перфорированной трубе и присоединен к тросу, проходящем по всей длине. С помощью устанавливаемых на берегах лебедок производится извлечение на берег и возврат отжатого от нефти сорбента [5].

Для широких рек, обслуживание вышеприведенных устройств будет весьма проблематично, а такой широкой реки как Лена – технически не выполнимо.

В связи с этим для таких рек было разработано стационарное устройство, представляющее собой водо- и нефтенепроницаемое полотно, покрывающее поверхность траншейного перехода выполненное таким образом, чтобы аварийная нефть могла самотеком за счет меньшей плотности поступать к берегу с последующей откачкой [6].

Для широких рек таких защитных покрытий можно сделать из нескольких автономных секций перекрывающих друг друга.

Преимуществами приведенных защитных устройств является их практически постоянная готовность к сбору нефти при ее появлении в результате аварийных разливов.

Очистка загрязненных нефтью берегов производится путем смыва разлитой нефти водной струей с берега обратно в акваторию с установленными в прибрежной зоне боновыми заграждениями. Однако, как было указано выше, нефть, попадая в водную среду под воздействием водной струи будет образовывать эмульсию в толще воды, которая подхватываемая течением будет загрязнять большие уже не площади, а объемы воды.

Технология ex situ предусматривает обработку привезенных с участка разлива грунтов на специально оборудованных площадках. При этой технологии почву снимают и помещают в специальные резервуары, в некоторых случаях проводится дополнительная обработка почвы, предшествующая се транспортировке, переработке или захоронению. Методами обработки являются сжигание в печах, термическая десорбция при 100-550°С, экстракция загрязненной почвы паром, промывка в барабанах под высоким давлением и др. Стоимость работ по очистке может быть весьма высокой, естественного восстановления почвенного слоя не происходит.

Технологии in situ имеют преимущество вследствие непосредственного применения их на месте загрязнения и включают биологические, механические и физико-химические методы. Наилучшие результаты отмечаются при комплексном методе рекультивации загрязненных почв с использованием агротехнологий с внесением минеральных удобрений и высевом трав-мелиорантов. Это технология направлена на активизацию аборигенной нефтеокисляющей почвенной микрофлоры и не требует значительных материальных затрат [7, 321-323].

Общими недостатками вышеприведенных способов рекультивации являются длительный срок восстановления, внесение в очищаемую почву дополнительных нейтрализующих нефть веществ, реагентов, биопрепаратов.

Известно, что определенные уровни содержания нефти в почве не оказывают серьезного негативного влияния на рост, развитие и урожайность некоторых растений, т.к. малое количество нефти перерабатывается микрофлорой почвы за вегетативный период роста растений [8, 230-253; 8]. Учитывая данное обстоятельство, авторами предлагается способ рекультивации загрязненного грунта, упрощающий проведение рекультивационных мероприятий, заключающийся в том, что загрязненный нефтью грунт расстилают на ровную поверхность свежевспаханного незагрязненного поля слоем толщиной от 1/6 до 1/10 части глубины вспашки и перемешивают во всю глубину вспашки. Таким образом, восстановление естественного растительного покрова загрязненного грунта будет произведено без внесения дополнительных инородных нейтрализующих нефть веществ реагентов с помощью аборигенной почвенной микрофлоры.

Выводы

Наиболее эффективным методом является превентивная защита водных ресурсов непосредственно над ППМН.

Восстановление загрязненных нефтью почвогрунтов можно осуществить без внесения дополнительных инородных нейтрализующих нефть веществ и реагентов.

Литература

1. Аммосов А.П., Корнилова З.Г. О строительстве подводных переходов магистральных трубопроводов. – Якутск: Изд-во ЯГУ, 2008.
2. Консейсао А.А. Разработка новых сорбентов и адгезионных нефтесборщиков для сбора аварийных разливов углеводородов: Дисс. докт. техн. наук. Уфа. 2008.
3. Иванов В.А., Кузьмин С.В., Берг В.И., Семенов А.С., Гимадутдинов А.Р. Учебное пособие по ликвидации аварийных разливов нефти и нефтепродуктов для студентов специальности 09.07 «Проектирование, сооружение и эксплуатация газонефтепроводов и газонефтехранилищ»: Учебное пособие. – Тюмень: ТюмГНГУ, 2004.
4. Патент 2435903 РФ RU E02B 15/04. Способ защиты водоемов при аварийных разливах нефти. Заявитель Ин-т проблем нефти и газа СО РАН. № 2010123277/13; заявл. 07.06.2010; опубл. 10.12.2011, Бюл. № 34. Попов С.Н., Герасимов А.И., Морова Л.Я., Ефимов С.Е.
5. Патент 2439244 РФ RU E02B 15/04. «Способ сбора разлитой нефти в зоне траншейного подводного перехода магистрального нефтепровода». Заявитель Ин-т проблем нефти и газа СО РАН. № 2010127708/13; заявл. 05.05.2010; опубл. 10.01.2012, Бюл. № 1. Попов С.Н., Герасимов А.И., Морова Л.Я.. Ефимов С.Е.
6. Патент 2771925 РФ RU E02B 15/04. «Устройство для сбора нефти под водой». Заявитель Ин-т проблем нефти и газа СО РАН. № 2011123267/13; заявл. 08.06.2011; опубл. 10.01.2013, Бюл. № 1. Попов С.Н., Герасимов А.И., Ефимов С.Е.
7. Воробьев Ю.Л., Акимов В.А., Соколов Ю.И. Предупреждение и ликвидация аварийных разливов нефти и нефтепродуктов. Москва.: Ин-октаво, 2005 г.
8. Патент 2440199 РФ RU B09C 1/00. «Корневищный способ фиторекультивации почвы от нефти и нефтепродуктов». Заявитель Ин-т биологии Коми НЦ УрО РАН. № 2010123987/13; заявл.11.06.2010; опубл. 20.01.2012, Бюл. № 2. Шарапова И.Э., Маслова С.П., Табаленкова Г.Н., Гарабаджиу А.В., Арчегова И.Б., Таскаев А.И.

Скачков В.А., Иванов В.И., Нестеренко Т.Н., Мосейко Ю.В., Карпенко А.В.
доцент, к.т.н., доцент, к.т.н, к.п.н.
Запорожская государственная инженерная академия

УПЛОТНЕНИЕ УГЛЕРОДНЫХ КОМПОЗИТОВ В УСЛОВИЯХ ТЕРМОГРАДИЕНТА

Свойства композитов на основе углерода определяются структурой материала, которая характеризуется расположением армирующих волокон, их объемным содержанием и пористостью. Повышение плотности таких композитов достигается заполнением их пористой структуры углеродом с применением газофазного уплотнения. К числу газофазных методов относятся изотермическое и термоградиентное уплотнение [1,23; 2,70].

В работе [3,74] рассмотрено формирование плотности тонкостенных углеродных композитов в условиях изотермического нагрева при двухстороннем подводе реакционного газа. Однако изотермические методы применимы для уплотнения тонкостенных изделий при двухстороннем подводе реакционного газа. Для толстостенных изделий более предпочтительным является газофазного уплотнения в условиях переменного температурного поля по толщине изделия. Данный метод является предпочтительным при уплотнении толстостенных изделий при двухстороннем подводе реакционного газа.

Углеродный композит моделировали пластиной толщиной δ с цилиндрическими порами, которые имеют эффективный радиус $r_{эф}$ и перпендикулярны к ее поверхности. Поверхность с координатой $x = 0$ нагрета до температуры T_B, а поверхность с координатой $x = \delta$ омывается реакционным (природным) газом с температурой $T_г$.

Распределение температуры по толщине пластины описывали одномерным дифференциальным уравнением теплопроводности с соответствующими краевыми условиями

$$c\rho\ \frac{\partial T}{\partial \tau} = \frac{\partial}{\partial x}\left(\lambda_к \frac{\partial T}{\partial x}\right)\ ; \qquad (1)$$

$$T\,\Big|_{x=0} = T_B\ ; \qquad (2)$$

$$\lambda \frac{\partial T}{\partial x}\bigg|_{x=\delta} = \alpha \cdot \left(T_н - T_г\right)\ ; \qquad (3)$$

$$T(0,x) = T_0\ . \qquad (4)$$

где c, ρ - теплоемкость и плотность углеродного композита, кДж/(кг·К), г/м^3, соответственно; T - температура, К; x, τ - текущие линейная, м, и временная координаты, с, соответственно; $\lambda_к$ - коэффициент теплопроводности композита, Вт/(м·К); α - коэффициент теплоотдачи конвекцией, Вт/(м^2·К); T_0 - начальная температура композита, К.

В уравнении (1) не учтен сток теплоты, обусловленный прохождением экзотермических реакций разложения реакционных газов.

Коэффициент теплопроводности композита, зависящий от изменения его пористости, с учетом результатов работы [4, 460], можно записать как

$$-\lambda = \lambda_{к} \cdot \frac{\rho_0}{\rho} + \lambda_{пу} \cdot \left(1 - \frac{\rho_0}{\rho}\right), \qquad (5)$$

где - $\lambda_{пу}$ – коэффициент теплопроводности пироуглерода, Вт/(м·К).

Уравнение (1) с учетом соотношения (5) имеет вид

$$c\,\frac{\partial T}{\partial \tau} = \frac{\rho_0}{\rho} \cdot \left(\lambda_{к} \frac{\partial \rho}{\partial \ell} \frac{\partial T}{\partial \ell} + \lambda_{\rho} \frac{\partial^2 T}{\partial \ell^2}\right), \qquad (6)$$

где $\lambda_{\rho} = \lambda_{к} - \lambda_{пу} \cdot \left(1 - \frac{\rho}{\rho_0}\right)$.

Задачу о диффузии реакционного газа в пору с учетом его разложения на ее поверхности и образовании пироуглерода представляли в виде системы уравнений

$$\frac{1}{D} \cdot \frac{\partial C}{\partial \tau} = \frac{\partial^2 C}{\partial x^2} + \theta \frac{\partial C}{\partial x} - \frac{2k}{r_{эф} \cdot D} \exp\left[\left(-\frac{E}{R \cdot T_{н}}\right) \cdot \exp(\psi \cdot x) - 1{,}5\psi \cdot x\right] \cdot C = 0 \qquad (7)$$

$$C(\tau)\big|_{x=\delta} = C^{П}; \qquad (8)$$

$$C(x, 0) = C^{П}; \qquad (9)$$

$$-D \frac{\partial C}{\partial x} = \beta_m \cdot \left(C^{П} - C_0\right). \qquad (10)$$

где C_0 - концентрация метана в реакторе, кг/м^3; C, $C^{П}$ - концентрация метана в поре и возле поверхности композита, кг/м^3, соответственно; D - коэффициент диффузии реакционного газа, м^2/с; β_m - коэффициент скорости массопередачи, м/с; E - энергия активации образования пироуглерода, кДж/кг; R - универсальная газовая постоянная, кДж/(моль·К); $\psi = \frac{1}{\delta} \cdot \ln\left(\frac{T_B}{T_H}\right)$; $D_{н}$ - коэффициент диффузии реакционного газа при температуре $T_{н}$, м^2/с.

Изменение плотности по толщине углеродного композита описывали уравнением

$$-\vartheta \frac{d\rho}{dx} = k \cdot S_i \cdot C \qquad (11)$$

с граничным условием

$$\rho\big|_{x=\delta} = \rho_0. \qquad (12)$$

где k, ϑ - соответственно, константа скорости образования пироуглерода, м/с и скорость его роста, м/с; S_i - удельная реакционная поверхность пор композита, м^2/кг; ρ_0 - начальная массовая плотность композита, кг/м^3.

Удельная реакционная поверхность пор определяется соотношением

$$S_i = \frac{2(\rho_и - \rho)}{r_{эф} \cdot \rho_и \cdot \rho}\ , \qquad (13)$$

где $\rho_и$ - истинная плотность материала карбонизованного углепластика, кг/м^3.

После подстановки выражения (13) в уравнение (11) получают

$$-\vartheta\frac{d\rho}{d\ell} = \frac{2(\rho_и - \rho)}{r_{эф} \cdot \rho_и \cdot \rho} \cdot k \cdot C. \qquad (14)$$

Решение системы уравнений (1)-(14) осуществляли численными методами. Алгоритм расчета обеспечивает определение распределения температуры по толщине уплотняемого углеродного композита, изменения концентрации реакционного газа по толщине стенки данного материала и его плотности.

Тестовыми расчетами на ПЭВМ для природного газа состава: 96,30 % CH_4; 0,50 % C_2H_6; 0,35 % C_3H_8; 0,05 % C_4H_{10}; 2,0 % H_2; 0,80 % N_2, а также начальной плотности карбонизованного углеродного материала ρ_0 = 1,09 г/см^3, установлено, что в центре изделия плотность уплотненного углеродного композита на 3…4 % ниже, чем в области обеих поверхностей, а ее распределение по его толщине соответствует результатам работы [1].

Результаты экспериментальных исследований процесса уплотнения углеродных композитов в среде природного газа подтвердили достаточную точность разработанной модели.

Проведенное исследование подтверждает достоверность предложенной модели формирования плотности углеродных композитов из газовой фазы и ее применимость для количественной оценки распределения плотности материала по толщине стенки заготовки при ее уплотнении в условиях термоградиента.

Литература

1. Гурин В.А., Зеленский В.Ф. Газофазные методы получения углеродных и углерод-углеродных материалов / Вопросы атомной науки и техники. - 1999. - Вып.4 (76).

2. Скачков В.А. Анализ методов газофазного уплотнения пористых углерод-углеродных композиционных материалов / Металлургия (Труды ЗГИА). - Запорожье: РИО ЗГИА, 2003. - Вып.7.

3. Скачков В.А., Иванов В.И., Карпенко А.В., Шаповалов Р.А. Формирование плотности углеродных композитов при изотермическом уплотнении из газовой фазы / Металлургия (Труды ЗГИА). - Запорожье: ЗГИА, 2001. - Вып.4.

4. Лыков А.В. Тепломассообмен. - М.: Энергия, 1972.

Nikolaenko Yu.E.
doctor of science
Kravets V.Yu.
Ph.D.
Alekseik E.S., Melnik R.S.
NTUU "Kyiv Polytechnic Institute", Ukraine, Kyiv
e-mail: yunikola@ukr.net, nirtef@kpi.ua

HIGH-PERFORMANCE COMBINED HEAT-TRANSFER SYSTEM OF EVAPORATION-CONDENSATION TYPE

The design of combined heat-transfer system of evaporation-condensation type is proposed, consisting of traditional heat pipe and the plate united with pulsating heat pipe attached to its condensation zone. This design allows reducing the total thermal resistance and increasing the heat transfer rate of the system in comparison with the heat transfer system, consisting of traditional heat pipe and radiator plate.

Keywords: heat pipe, oscillating heat pipe, combined heat-transfer system.

Due to high heat-transfer characteristics heat pipes (HP) are widely used in different fields of technics [1, 28-43]. In most cases heat-transfer system based on heat pipe includes heat supply elements in heating zone of HP and heat removing elements in condensation zone. Thermal resistance of heat transfer from HP condensation zone heat-release surface to cooling medium is the major part of thermal resistance of such system. Part of heat transfer thermal resistance is extremely high in conditions of air natural convection. That is why decreasing of this resistance is actual for increasing of efficiency of all heat-transfer system.

Finning is one of the simplest methods of reducing of thermal resistance of convective heat transfer. For this purpose radiators of different types are mounted on heat pipe's condensation zone: plates, pins, fluted tapes, wires, etc. Because of finite length of HP condensation zone it is necessary to increase fin length for extending heat-release surface of fin. But due to bounded thermal conductivity of fin material increasing of its length provides decreasing of its efficiency and reduction of heat output.

The aim of this work is searching of new high-performance constructions, which provide increasing of amount of heat transferred by evaporation-condensation type system based on HP with flat plate fin at defined temperature difference between bottom of fin and ambient air in conditions of natural convection.

To achieve this goal new combined heat-transfer system of evaporation-condensation type is presented (fig. 1). Its feature is combining of flat plate 2 with oscillating heat pipe (OHP) 3, effective thermal conductivity of which is noticeably higher than of plate material.

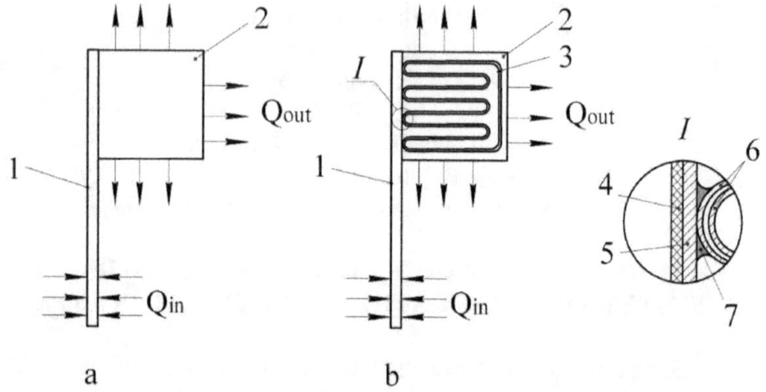

Fig. 1. Design of heat-transfer system of evaporation-condensation type based on HP with flat plate fin (a) and combined system based on finned HP with OHP on the flat plate fin (b): 1 – HP; 2 – flat plate; 3 – OHP; 4 – capillary wick; 5 – HP shell; 6 – OHP shell; 7 – solder

Comparison of heat output Q estimated for HP with metallic flat plate fin and for proposed system with OHP in conditions of natural convection at different temperature drop is presented on fig. 2. Estimations were carried out for following conditions: flat plate dimensions 130x105x0,8 mm; materials of flat plate fin – steel, copper and aluminum alloy AMg5; thermal contact of OHP heating zone with HP condensation zone and plate is ideal; temperature difference between bottom of fin and ambient air (temperature drop) from 10 to 50°C; ambient air temperature 20°C; heat-transfer coefficient of air natural convection 8 $W/m^2 \cdot K$.

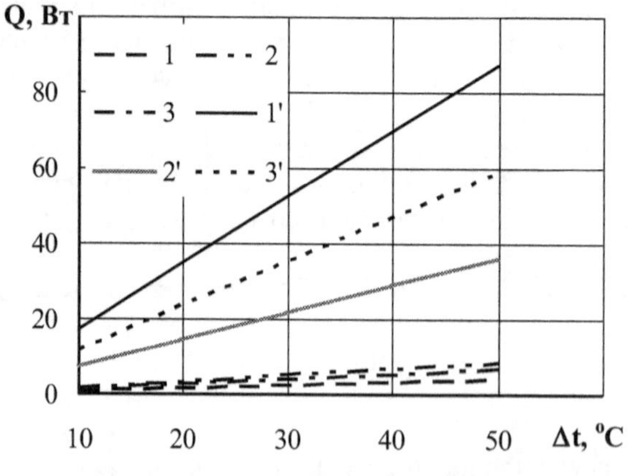

Fig. 2. Effect of temperature drop Δt (°C) on heat output (W) of the system without OHP (1, 2, 3) and with OHP (1', 2', 3'): 1, 1' – steel; 2, 2' – copper; 3, 3' – aluminum alloy AMg5

Heat output of HP with plate and without OHP was estimated by correlations from [3, 48]. Heat output of system with OHP was calculated as ratio of temperature difference between bottom and top of plate and total thermal resistance of plate and OHP. This total thermal resistance was estimated as resistance of two parallel resistances: thermal resistance of plate heat transfer and thermal resistance of OHP. The latter with respect to previous authors researches was assumed as 0,5 K/W.

As evident from fig. 2, presented design of new combined heat-transfer system of evaporation-condensation type based on conventional heat pipe with fin in the form of flat plate with oscillating heat pipe on it provides considerable increasing (from 4 to 20 times) of heat output in conditions of air natural convection and defined temperature drop.

Literature

1. Chi S.W. Heat pipe: theory and practice. A sourcebook. – Hemisphere Publishing Corporation, 1976. [In rus.].
2. Kern, D. Q.; Kraus, A. D. 1972: Extended surface heat transfer. New York: McGraw Hill. [In rus.].
3. Isachenko V.P., Osipova V.A., Sukomel A.S. Teploperedacha. – M.: Energoizdat, 1981.

Высокоэффективная комбинированная теплопередающая система испарительно-конденсационного типа.

Аннотация: Предложена конструкция комбинированной теплопередающей системы испарительно-конденсационного типа, состоящая из традиционной тепловой трубы и присоединенной к ее зоне конденсации пластины, совмещенной с пульсационной тепловой трубой, позволяющая снизить общее термическое сопротивление системы и увеличить отводимый тепловой поток по сравнению с теплопередающей системой, состоящей из традиционной тепловой трубы и радиаторной пластины.

Ключевые слова: тепловая труба, пульсационная тепловая труба, комбинированная теплопередающая система.

Нерадовский Л.Г.
кандидат технических наук, старший научный сотрудник лаборатории инженерной геокриологии Института мерзлотоведения им. П.И. Мельникова Сибирского отделения Российской Академии Наук (ИМЗ СО РАН)
leoner@mpi.ysn.ru

ТЕХНОЛОГИЯ ТЕПЛОВОГО МОНИТОРИНГА КРИОЛИТОЗОНЫ СЕВЕРНЫХ ТЕРРИТОРИЙ РОССИИ

Введение

Вопросы гражданской безопасности обычно принято обсуждать в аспектах причин возникновения опасных экзогенных и эндогенных процессов и явлений (ураганов, землетрясений, наводнений и пр.), а также выработке научно обоснованных методик предупреждения природно-техногенных катастроф, чрезвычайных ситуаций и ликвидации их последствий. На этом ставшем уже привычном фоне одна из сторон гражданской безопасности и притом, наиважнейшая, почему-то всегда остаётся в тени и не обсуждается ни в журнальных публикациях, ни в научно-технической литературе, ни на научных форумах МЧС, ни на совещаниях руководителей регионов России. Речь идёт о системной и плановой диагностике, контроле и прогнозе теплового (температурного) состояния криолитозоны[1] освоенных или осваиваемых районов криолитозоны северных территорий России и, в первую очередь, вовлекаемых в интенсивное промышленное освоение природных богатств территорий Восточной Сибири и Дальнего Востока. Опыт строительства и эксплуатации в криолитозоне каменных зданий на свайных фундаментах таких крупных северных городов, как Якутск, Мирный, Норильск, Игарка, Магадан свидетельствует, что за несколько десятков лет неправильно выбранной стратегии развития городской инфраструктуры некогда крепкие массивы мёрзлых грунтов (ММГ), сравнимые по прочности с бетоном, в значительной мере потеряли запас прочности. Главная причина стало не столько климатическое потепление, сколько техногенное и антропогенное повышение отрицательной температуры ММГ в сфере механического взаимодействия с инженерными сооружениями. Связано это с засолением грунтов, уничтожением теплоизоляционных почвенно-растительных покровов, нарушением правил строительства и эксплуатации объектов промышленно-гражданского назначения. Все эти факторы способствовали началу и развитию процесса массовой деформации конструкций зданий и сооружений с единичными случаями их частичного

[1] Области сплошного и островного распространения многолетнемёрзлых пород сцементированных льдом и имеющих отрицательную температуру.

или полного обрушения. К счастью, пока всё обходится без массовых человеческих жертв.

Постановка проблемы и путь её решения

Цель работы – сформулировать одну из проблем гражданской безопасности России, а задача – обозначить методологические и технологические ориентиры решения проблемы. Концептуальная суть проблемы состоит в поиске и разработке ресурсосберегающих и неразрушающих окружающую среду экологически чистых технологий изучения теплового состояния ММГ, обеспечивающих надёжность и безопасность эксплуатации зданий и сооружений путём своевременного предупреждения на ранних стадиях возникновения аварийных ситуаций, техногенных катастроф, а также выработки обоснованных мер по их нейтрализации и ликвидации. Нельзя сказать, что в России нет таких технологий. Они есть, но дорогие и потому привязаны к отдельным объектам, пришедших или приходящих в аварийное состояние или к группе объектов, образующих крупную инфраструктуру стратегического значения. Это – АЭС, ГЭС, а также площадки нефтегазовых промыслов Западной Сибири и др. Главный недостаток таких сетей состоит в невозможности осуществить за пределами объектов локализованного мониторинга краткосрочный или долгосрочный прогноз изменчивости температуры ММГ с учётом влияния климатических и техногенных факторов. Действительно, как можно приступать к решению задач прогнозирования, если нет информации об основных закономерностях площадной и временной изменчивости температурного поля ММГ в масштабе всей урбанизированной территории или хотя бы в масштабе отдельно взятой квартальной застройки и промышленной зоны. Решение же таких задач, предполагающих организацию долговременных сетей мониторинга, работающих в течение не менее 50 лет и равномерно покрывающих точками скважин термометрии урбанизированные территории, невозможно. Почему? Во-первых, бурение и оборудование термометрии даже неглубоких скважин (до глубины 10-20 м) стоит дорого. Во-вторых, на застроенных территориях бурение скважин не везде возможно и разрешено. В-третьих, скважины термометрии быстро выходят из рабочего режима. Этому способствуют разные причины и, в том числе, засыпка ствола скважин бытовым мусором, обрезка проводов измерительной системы и прочие проявления вандализма.

При отмеченных недостатках и ограничениях главным достоинством метода термометрии скважин (ТС) является высокая точность определения температуры, которая при соответствующем подборе и градуировке терморезисторных датчиков достигает порядка 0,01°С. Методы электромагнитного зондирования (ЭМЗ), применяемые для оценки теплового состояния ММГ, не могут достичь такой точности. Однако позволяют с высокой производительностью, сравнительно низкой себестоимостью и высокой объёмной информативностью достоверно оценивать *меру относительной площадной или временной изменчивости* температуры ММГ практически на любой урбанизированной территории. Из этого следует, что если объединить достоинства и преимущества методов ТС и ЭМЗ, то их недостатки, ограничения компенсируются и тем самым, рационально решается обозначенная и до сих пор неразрешимая проблема организации и эксплуатации долговременных и полноценных сетей теплового мониторинга криолитозоны России.

Кратко рассмотрим физические основы определения температуры ММГ методами ТС и ЭМЗ. Заметим, что существует и другие методы термометрии, основанные на различных термозависимых свойствах природных образований (воды, почв, горных пород, грунтов), но они в работе рассматриваться не будут.

Метод термометрии скважин широко распространен в науке, производстве и основан на функциональной зависимости от температуры электрического сопротивления электротехнических материалов. Чтобы узнать температуру ММГ нужно, прежде всего, измерить электрическое сопротивление датчика из проводника или полупроводника. До недавнего времени эти измерения производились мостами постоянного тока, а в настоящее время – мультиметрами. Зная сопротивление терморезистора, по градуировочным таблицам находят значение температуры. В последнее время для термометрии скважин стали использоваться логгеры с интегральными схемами автоматического преобразования сопротивления в температуру. Эти устройства позволяют в заданном режиме времени записывать, хранить и передавать очень большой объём информации по каналам космической связи или выводить цифровую и графическую информацию на экран ноутбука в полевых условиях.

В отличие от невозвратно ушедшего в прошлое прямого метода измерения температуры по шкале спиртового, ртутного или иного жидкостного термометра использование терморезисторных датчиков является косвенным методом количественной оценки неизвестного истинного значения температуры[2].

При изучении теплового состояния мёрзлых оснований зданий и сооружений разовая и реже, режимная термометрия скважин выполняется до глубины установки свайных фундаментов, которая, как правило , задаётся проектировщиками до нижней границы слоя годовых теплооборотов (СГТ), где колебание амплитуды среднегодовой температуры стабилизируется и не превышает принятого номинального уровня погрешности оценивания температуры ±0,1 °С. Чаще всего,

[2] К сожалению, на эту важнейшую терминологическую деталь, характеризующую принципиальную суть современного и широко распространённого метода термометрии полупроводниковыми датчиками, мало кто обращает внимание.

глубина залегания нижней границы СГТ, а значит и проектной глубины термометрии скважин в индустрии промышленного, гражданского и сельскохозяйственного строительства и коммунального хозяйства городских муниципалитетов составляет 10-15 м.

Определение температуры ММГ терморезисторными датчиками обычно производится с интервалом по глубине через 1 м в скважинах обсаженных трубами из металла или пластика, предохраняющих датчики от повреждения при соприкосновении с водой или иными жидкостями, например, керосином, вытекшим из повреждённых термосифонов систем искусственного охлаждения ММГ.

Методы электромагнитного зондирования для своего применения используют всеобъемлющий постулат единства объектов материального мира в многообразии их свойств. Этот постулат заранее предопределяет на разных структурных иерархических уровнях причинно-следственные отношения между базовыми литогенными характеристиками (плотностью, влажностью и др.) и производными теплофизическими, механическими и геофизическими характеристиками таких криогенных объектов, как ММГ. Поэтому не может быть никаких принципиальных ограничений на использование любого метода геофизики для решения обозначенной выше проблемы. Однако не все методы геофизики достаточно хорошо изучены, чтобы оценивать тепловое состояние ММГ, а также в равной мере приспособлены работать в стеснённых условиях застроенных территорий и индустриальных помех, чтобы эффективно изучать верхнюю часть криолитозоны до глубины 10-20 м, представленную дисперсными, скальными и полускальными ММГ[3].

Среди широкого круга методов малоглубинной геофизики криолитозоны требованиям достоверности, полноты, детальности и точности изучения гетерогенных массивов мёрзлых грунтов, в полной мере удовлетворяет метод высокочастотного георадиолокационного зондирования (ВГРЛЗ) и в меньшей степени метод индуктивного среднечастотного дипольного дистанционного зондирования (ИДДЗ). Эти методы электромагнитного зондирования изучают кинематические и динамические атрибуты импульсных и индуктивных электромагнитных волн (ЭМВ)[4], которые рассматриваются, как реакция ММГ на

[3] Дисперсные массивы сложены четвертичными песчано-глинистыми отложениями озёрно-аллювиального, озёрно-болотного, пролювиального, ледникового происхождения. Скальные и полускальные массивы сложены породами осадочного, интрузивного и метаморфического происхождения.

[4] Импульсные волны или сигналы изучаются методом ВГРЛЗ. Они возбуждаются от моноцикличного источника длительностью порядка 10 нс и записываются георадарами в виде осциллограмм амплитуды напряжённости электрического поля. Индуктивные волны или сигналы изучаются ИДДЗ от гармонического источника (вертикального магнитного диполя). Записи волн (сигналов) в виде дискретных значений амплитуды напряжённости вертикальной составляющей магнитного поля H_z, осуществляются специальной аппаратурой индуктивной электроразведки.

электромагнитное возбуждение. Обобщение результатов экспериментов выполненных в освоенных районах криолитозоны Якутии показало, что информативной и чувствительной динамической характеристикой к изменению температуры и свойств ММГ, является величина скорости затухания амплитуды ЭМВ в СГТ [4].

Итак, физической основой использования методов ВГРЛЗ и ИДДЗ в сетях теплового мониторинга является термозависимое свойство – скорость затухания амплитуды ЭМВ. Неизвестный коэффициент затухания оценивается по показателю степенной функции, которая в большинстве случаев лучше всех остальных функций аппроксимирует процесс затухания ЭМВ в неоднородных и анизотропных массивах мёрзлых грунтов. Затухание волн зависит не только от температуры, льдистости, засолённости и других мерзлотно-грунтовых факторов, но и частотной дисперсии волн, потерь их энергии на геометрическое расхождение и отражения от границ и неоднородностей ММГ. Поэтому в отличие от однозначных однофакторных математических моделей функциональной температурной зависимости электросопротивления электротехнических материалов, зависимость от температуры скорости затухания амплитуды ЭМВ предстаёт многофакторной, неоднозначной и корректно описывается вероятностно-детерминированными математическими моделями в виде нелинейных уравнений регрессии.

Несмотря на разнообразие геологического строения освоенных районов криолитозоны Якутии, климатических, гидрогеологических и инженерно-геокриологических условий строительства и эксплуатации зданий и сооружений основные черты температурной зависимости коэффициента затухания амплитуды ЭМВ, изученные автором настоящей работы, остаются неизменными в наиболее изученном диапазоне температур ±(10-15) $^{\circ}$С. Более того, эти черты наблюдаются у волновых (сейсмоакустических, ультразвуковых) и электрических характеристик, независимо исследованных[5] большим числом учёных и инженеров во второй половине прошлого века в лабораторных условиях на образцах пород и грунтов, а также на ММГ. Поэтому в силу действия принципа подобия оказалось возможным сначала найти точки соприкосновения результатов экспериментов, полученных автором статьи и другими исследователями, а затем построить общую теоретическую модель температурной зависимости коэффициента затухания амплитуды ЭМВ, рассматривая её, как частный случай региональной модели северных территорий криолитозоны России [6]. График модели показан на рис. 1 в виде простой трансцендентной функции из класса логистических функций. Универсальная по условиям применимости в криолитозоне России логистическая функция выражает общую закономерность: *повышение*

---

[5] И потому ценных с точки зрения экспертной оценки объективности, достоверности и согласованности результатов экспериментов, проведённых в лабораторных и натурных условиях.

отрицательной температуры лабораторного образца мёрзлой породы или мёрзлого массива грунтов на площадке строительства или эксплуатации здания, сооружения вызывает *нелинейный рост* коэффициента *затухания амплитуды ЭМВ*. В этой эмпирической закономерности устойчиво повторяются в широком диапазоне частот три локальных особенности: (1) *монотонность*; (2) *экстремальность*; (3) *асимптотичность*.

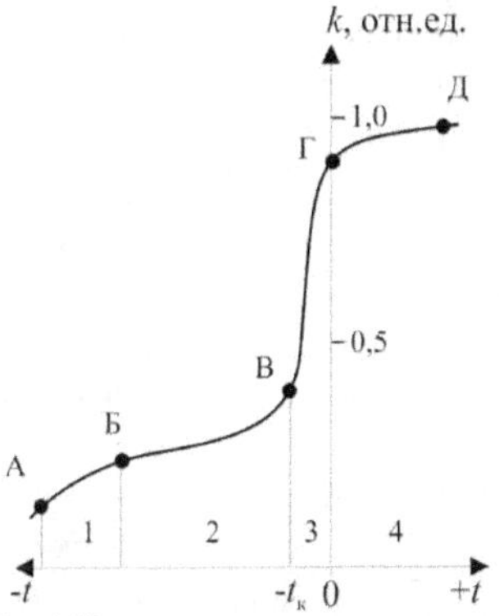

Рис. 1. Теоретическая модель температурной зависимости коэффициента затухания амплитуды ЭМВ

Прагматическая ценность графика теоретической модели состоит в возможности её использования с целью качественной оценки изменения теплового состояния криолитозоны урбанизированных территорий на 3-х последовательных этапах: поисковом, контрольном, прогностическом. На этапе поиска тепловое состояние ММГ диагностируется в фиксированный момент времени между точками сети геолого-геофизических наблюдений.

Этап контроля предусматривает прослеживание теплового состояния ММГ в заданном режиме времени на фиксированных точках той же самой сети наблюдений. На этапе прогноза оценивается краткосрочная или дальнесрочная тенденция изменения теплового состояния ММГ.

Согласно рис. 1 по росту коэффициента затухания амплитуды ЭМВ (*k*) уверенно отслеживаются 4 стадии площадной или временной динамики теплового состояния ММГ в диапазоне температур ±(10-15)°С. Столько же стадий, и в этом нет случайности, в теоретической модели температурной изменчивости пространственной кристаллизационно-коагуляционной структуры криогенных систем, которую создал А.Д. Фролов [8], развивая положения физико-химической механики, разработанные П.А. Ребиндером и его учениками.

В освоенных или осваиваемых районах криолитозоны России в той или иной степени затронутых процессами климатического, антропогенно-техногенного изменения экологии окружающей среды, отличительной особенностью является трансформация устойчивых[6] во времени и пространстве реликтовых криогенных систем в неустойчивые криогенные системы. Сообразуясь с прагматической необходимостью контролировать и прогнозировать этот весьма опасный деструктивный криогенно-

[6] Следует понимать, как окончательно сформировавшиеся за длительный промежуток геологического времени области развития вечной мерзлоты и сохранившие до настоящего времени свои ландшафтно-морфологические черты и петрофизические свойства.

механический процесс, изменчивость k целесообразно рассмотреть в направлении повышения отрицательных среднегодовых температур ММП в СГТ и на его нижней границе, а не наоборот, как это принято в лабораторных экспериментах.

Первая стадия (АБ) фиксирует сильное охлаждение оснований инженерных сооружений с большими градиентами температурных напряжений, зачастую приводящих к растрескиванию и снижению прочности мёрзлых грунтов, хотя они и находятся в твёрдомёрзлом состоянии с низкими температурами. Стадия типична для широт арктических районов Восточной Сибири и Дальнего Востока, где среднегодовая температура ММГ достигает минус (10-15)°С. Такие же низкие температуры встречаются и в средних широтах в местах древней застройки северных городов, а также на участках современной городской застройки, где применяется искусственная система охлаждения. Повышение температуры по площади или во времени вызывает быстрый рост k, что объясняется не только снижением охлаждающей и цементирующей роли кристаллов льда за счёт уменьшения их количества по причине природной изменчивости или вытаивания под инженерными сооружениями, но и нелинейным изменением электрического сопротивления льда. Влияние незамёрзшей воды на рост k на первой стадии незначительно.

Чем важна первая стадия? Тем, что фиксирует фоновое потепление низкотемпературных реликтовых криогенных систем, сохранившихся в условиях труднодоступных районов криолитозоны Северо-Востока России. Можно предположить, что в этих районах при среднегодовой температуре в СГТ выше минус 8,0 °С процесс растепления мёрзлых оснований инженерных сооружений начнёт входить в фазу необратимых изменений. Это критическое значение предлагается рассматривать, как первый базовый репер регионального мониторинга экологии окружающей среды и криогенных систем горных массивов, приморских низменностей и шельфа морей арктического побережья России [4]. Не надо говорить какое огромное значение имеют эти территории для устойчивого развития экономики России.

Вторая стадия (БВ) типична для средних и южных широт криолитозоны России с широким спектром фоновых значений среднегодовой температуры в СГТ и на его нижней границе (от –(6,0-8,0)°С до –(0,5-1,0)°С). На этой стадии растепление ММП сопровождается медленным монотонным ростом k. Эта особенность говорит о криогенной сопротивляемости ММП к повышению температуры. Внутренней тепловой энергии ещё не достаточно, чтобы начались экзотермические реакции фазовых переходов льда в воду, но хватает, чтобы снизить криогенное давление и начать перестройку структуры и свойств льдацемента, а также изменение структуры, свойств и уменьшения количества прочносвязанной незамёрзшей воды.

Третья стадия (ВГ) вследствие продолжения нарастания тепловой нагрузки имеет экстремальный характер с аномальным ростом *k*, что свидетельствует о начале лавинообразного процесса подплавления и вытаивания льда из минерального скелета ММП. Этот приводит к снижению несущей способности дисперсных и полускальных ММГ, а значит и к деформации или разрушению зданий и сооружений, свайные фундаменты которых не опираются на скальное основание.

В крупнообломочных и песчаных грунтах этот процесс начинается с температуры минус (0,5-1,0)°С, а в глинистых грунтах – с температуры минус (2,0-3,0)°С. Чем выше дисперсность и засолённость грунтов, тем при более низких отрицательных температурах начинается процесс теплового разрушения мёрзлых оснований зданий и сооружений. Понятно, что своевременная фиксация начала этого процесса имеет огромное значение для гражданской и промышленной безопасности России. Поэтому надо уделять пристальное внимание изучению критических значений температур $t_к$ (см. рис.1), при которых начинает быстро развиваться по площади или во времени процесс вытаивания льда предлагается принять за второй базовый репер регионального мониторинга теплового состояния криолитозоны России в средних и южных широтах.

Четвёртая стадия (ГД) фиксирует процесс растепления ММП с переходом в талое состояние при 0,0 °С. В случаях с глинистыми и засолёнными грунтами переход происходит при отрицательных температурах вблизи нуля градусов. В любом случае прекращение интенсивного протекающего процесса фазовых переходов льда сначала в рыхлосвязанную, а затем в свободную гравитационную воду сопровождается резким спадом, а затем медленным ростом *k* к уровню асимптотических значений в области положительных температур до значений плюс (10-20)°С.

В библиотеке программы “Stadia” [1] аналитическая запись графика теоретической модели логистической функции температурной зависимости затухания ЭМВ в приложении к Microsoft Excel имеет следующий вид:

$$k = (a_0 + a_1)/(1 + a_2 \cdot \exp(a_3 \cdot t))$$

где, *k* – в общем случае значение нормированной волновой или электрофизической характеристики, а в конкретном случае, нормированные по модулю отрицательные значения коэффициента затухания амплитуды ЭМВ; *t* – температура ММГ в градусах Кельвина; a_0-a_3 – эмпирические коэффициенты, зависящие от места, времени проведения мониторинга и индивидуальных инженерно-геокриологических условий строительства или эксплуатации зданий и сооружений.

Уравнение логистической функции пригодно, как для вычисления средних показателей среднегодовой температуры в СГТ и на его нижней границе, так и для их математического прогноза (экстраполяции), начиная с текущего момента времени мониторинга теплового состояния ММГ. Например, со времени предшествующего ожидаемому значению $t_к$.

При необходимости получить по данным методов ЭМЗ количественную оценку теплового состояния ММГ в уравнении логистической функции нужно поменять местами переменные t и k и заново подобрать программой "Stadia" коэффициенты a_0-a_3. В ряде частных случаев, например, на маленьких площадках отдельных зданий эта задача решается с использованием любой математической функции, лишь бы она формально минимизировала ошибку вычисления температуры.

Опыт использования аналога уравнения графика логистической функции, взятого из библиотеки программы "Origin"[7] с целью изучения возможностей мелкомасштабной диагностики теплового состояния ММГ в освоенных районах криолитозоны Якутии методом ВГРЛЗ [3], показывает, что средний арифметический показатель ошибки вычисления среднегодовой температуры на глубине 10-15 м составляет ±(0,10-0,34)°C (таблица).

Таблица

Статистика ошибок

Ошибка, °C	Вся Якутия	г. Мирный	г. Якутск	г. Нерюнгри
Среднее арифметическое	0.02	-0.20	0.16	0.41
Стандартное отклонение	0.70	0.80	0.30	0.90
Уровень доверия 95%	0.10	0.16	0.07	0.34

Из таблицы следует, что в сплошной криолитозоне Центральной Якутии (г. Якутск) и Западной Якутии (г. Мирный), средняя ошибка вычисления температуры по данным георадиолокации приближается к ошибке термометрии скважин[8].

В островной криолитозоне Южной Якутии (г. Нерюнгри) с неустойчивым по площади высокотемпературным режимом ММГ, средняя

[7] Уравнение имеет следующий вид: $t_z = -8{,}5 + 2\left[4{,}44(1-\exp(-k/0{,}255))\right]$, где t_z есть среднегодовая температура на нижней границе слоя годовых теплооборотов (глубине 10-15 м), а k – коэффициент затухания амплитуды импульсной ЭМВ (сигналов ВГРЛЗ).

[8] В полевых условиях из-за неконтролируемого влияния ряда факторов и в том числе, старения терморезисторов и конвективного теплообмена в обсадной колонне скважин, точность оценивания температуры в большинстве случаев существенно снижается и обычно находится на уровне ±0,1°C.

ошибка увеличивается в 3 раза за счёт систематического занижения данных термометрии скважин на 0,41°С.

Разброс частных ошибок вычисления температуры ММГ в криолитозоне Якутии с доверительной вероятностью 95% заключён в интервале ±(0,6-1,8)°С.

Таким образом, независимо от того выполняется ли площадная диагностика или временной мониторинг и прогноз теплового состояния криолитозоны в масштабе площадки отдельно взятого здания или в масштабе урбанизированных территорий, следует оперировать средними показателями среднегодовой температуры ММГ, вычисленных по данным многоразовых определений в окрестности каждой точки электромагнитного зондирования. Впрочем, единичные вычисления температуры по данным методов ВГРЛЗ и ИДДЗ, хотя и нежелательны, но допустимы в сетях мониторинга, так как информационной ценностью в них является не абсолютная точность, а мера относительных и закономерных изменений температуры по площади и во времени. Такие изменения легко обнаружить на первичных картах температурного поля, и тем более, после их цифровой обработки двумерными фильтрами, которые эффективно подавляют случайные локальные вариации и усиливают фоновые закономерности.

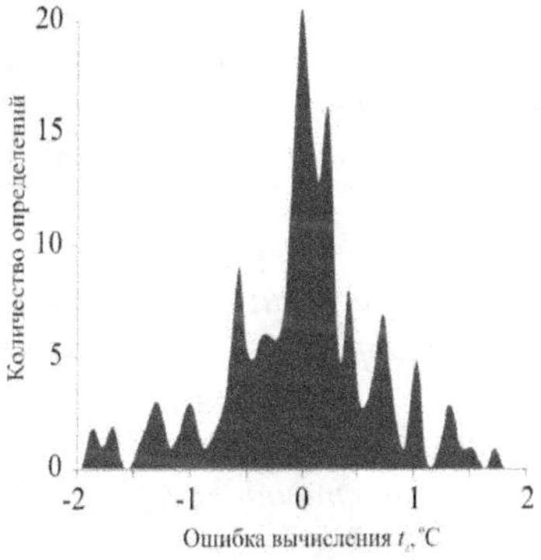

Рис. 2. Вариограмма ошибок

Вариационный график или, как его нередко называют в литературе по математической статистике график огив, показывает статистическое распределение частных (единичных) ошибок вычисления среднегодовой температуры криолитозоны на глубине 10-15 м по результатам апробации общей логистической модели температурной зависимости импульсных ЭМВ (сигналов георадиолокации) в освоенных районах Якутии (рис. 2) [3]. Очевидно, что эта модель работает довольно устойчиво, с равной вероятностью завышая-занижая около средней нулевой ошибки неизвестные истинные значения температур, оцененных традиционным методом ТС.

Технология мониторинга

Выше уже говорилось, что мониторинг теплового состояния ММГ последовательно развивается в диагностике, контроле и прогнозе.

Диагностика состоит из четырёх частей: измерительной, обрабатывающей, интерпретационной и информационной. Все части связаны принципом стохастического процесса энергетического взаимодействия высокочастотных импульсных ЭМВ и, в меньшей степени, среднечастотных индуктивных ЭМВ с неоднородными и анизотропными массивами мёрзлых грунтов. Во второй части принцип стохастичности находит выражение и развитие в использовании методов теории вероятностей и математической статистики при цифровой обработке сигналов ВГРЛЗ и ИДДЗ. В третьей части принцип стохастичности реализует себя в построении разных по содержанию и объёму фактического материала обобщённых физико-геокриологических моделей ММГ. Это – фотографии местности, колонки скважин, ведомости лабораторных определений показателей свойств ММГ, графики ТС и вероятностные амплитудные графики сигналов ВГРЛЗ и ИДДЗ [2].

Дадим краткое описание технологических цепочек диагностики теплового состояния криолитозоны России независимо от того, на какой урбанизированной территории или её части будет осуществляться диагностика.

Измерительная часть:

1) *бурение, оборудование и разовая термометрия скважин по редкой сети опорных точек сети геолого-геофизических наблюдений, заданных на ключевых ландшафтах местности или проблемных участках застроенной территории*;

2) *параметрические электромагнитные зондирования по методике многоразовых измерений сигналов в окрестности опорных точек скважин термометрии с изменением положения и ориентации передающей и приёмной антенн.*

Обрабатывающая часть:

1) *цифровая обработка многоразовых измерений случайных реализаций сигналов электромагнитного зондирования методами вероятностно-статистического анализа*;

2) *построение обобщённых графиков амплитуд сигналов ВГРЛЗ в зависимости от времени задержки когерентных и частично когерентных импульсов*;

3) *построение обобщённых графиков амплитуды сигналов ИДДЗ (значений вертикальной составляющей вектора магнитной индукции H_z) в зависимости от расстояния между точками приёмно-передающих антенн.*

Интерпретационная часть:

1) *привязка результатов цифровой обработки сигналов к описанию литологического строения разреза, ведомостям лабораторных определений показателей свойств ММГ и графикам температуры в точках опорных скважин термометрии*;

2) *вычисление средних показателей послойных и интервальных удельных волновых характеристик ММГ (скорости распространения и затухания амплитуды сигналов ВГРЛЗ)*;

3) *вычисление средних значений коэффициентов затухания амплитуды ЭМВ (сигналов ВГРЛЗ и ИДДЗ) в СГТ*;

4) *построение математических моделей в виде уравнений регрессий, устанавливающих корреляционно-формальные отношения между коэффициентом затухания амплитуды ЭМВ и среднегодовой температурой в СГТ и на его нижней границе*.

Интерпретационная часть вступает в свои права после построения математических моделей, завершающих первый цикл диагностики. Далее, начинается второй цикл диагностики: производство ЭМЗ равномерно заполняющих с заданной детальностью промежутки площади между опорными точками скважин термометрии. По результатам многоразовых измерений и вероятностно-статистической обработки совокупности случайных реализаций сигналов ВГРЛЗ и ИДДЗ вычисляют средние значения k, а по ним, используя математические модели, вычисляют средние показатели среднегодовой температуры в СГТ и на его нижней границе. Главный информационный результат состоит в построении карт изолиний температур (изотерм) по данным ТС и ЭМЗ.

На этапе контроля цепочки технологического процесса повторяется в заданном временном режиме мониторинга за исключением привязки данных ЭМЗ к скважинам термометрии и всего того, что с этим связано. С точки зрения сокращения непроизводительных затрат и одновременно значимого прироста информации об изменчивости температуры ММГ оптимальным является годовой режим мониторинга и желательно в весенний период года. Почему? Потому, что в это время начинает в максимальной степени проявляться накопленный за зимний период отопительного сезона результат воздействия техногенных нагрузок (утечек горячей воды и фекалий) на тепловое состояние мёрзлых оснований зданий и сооружений.

На этапе прогноза остаётся привлечь общую теоретическую логистическую модель температурной зависимости затухания амплитуды ЭМВ для экстраполяции процесса направленности теплового изменения ММГ, установленного на этапе контроля в течение не менее пяти лет.

Заключение

Технология мониторинга теплового состояния криолитозоны России не панацея, а один из путей рационального использования метода термометрии скважин и некоторых наземных методов малоглубинной геофизики. Путь этот научно обоснован и экспериментально доказан работами автора статьи, выполненными в Институте мерзлотоведения им. П.И. Мельникова СО РАН в рамках программам и проектов фундаментальных исследований:

1) 2003-2006 гг. Программа 24.4. «*Криогенные процессы в естественных и искусственных средах. Методика мониторинга,*

моделирование и прогноз состояния криосферы». Проект 24.4.3. «Исследование взаимосвязи устойчивости природно-технических систем с кинетикой теплофизических и физико-механических свойств пород криолитозоны»;

2) 2007-2009 гг. Программа 7.10.2. «*Состояние, строение и изменения криосферы: криогенез и его воздействие на природные и техногенные геосистемы». Проект 7.10.2.6. «Обеспечение надежности оснований инженерных сооружений в криолитозоне на основе совершенствования современных методов изучения мерзлых толщ*»;

3) 2010-2012 гг. Программа VII.63.2. «*Природные и техногенные системы в криосфере Земли и их взаимодействие». Проект VII.63.2.6. «Тепловое и механическое взаимодействие инженерных сооружений с мерзлыми грунтами*».

Технология реализует частное решение важной научной концепции и крупной народно-хозяйственной проблемы, так или иначе, и в той или иной мере затрагивающей промышленную, гражданскую и экологическую безопасность урбанизированных территорий криолитозоны, составляющей по некоторым оценкам площадь 63,5% всей территории России. Поэтому не может не вызывать недоумение, озабоченность и тревогу, что вопросам организации регионального теплового мониторинга криолитозоны не уделяется внимания даже со стороны Центра высоких технологий подведомственного МЧС. Примером этому может служить статья Г.М. Нигметова и др. [7].

Заметим, что ни в России, ни в ближнем и дальнем зарубежье аналогов предложенной технологии нет.

Литература

1. Кулаичев А.П. Методы и средства комплексного анализа данных. 4-е изд., перераб. и доп. М.: ФОРУМ – ИНФРА. – 2006. – 512 с.

2. Нерадовский Л.Г. Методическое руководство по изучению многолетнемерзлых пород методом динамической георадиолокации // Избранные труды Российской школы по проблемам науки и технологий: ежегод. изд. МСНТ / гл. ред. Н.П. Ершов. М.: Изд-во РАН, 2009. – 337 с.

3. Нерадовский Л.Г. Влияние температурного поля на затухание электромагнитного поля в освоенных районах криолитозоны Якутии // Криосфера Земли. – 2010. – т. XIV, №4. – С.56-65.

4. Нерадовский Л.Г. Температурная зависимость сигналов георадиолокации в освоенных районах криолитозоны Якутии. Якутск: Изд-во Ин-та мерзлотоведения СО РАН, 2011. – 166 с.

5. Нерадовский Л. Г. Роль и место методов геофизики в диагностике, контроле и региональном прогнозе температурного состояния криолитозоны Сибири и Дальнего Востока // Материалы совещание APN (MAIRS/NEESPI/SIRS) «Экстремальные проявления глобального

изменения климата на территории Северной Азии». Межд. конференция и школа молодых учёных по измерениям, моделированию и информационным системам для изучения окружающей среды: Enviromis-12 (г. Иркутск, 24 июня – 2 июля 2012). – Изд-во Томского ЦНТИ, 2012. – С. 83-86.

6. Neradovsky L.G. "Theoretical Model for Temperature Dependence of Electromagnetic Wave Attenuation in Yakutian Permafrost". Applied and Fundamental Studies: Proceedings of the 1st International Academic Conference. Vol. 1. October 27-28, 2012, St. Louis, USA. Publishing House "Science & Innovation Center", 2012, 183-190.

7. Нигметов Г.М., Прошляков М.Ю., Папелков Д.И. Применение мобильного диагностического комплекса для любых объектов в различных природно-климатических условиях // Технологии гражданской безопасности, 2004, №2. – С. 38-46

8. Фролов А.Д. Электрические и упругие свойства мёрзлых пород и льдов. Второе доп. и испр. изд. – Пущино: ОНТИ ПНЦ РАН, 2005. – 607 с.

Хведчук В.И.
доцент, к.т.н.
Кузьмицкий Н.И.
Брестский государственный технический университет
liddan@mail.ru

ПОДХОД К ОПИСАНИЮ ОБУЧАЮЩЕГО И КОНТРОЛИРУЮЩЕГО КУРСА ДИАЛОГОВОЙ ОБУЧАЮЩЕЙ СИСТЕМЫ

В настоящее время известно немало разработанных и активно используемых обучающих и контролирующих систем. Актуальность разработки вызвана необходимостью обучения новым средствам информационных технологий, их быстротекущим развитием. Вместе с тем возрастает потребность в развитии такого рода систем [1]. Появляются все новые области, требующие достаточно быстрого освоения. Поэтому одним из основных требований к системам обучения и контроля знаний становится сокращение времени и затрат ресурсов на разработку системы.

1. ОБЗОР СУЩЕСТВУЮЩИХ ОБУЧАЮЩИХ СИСТЕМ

Известны следующие группы технологий разработки компьютерных курсов. К первой относятся технологии создания гипермедийных приложений. Они реализуются на базе систем Author Ware Prof,HyperCard, Course Builder, HM-Card. К второй - технологии с использованием инструментальных систем разработки компьютерных обучающих программ таких как РАКЕЛЬ, АДОНИС, УРОК, АОСМИКРО, СЦЕНАРИЙ. К наиболее перспективным относятся средства третьей группы, использующие сетевые технологии. Средствами разработки сетевых курсов являются WebCT, ToolBook II, ClassWare, Nicenet [2]. В качестве средств разработки систем дистанционного обучения рассматриваются Convenc, First Class Collabarative Classroom, Lotus Learning Space, Pla@d, MentorWare, WebMentorEnerprise [3]. Возможно использование для образовательных целей и прикладных научных пакетов MathCad, MatLab, Maple, Derive и др. Это объясняется прежде всего их мощными вычислительными и графическими возможностями. Но затраты по усвоению содержательной части изучаемой дисциплины сравнимы с затратами времени на освоение системы. Поэтому выделяется также использование предметно-ориентированных систем, таких как СПЕКТР, учебных пакетов ФОРМУЛА, МАТРИЦА, систем моделирования Model Vision Studium, Click'n, Analog Connection Workbench, Interactiv Physics. Данные системы отличаются максимальной адаптацией для использования в учебном процессе. Наиболее распространенной отмечается технология прямого программирования, использующая алгоритмы предметной области. В этой технологии используются такие средства как C++ Builder,

Delphi, Visual C++, Visual Basic и др. В качестве наиболее перспективной рассматривается технология прямого кодирования на базе CASE-систем. Для получения наибольшего эффекта в них используется язык описания предметной области. Система СФИНКС позволяет создавать авторские алгоритмы на основании такого описания. В качестве языков программирования такого рода систем используются языки визуального программирования Prograph, CODE 2.0, VEX, Form/3 и др., используемые в системах Prograph, Create, Insecta Flow Coder и др.[2].

Недостатком CASE-систем, типа СФИНКС, для разработки обучающих курсов является специализация в отдельной предметной области. Поэтому была поставлена задача разработки модели обучающей системы, позволяющей переориентацию системы на другие предметные области. Подходы к подобным системам рассмотрены в [4,5].

2. ПРЕДСТАВЛЕНИЕ ОБУЧАЮЩЕГО И КОНТРОЛИРУЮЩЕГО КУРСОВ

Для представления обучающих курсов используются аппарат сетей Петри [6,7], графовые программные грамматики, фреймы.

Обучающий курс в рассматриваемой системе представляется в виде множества ***OK={U,M,Ru,Rm}***, где ***Ru*** - множество отношений, заданное на множестве утверждений ***U***, ***Rm*** - множество соответствий элементов множества мультимедийных подсказок ***M*** элементам множества ***U***.

Контролирующий курс представляется в виде ***KK={V,M,R,L,A,Rv,Rmv,Ra,Rl}***, где ***Rv*** - множество отношений, заданное на элементах множества вопросов ***V***, ***Rmv*** - множество отношений, задающих соответствие элементов множества ***M*** элементам множества ***V***, ***Ra*** - множество отношений, задающих соответствие элементов множества ответов ***A*** элементам множества ***V***, ***Rl*** - множество соответствий элементов множества оценивания ***L*** элементам множества ***V***. Элементы множеств ***V***, ***U***, ***A***, ***L*** представляют собой строки, в которых хранятся элементы обучающего и контролирующего курсов. Имеется возможность иерархического объединения элементов множеств ***U***, ***L***, ***A***, ***V*** при помощи отношений ***Ru***, ***Ra***, ***Rl***, ***Rv***, ***Rmv***. Каждому из элементов множеств ***Ru***, ***Rl***, ***Ra***, ***Rv***, ***Rmv*** может быть сопоставлен идентификатор, отражающий отношения иерархической группировки элементов ***V***, ***U***, ***L***, ***A***, ***M***.

3. СТРУКТУРА ДИАЛОГОВОЙ СИСТЕМЫ ОБУЧЕНИЯ И КОНТРОЛЯ ЗНАНИЙ

С целью решения подготовки обучающих курсов в систему введены функции:

1) ввод источников информации на электронном носителе;

2) интерактивная разметка источника на отдельные утверждения, присвоение идентификаторов;

3) генерация на базе выбранных утверждений, вопросов и шаблонов генерации новых вопросов, дальнейшая их интерактивная обработка;

4) генерация на базе выбранных утверждений, вопросов и шаблонов генерации вариантов ответов, дальнейшая их интерактивная обработка. новый вопрос (ответ) формируется благодаря выбору (например, стохастическому из элементов вершин иерархии). Возможно дополнение шаблонов для новых видов иерархий.

ЗАКЛЮЧЕНИЕ

В настоящее время на базе прототипов отдельных модулей обучающей системы, для факультета заочного обучения Брестского технического университета подготовлено 20 компьютерных тестов на 9 кафедрах 12 специальностей. Уже 2,5 года они эффективно используются в предсессионный период для оперативного и достоверного определения готовности к сессии.

В качестве результата можно отметить практически 100%-ную сдачу экзамена по дисциплине при условии прохождения по ней теста, а также сокращение времени преподавателя на контрольный опрос, сокращение времени на освоение новых тем.

СПИСОК ИСПОЛЬЗОВАННЫХ ИСТОЧНИКОВ

1. Буза М.К., Дубков В.П., Зимянин Л.Ф. Концептуально-логическая схема совершенствования курсов по инфоринформатике //В сб. тр. Межд. конф. Сетевые компьютерные технологии. 25-29.10.2000. с.142-153.
2. Степанов Д.Ю. Технология разработки компьютерных курсов по математическим дисциплинам в инструментальной CASE-системе СФИНКС //Информационные технологии. 2001. N 5. с.42-51.
3. Змитрович А.И., Meyer А. О дистанционном обучении //В сборнике тр. Межд. конф. Сетевые компьютерные технологии. 25-29.10.2000. с. 161-165.
4. Башмаков А. Разработка компьютерных учебников и обучающих систем / А.И. Башмаков, И.А. Башмаков. – М.: Информационно-издательский дом «Филинъ», 2003.
5. Рыбина Г.В. Основы построения интеллектуальных систем. / Г.В.Рыбина – М.: Финансы и статистика; ИНФРА-М, 2010.
6. Пантелеев Е.Р., Ковшова И.А., Малков И.В., Пекунов В.В., Первовский М.А., Юдельсон М.В. Среда разработки программ дистанционного обучения ГИПЕРТЕСТ: инструментальные средства //Информационные технологии. 2001. N 8. с.34-40.
7. Пантелеев Е.Р. Среда разработки программ дистанционного обучения ГИПЕРТЕСТ: логическая модель и архитектура// Информационные технологии. 2001. N 5. с.30-36.

Хименко А.В.
аспирант, Институт проблем машиностроения им. А.Н. Подгорного НАН Украины (ИПМаш)

РАСЧЕТНОЕ ИССЛЕДОВАНИЕ ТЕПЛОВОГО РЕЖИМА ТЕПЛОАККУМУЛИРУЮЩЕГО ЭЛЕМЕНТА ЭЛЕКТРИЧЕСКОГО ТЕПЛОВОГО АККУМУЛЯТОРА

Одним из наиболее эффективных мероприятий по повышению эффективности использования тепловой энергии у потребителей является аккумулирование тепловой энергии. Рассмотрим твердотельный электрический тепловой аккумулятор с динамической разрядкой (ЭТА). Аккумулирование тепловой энергии происходит в период минимальной нагрузки энергосистемы – ночное время, когда действуют понижающие тарифные коэффициенты на стоимость потребляемой электроэнергии. Это позволяет согласовать режим выработки и потребления электроэнергии, таким образом избежать резкого снижения нагрузки энергосистемы в ночное время. Применение ЭТА в качестве систем отопления позволит уменьшить потери электроэнергии в электросетях в ночное время, а также даст возможность избежать перерасхода первичного топлива при переводе электрогенерирующих мощностей в режимы, отличные от номинальных [1,27]. Таким образом, при широком внедрении ЭТА смогут выполнять функцию потребителей-регуляторов нагрузки энергосистемы [2,43].

ЭТА работает в 2 режимах: режим заряда (нагрев) и отдачи тепла. В режиме заряда происходит нагрев теплоаккумулирующих элементов с помощью встроенных трубчатых электронагревателей (ТЭН). Схема и подробное описание принципа работы ЭТА изложены в [3,11].

Следует отметить, что существующие математические модели тепловых аккумуляторов не могут быть применены для расчетных исследований современных компактных ЭТА ввиду существенного отличия конструктивных параметров и режимов их работы.

Схема стандартного теплоаккумулирующего элемента ЭТА с заданными ГУ (рис. 1, *а*): теплоаккумулирующий элемент из магнезита квадратного сечения размером 0,2×0,2 м, в центре которого расположены два параллельных воздушных канала прямоугольного поперечного сечения размером 0,1×0,015 м. Длина каждого воздушного канала – 0,6 м. Таким образом, общая длина канала, по которому проходит воздушный поток, составляет 1,2 м. Боковые поверхности теплоаккумулирующего элемента покрыты тепловой изоляцией, толщина которой составляет 0,05 м. Материал тепловой изоляции – глиноземное волокно, соединенное с оксидами алюминия. Предложена схема теплоаккумулирующего элемента с двумя каналами круглого поперечного сечения (рис. 1, *б*): высота воздушного канала уменьшена по сравнению с исходной моделью и принята равной 0,5 м. Кроме того, было смоделировано новое расположение встроенных ТЭН, которые были смещены в центральную часть элемента ЭТА.

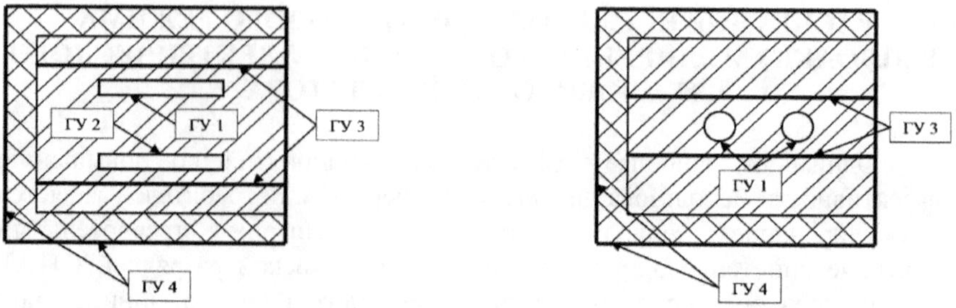

а *б*

Рис. 1. Стандартная схема теплоаккумулирующего элемента (*а*) и предложенная схема с двумя каналами круглого сечения (*б*)

Проводим расчет нестационарного температурного поля теплоаккумулирующего элемента путем решения двухмерной прямой нестационарной задачи теплопроводности методом конечных элементов.

Математическая модель описывается двухмерным уравнением теплопроводности для стенки воздушного канала теплоаккумулирующего элемента.

Граничные условия (ГУ) выбраны с учетом работы ЭТА в режимах заряда и отдачи тепла: на границе Г1: $\alpha_1\left(T_{ск1}-T_{ж1}\right)=-\lambda_1\frac{\partial T}{\partial x}$; $\alpha_1=f(\tau)$; $T_{ж1}=f(\tau)$; на Г2: $\alpha_2\left(T_{ск2}-T_{ж1}\right)=-\lambda_1\frac{\partial T}{\partial x}$; $\alpha_2=f(\tau)$; $T_{ж1}=f(\tau)$; на Г3: $-\lambda_2\frac{\partial T}{\partial x}=q$; $q=\mathrm{const}$; на Г4: $-\lambda_3\frac{\partial T}{\partial x}=\alpha_3\left(T_{c1}-T_{ж}\right)$; $\alpha_3=f(\tau)$; $T_{ж}=\mathrm{const}$.

$T_{ск1}$, $T_{ск2}$ – температуры стенки 1 и 2 воздушного канала соответственно, °С; $T_{ж}$ – температура окружающей среды, °С; $T_{ж1}$ – температура нагреваемого воздуха, °С; T_{c1} – температура наружной поверхности теплоизоляции ЭТА, °С.

Результаты расчетных исследований представлены на рис. 2.

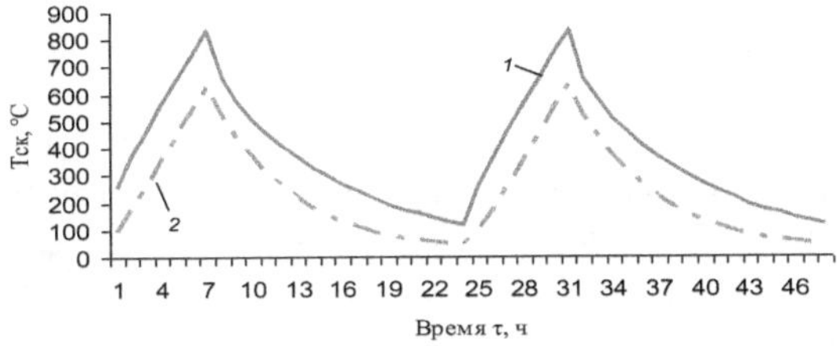

а

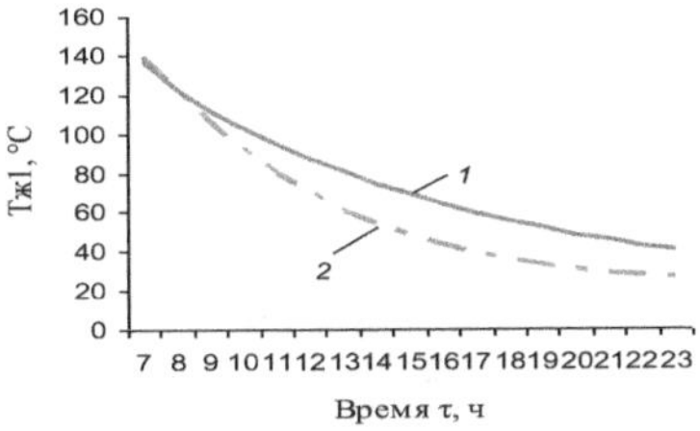

б

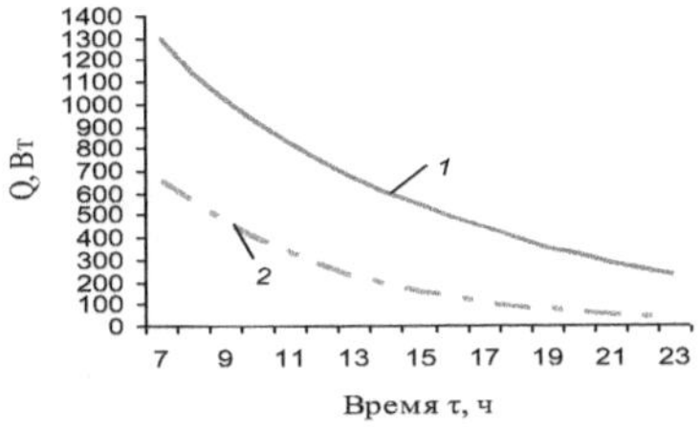

в

Рис. 2. Изменение температуры стенки воздушного канала в период заряда и отдачи тепла (*а*) и тепловые параметры нагреваемого воздуха на выходе из канала $T_{ж1}$,Q (*б*, *в*),: *1* – схема теплоаккумулирующего элемента с двумя воздушными каналами круглого сечения; *2* – то же с двумя каналами прямоугольного сечения (стандартная конструкция)

Анализ полученных результатов и выводы: 1. Предложена энергоэффективная схема теплоаккумулирующего элемента с двумя каналами круглого сечения, при которой обеспечивается достаточно высокая теплоотдача от стенки канала к потоку нагреваемого воздуха, что обусловлено более низким темпом охлаждения по сравнению со стандартной схемой теплоаккумулирующего элемента. Полученное значение температуры $T_{ск}$ в конце периода отдачи тепла в варианте со схемой на рис. 1, *б* в 2,7 раза выше, чем значение аналогичного параметра в случае со схемой на рис. 1, *а*. 2. Расположение ТЭН и воздушных каналов в центральной части теплоаккумулирующего элемента более рационально. В этом случае вблизи воздушных каналов сосредоточена область с максимальными значениями температуры теплоаккумулирующего элемента. 3. Предложенная схема теплоаккумулирующего элемента позволяет уменьшить потребление электроэнергии ЭТА.

Список литературы:

1. *Симонов А.А.* Бытовое электрическое отопление с аккумулированием тепла – важнейший фактор эффективного использования электроэнергии / А.А. Симонов // Энергетика и электрификация. – 1992. – № 1. – С. 26-30.
2. *Гершкович В.Ф.* Выгодно ли ночное электрическое отопление в школе? / В.Ф. Гершкович // Промислова електроенергетика та електротехніка. – 2010. – № 1 – С. 43-46.
3. *Мацевитый Ю.М.* Оценка энергетической эффективности систем электротеплоаккумуляционного отопления административных зданий / Ю.М. Мацевитый, Н.Г. Ганжа, А.В. Хименко // Энергосбережение. Энергетика. Энергоаудит. – 2011. – № 10. – С. 9-16.

Ioury Timoshkov[1], Viktor Kurmashev[2], Vadim Timoshkov[3], Anastasya Sakova[4]

[1] Dr., Senior Scientist, Belorussian State University of Informatics and Radioelectronics, Minsk, Belarus, timoshkov@tut.by; [2] Dr., Professor, Minsk Institute of Management, Minsk, Belarus, kurm@miu.by; [3] Experienced Researcher, Belorussian State University of Informatics and Radioelectronics, Minsk, Belarus, vadim_gl@tut.by; [4] PhD Student, Belorussian State University of Informatics and Radioelectronics, Minsk, Belarus, sakovan@tut.by.

ELECTROPLATING OF NANOSTRUCTURED MATERIALS FOR CUTTING-EDGE APPLICATIONS

Abstract. This article describes the electroplating technology of composite nanostructured coatings for advanced systems. Preparation of patterned substrates and codeposition process with inert nanoparticles are described. Trenches coated with metallic materials based on cobalt, copper and nickel are investigated. The outlook of these materials and technologies for advanced applications as roll-to-roll technology (holographic matrixes), nanoimprint, fuel cells, micro- and nanoelectromechanical systems etc. is considered.

Index Terms – electroplating, reliability, nanostructure, nanocomposites, nanoelectromechanical systems.

I. INTRODUCTION

Nowadays various micro- and nanosystems became a part of our daily live. They help people to improve safety, health and quality of life. However, manufacturing of such complex systems requires novel technologies and materials, which can fulfill diverse requirements [1].

Modern manufacturing requires to use high-end technologies, such as roll-to-roll processing, nanoimprint lithography, 3D nanofabrication. Advanced technologies require the use of advanced materials which provides high throughput, 3D repeatability of mold and low cost of production [2]. Application of nanocomposite materials with high wear resistance and microhardness and low sticking could improve lifetime of molds and defectivity in roll-to-roll technology and nanoimprint lithography.

The use of nanostructured materials for conducting interconnections in integrated systems is a prospective way to improve their quality and thus device performance.

Micro- and nanoelectromechanical systems (MEMS and NEMS) are the most promising state-of-the-art devices. Mechanical interaction between nano-, micro-, and macro world is the limiting factor for such a complex system. Moreover, reliability of the whole systems is determined by the reliability of the mechanical part. The use of nanocomposite materials is the most promising method to solve the reliability issue [3].

II. NANOCOMPOSITE MATERIALS FOR ROLL-TO-ROLL TECHNOLOGY

Patterned holographic foils as printing matrixes in roll-to-roll technology with high runability were made (Fig. 1).

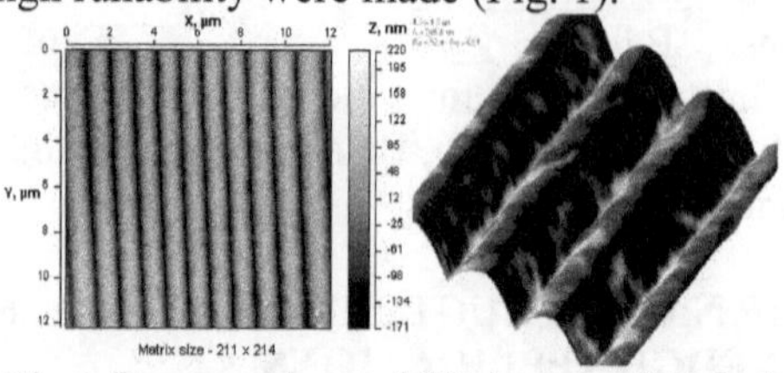

Fig.1 Topography and 3D image of nickel samples of copies

Composite metal films based on nickel and chromium with inert alumina and ultradispersed diamond (UDD) nanoparticles have been electroplated for this purpose. The influence of the electrolyte composition, the particles concentration and other parameters on the coating properties was identified. The thickness of the electroplated composite films varied from 5 to 100 nm. The coatings demonstrated outstanding mechanical properties: microhardness is equal to 584-794 kg/mm^2, runability improved in 2-3 times compare with conventional matrixes.

III. NANOTRENCH FILLING TECHNOLOGY

Defect-free coating of the complex pattern is a serious problem in interconnect layers of integrated systems, such as the solid oxide fuel cells, ultralarge scale integration and nanostructures with irregular shape. Metallic materials based on cobalt, copper and nickel (Fig. 2) have been electroplated in trenches of 170-350 nm wide in the original conditions of intensive stirring in the vicinity of the trenches. Typical defects like voids, seams and reasonably coarse surface were not observed in the deposited coatings.

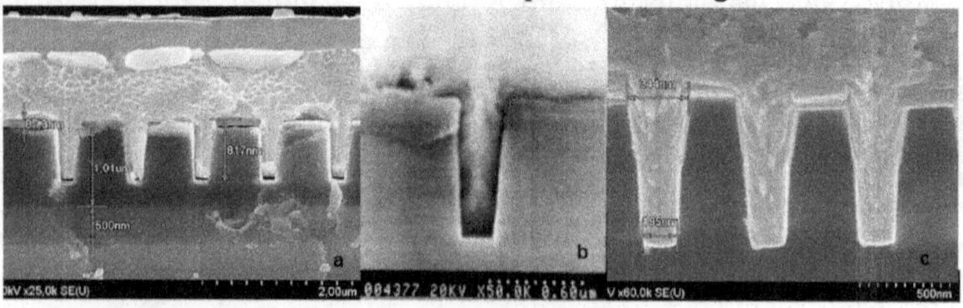

Fig. 2 Trench of 170 nm to 350 nm wide filled with: a – cobalt based coating; b – copper based coating; c – nickel composite coating

IV. NANOCOMPOSITES FOR RELIABLE MICROMECHANICAL COMPONENTS

Composite coatings for MEMS applications based on nickel and cobalt were electroplated with inert nanoparticles of alumina, UDD, boron nitride, etc. The size of the dispersed phase varied from 7 to 50 nm. The nanoparticles were incorporated into the metal matrix (Fig. 3).

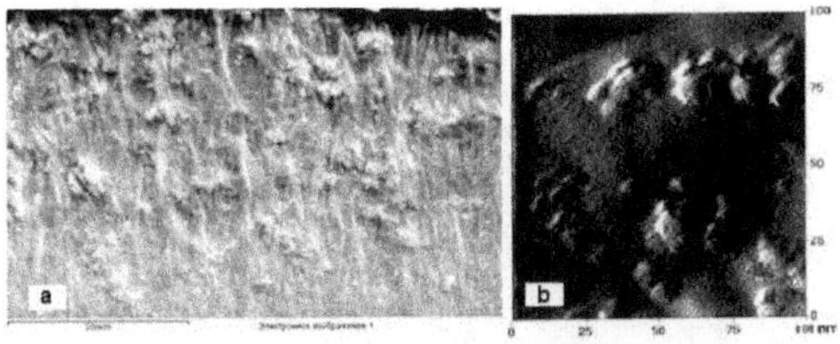

Fig. 3 Cross-section (a) and surface (b) of nickel nanocomposite coating

In comparison with homogeneous coatings, nanocomposite coatings showed improved mechanical properties: the microhardness increased on 20-80%, the wear resistance increased in 4 times, the friction coefficient decreased in 2 times. Due to these mechanical properties nanocomposite materials will improve the reliability of moving parts of NEMS and MEMS (Fig. 4) and whole system at all.

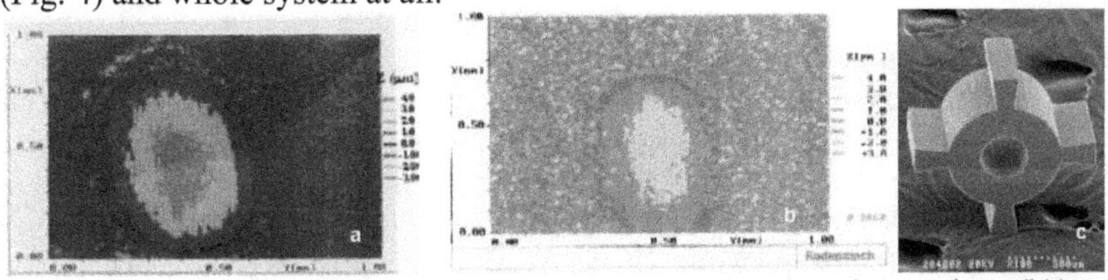

Fig. 4 The wear volume for pure nickel (a) and composite coatings (b) and moveable microstructure based on nickel (c)

V. CONCLUSIONS

This paper describes positive prospects of the nanocomposite and nanostructured electroplating introduced in modern technologies. Application in NEMS, MEMS, SOFC, ULSI, roll-to-roll, nanoimprint and other advanced systems and technologies makes it possible to improve quality and reliability of end products and enables their industrial development.

REFERENCES

[1] I. Timoshkov, V. Kurmashev, V. Timoshkov, "Electroplated nanocomposites of high wear resistance for advanced systems application," chapter in the book "Nanocomposites", editor Dr Abbass Hashim, ISBN 978-953-307-347-7, pp. 73-88, 2011.

[2] F. Parent, J. Hamel, "Web and roll performance characterization: a better way to ensure good runability in pressroom" Point Claire, QC, June 2008.

[3] K. Jiang "Electrochemical co-deposition of metal-nanoparticle composites for microsystem applications," chapter in the book "Cutting-edge nanotechnology", editor Dragica Vasileska, ISBN 978-953-7619-93-0 pp. 391-411, 2010.

Камышин В. В.
кандидат технических наук,
лауреат Государственной премии УССР (1988) и Украины (2012)
Институт одаренного ребенка
Национальной академии педагогических наук Украины,
e-mail: iod@iod.gov.ua

МЕДИАНА КЕМЕНИ КАК НЕПАРАМЕТРИЧЕСКАЯ ГРУППОВАЯ СИСТЕМА ПРЕДПОЧТЕНИЙ ЭКСПЕРТОВ

Актуальность. Принятие решений (ПР) – наиболее часто повторяющийся вид интеллектуальной деятельности человека (по некоторым подсчетам до 10000 (!) выборов/день [1]) [2; 3]. В соответствии с [4, 5] ПР – это эмоционально-волевой акт целеустремленного выбора одной стратегии, альтернативы, результата, объекта из некоторого их числа путем преобразования исходной информации, когда ситуация не определена. Таким образом, если выбор осуществляется лицом, принимающим решения (ЛПР), то простейший метод ПР – это нахождение системы предпочтений (СП) ЛПР, под которой, учитывая [6–8], будем понимать любую форму упорядочения (ранжирования) исследуемых альтернатив (в контексте этой статьи от наиболее до наименее значимых). В этом случае выбор очевиден, поскольку наиболее важная альтернатива находится на первом месте, следующая по значимости – на втором, и т. д. и т. п.

Не менее важными являются групповые СП (ГСП), поскольку групповые выборы традиционно считаются более рациональными, нежели индивидуальные [6]. Однако в методах определения индивидуальных и ГСП, а также степени ее согласованности обычно наблюдается распространенная ошибка, заключающаяся в том, что ответы экспертов стремятся рассматривать как числа, потому исследователи занимаются «оцифровкой» соответствующих мыслей, приписывая им численные значения-баллы, которые потом обрабатывают методами прикладной статистики, якобы как результаты обычных физико-технических измерений. И поскольку ответы экспертов обычно – не числа, а такие объекты нечисловой природы, как градации качественных признаков, ранжировки, разбивки, результаты парных сравнений, нечеткие предпочтения и т. д., то для их анализа оказываются полезными методы статистики объектов нечисловой природы. Что является полностью закономерным, поскольку ЛПР мыслит не числами, и переход от приемлемости к неприемлемости какого-то объекта или явления происходит не скачкообразно, а постепенно [7; 9].

Исходя из вышеизложенного, проблему совершенствования процедур группового выбора следует считать актуальной.

Анализ исследований и публикаций. Из анализа научных источников [7; 8; 10–19 и др.] следует, что в абсолютном большинстве случаев

ГСП находится с помощью такой стратегии групповых решений, как суммирование и усреднение рангов индивидуальных СП участников экспертизы. Далее устанавливается статистическая достоверность ГСП на заданном уровне значимости, и в случае позитивного результата делается вывод о ее применимости в дальнейших исследованиях проблемных ситуаций и процедурах ПР. Однако при этом возникает закономерный вопрос: отображает ли полученная таким образом ГСП истинное мнение экспертов о предпочтительности упорядоченных объектов? Ответ на него может дать применение непараметрических методов ранжирования, например, классических критериев ПР, апробация которых с указанной целью проведена в работах [8; 20–24]. Получаемые с их помощью ГСП имеют степень риска-неопределенности, адекватную соответствующей характеристике каждого из применяемых критериев (Вальда, Севиджа, Байеса-Лапласа, Гурвица).

Вместе с тем, применение классических критериев не исчерпывает всего многообразия непараметрических методов нахождения ГСП, среди которых следует выделить медиану Кемени [17–19; 25; 26].

Постановка задачи исследований. Таким образом, исходя из проведенного анализа, ***целью*** данной статьи является дальнейшая разработка и адаптация процедур нахождения ГСП путем непараметрического решения оптимизационной задачи минимизации суммарного расстояния от эксперта-кандидата в «среднее» к мнениям всех других экспертов. Найденное таким способом «среднее» мнение называют медианой Кемени. Причем нахождение ее будет проиллюстрировано на характерных чертах недисциплинированности (ХЧН) студентов.

Такое внимание автора не только к проблемам информационных технологий и экспертных процедур, но и к проблемам недисциплинированности неслучайно, и объясняется следующим:

во-первых, характером профессиональной деятельности, связанной с обучением и воспитанием молодого поколения;

во-вторых, ознакомлением с очень интересным документом ИКАО (международная организация гражданской авиации, членами которой являются и Россия, и Украина) [27], в котором приведены одиннадцать ХЧН и соответствующие антидоты по их преодолению в процессе профессиональной подготовки курсантов-пилотов. И поскольку проблема дисциплинированности характерна для любой отрасли человеческой деятельности, а легче всего ее корригировать в процессе обучения, то в табл. 1 приведен более полный перечень ХЧН, составленный с учетом опыта ИКАО;

в-третьих, явление недисциплинированности студентов признано в Украине на государственном уровне. Так, одним из ожидаемых позитивов от присоединения отечественной образовательной системы к Болонским договоренностям является «повышение мотивации на обучение и посещение занятий» [28].

Таблица 1

Характерные черты недисциплинированности студентов, проявляемые в процессе обучения

Обозначение черты, H_i	Описание особенностей проявления характерных черт недисциплинированности в учебном процессе
1	2
H_1	Пропускает занятия без уважительных причин
H_2	Считает, что все неправильно: критикует систему обучения, оборудование и вообще все, что видит
H_3	Враждебно настроен, придирчив, всегда готов к ссоре и провоцирует ее
H_4	Чрезмерно настойчив, стремится любой ценой, даже за счет товарищей, выполнить порученное, высшей мерой эгоистичен
H_5	Болтун, работает лениво и медленно, не жалеет времени
H_6	Труслив, боится своих товарищей и преподавателей, работает один, как правило, не просит помощи и не стремится к успеху
H_7	Незаинтересован, всегда невнимателен и тороплив
H_8	Всезнайка, видит мало пользы от занятий, сам себе преподаватель, считает, что его система подготовки лучше, простоват и разговорчив
H_9	Медлителен, ему всегда недостает времени для завершения работы, хотя всегда выполняет то, что необходимо
H_{10}	Не признает коллективных действий
H_{11}	Уклоняется от работы на занятиях
H_{12}	Не выполняет указаний и делает все по-своему
H_{13}	Не делает попытки помочь товарищам или преподавателям
H_{14}	Безответственный, беззаботный, небрежный в использовании оборудования, неряшлив, бестактен
H_{15}	Рассеянный, у которого мысли всегда сконцентрированы не на предмете изучения, путает реальное с вымыслом
H_{16}	Импульсивный, стремится как можно быстрее получить результат, не задумываясь о его правильности
H_{17}	Несамостоятельный, идет на поводу у товарищей
H_{18}	Систематически опаздывает на занятия
H_{19}	Не выполняет домашние задания
H_{20}	Не посещает общеинститутские, общефакультетские

	мероприятия
H_{21}	**Несвоевременно возвращает литературу в библиотеку**

Нахождение предварительной ГСП студентов на множестве ХЧН. К исследованиям было привлечено 179 студентов-менеджеров, которые, применяя попарное сравнение и такой способ выявления индивидуальных предпочтений, как доля суммарной интенсивности [7; 8], построили соответствующие СП. При этом укажем, что оценка значимости ХЧН проводилась с позиций негативного влияния на проведение занятий.

Далее, применяя такую вышеупомянутую стратегию групповых решений, как суммирование и усреднение рангов, была получена ГСП испытуемых студентов на множестве $n = 21$ ХЧН. Для выяснения вопроса о ее согласованности был вычислен коэффициент конкордации по Кендаллу W и произведена проверка статистической гипотезы о его достоверности с помощью критерия c^2. Установлено, что полученное эмпирическое значение коэффициента конкордации $W_{m=179} = 0,2247$ является статистически достоверным, поскольку выполняется условие:

$c^2_{\hat{o}\,\grave{a}\hat{e}\grave{o}\,\grave{e}\div.} = 804,3 >> c^2_{20;\,0,2\%} = 45,31.$

Небольшое абсолютное значение коэффициента конкордации объясняется как значительным объемом выборки испытуемых ($m = 179$), так и количеством упорядочиваемых альтернатив-ХЧН ($n = 21$), что, безусловно, и повлияло на вариативность мнений студентов и, как следствие, на абсолютную величину W. При этом было установлено, что семь испытуемых являются явными маргиналами, поскольку в индивидуальных СП поставили на 1–2 места ХЧН H_{20} и H_{21}, которые хотя и характеризуют недисциплинированность, но никоим образом не могут непосредственно негативно повлиять на проведение занятий. При этом, даже избавившись от их мнений, в новой ГСП, объединяющей данные опроса уже $m = 172$ студентов о значимости ХЧН, вариативность их мнений оказалась также чрезвычайной. А именно, коэффициент конкордации вырос всего на 6 % и составил величину $W_{m=172} = 0,2379$. Хотя проверка статистической гипотезы подтвердила его значимость:

$c^2_{\hat{a}\grave{i}\,\ddot{\imath}.} = 819,724 >> c^2_{k=20;\,a=0,2\%} = 45,31,$

как и в предыдущем случае, не выполняется критерий достаточности абсолютной величины коэффициента конкордации [29]:

$$W \text{ i } 0,7...,0,8. \qquad (1)$$

Таким образом, учитывая, что в ГСП могут усредняться (и действительно усреднялись) противоречивые мнения студентов, для более объективного выявления маргиналов были адаптированы методы теории распознавания образов [8; 30–34]. Последовательное трехкратное итерационное применение этих методов позволило редуцировать исходную выборку респондентов до $m=36$ студентов *(табл. 2)*.

Применяя к данным табл. 2 ту же самую стратегию суммирования и усреднений рангов, получим такую ГСП:

$$\dot{I}_3 \underset{m=36}{\succ} \dot{I}_1 \underset{m=36}{\succ} \dot{I}_{12} \underset{m=36}{\succ} \dot{I}_2 \underset{m=36}{\succ} \dot{I}_{11} \underset{m=36}{\succ} \dot{I}_{19} \underset{m=36}{\succ} \dot{I}_{18} \underset{m=36}{\succ} \underset{m=36}{\succ} \dot{I}_8 \underset{m=36}{\succ} \dot{I}_4 \underset{m=36}{\succ} \dot{I}_{16} \underset{m=36}{\succ} \dot{I}_{10} \underset{m=36}{\succ} \dot{I}_{13} \underset{m=36}{\succ} \dot{I}_7 \underset{m=36}{\succ} \dot{I}_{15} \underset{m=36}{\succ} \underset{m=36}{\succ} \dot{I}_5 \underset{m=36}{\succ} \dot{I}_6 \underset{m=36}{\succ} \dot{I}_{17} \underset{m=36}{\succ} \dot{I}_9 \underset{m=36}{\succ} \dot{I}_{20} \underset{m=36}{\succ} \dot{I}_{14} \underset{m=36}{\succ} \dot{I}_{21}, \quad (2)$$

где $\underset{m=36}{\succ}$ – обозначение предпочтения одной ХЧН перед другой в ГСП, полученной после отсеивания мнений студентов-маргиналов.

Таблица 2

Индивидуальные системы предпочтений студентов на множестве характерных черт недисциплинированности

j	Ранги характерных черт недисциплинированности в индивидуальных системах предпочтений студентов																				
	H_1	H_2	H_3	H_4	H_5	H_6	H_7	H_8	H_9	H_{10}	H_{11}	H_{12}	H_{13}	H_{14}	H_{15}	H_{16}	H_{17}	H_{18}	H_{19}	H_{20}	H_{21}
1	2	3	4	5	6	7	8	9	10	11	12	13	14	15	16	17	18	19	20	21	22
13	1	6	2,5	8,5	21	16,5	11	6	15	10	6	8,5	13	20	14	12	16,5	2,5	4	18,5	18,5
16	10	5	4	3	14	19,5	11	6	17,5	17,5	2	8	12	21	13	9	15,5	7	1	15,5	19,5
20	1	2,5	5,5	2,5	17	15	12,5	8	18	11	5,5	9,5	14	21	12,5	9,5	16	5,5	5,5	20	19
22	5,5	4	11	7,5	21	13	17	9,5	16	12	2	1	14,5	18,5	14,5	7,5	9,5	3	5,5	18,5	20

23	2	3,5	1	9,5	17	14,5	13	5,5	17	12	5,5	3,5	11	17	14,5	9,5	19	7	8	20	21
24	3	9,5	4	7	16	20,5	15	11	20,5	13	5,5	5,5	9,5	19	12	14	8	2	1	17	18
28	2	9,5	3,5	3,5	17,5	14,5	13	7,5	16	11	5,5	7,5	12	21	14,5	9,5	17,5	1	5,5	19	20
30	5,5	7,5	2,5	1	12	16	13,5	7,5	18	10,5	2,5	9	13,5	20,5	16	10,5	16	4	5,5	20,5	19
32	2	12,5	1	5	9,5	17	12,5	9,5	18	5	9,5	14,5	3	19	14,5	9,5	16	7	5	20,5	20,5
33	2	3	1	17,5	12	15	12	8	17,5	10	4,5	4,5	14	19	12	6,5	16	6,5	9	20,5	20,5
34	2,5	8,5	1	5,5	18	14	13	5,5	15,5	11	5,5	2,5	12	21	15,5	5,5	18	10	8,5	20	18
37	3	11,5	1,5	4	16	17	15	1,5	18	13,5	8,5	5	13,5	20	11,5	8,5	7	10	6	21	19
86	1	2	5	10	15	12,5	12,5	9	16,5	11	7,5	7,5	14	19	18	6	16,5	3,5	3,5	20,5	20,5
88	3,5	3,5	1	10	13	14,5	11	5,5	16	9	5,5	7,5	12	20,5	18	14,5	17	2	7,5	19	20,5
91	1	2	3	10,	15,	18	17	5,5	12	14	5,5	4	9	19	13	10,	15,	7,5	7,5	20	21

				5	5											5	5				
94	2,5	7,5	7,5	10	13	14,5	14,5	9	16	11	2,5	4	6	20,5	18	12	17	5	1	19	20,5
121	10	5	1,5	5	15	14	11,5	1,5	16,5	11,5	8,5	5	13	20	16,5	3	18	7	8,5	19	21
127	2	3	1	16	4	15	13	5,5	17,5	12	7	5,5	14	20,5	10,5	8	17,5	10,5	9	20,5	19
128	1	9,5	2	4,5	15,5	13,5	12	9,5	17,5	11	4,5	3	15,5	21	13,5	7	17,5	7	7	19,5	19,5
133	3	8	1	3	16	11,5	13,5	5	20,5	6,5	17	6,5	11,5	18,5	15	3	13,5	9,5	9,5	20,5	18,5
134	3	13	1,5	5	19	11	15	9,5	21	9,5	8	4	13	20	16	1,5	13	6,5	6,5	17	18
135	2,5	2,5	1	12,5	6,5	14	11	8,5	18,5	18,5	5	4	12,5	16,5	16,5	8,5	15	6,5	10	20	21
136	8,5	8,5	4	4	13,5	15	13,5	10	18	16	6,5	1	17	20	11,5	6,5	11,5	4	2	21	19
137	4,5	9,5	1	9,5	19	16,5	13	2	18	14	6,5	4,5	16,5	11	12	3	15	6,5	8	20	21
140	1	2,5	2,5	10	15	18	16,5	4	16,5	13	5,5	7	11	20	14	9	12	5,5	8	20	20
141	3,5	2	1	5	14	17	13	9,5	18	12	6	3,5	11	21	15,	7	15,	8	9,5	19	20

															5		5				
142	5	7,5	1	13	14	11,5	11,5	3	19	16	7,5	2	16	16	4	7,5	18	7,5	10	20	21
144	2	6,5	1	9	12,5	17	11	15,5	18	10	5	6,5	12,5	21	15,5	8	14	3	4	19,5	19,5
145	15	5	1	2,5	16	11,5	9	6	10	17,5	4	7	13	19	14	11,5	17,5	8	2,5	20	21
147	1,5	4	1,5	8	17	16	11,5	9	18	13,5	5	3	11,5	19,5	13,5	7	15	6	10	21	19,5
152	2	1	6	3,5	16	14,5	14,5	3,5	13	8	12	6	11	20,5	17	6	18	10	9	19	20,5
154	10	5	4	3	15,5	18,5	11	6,5	15,5	17	1	8	12	18,5	13	9	14	6,5	2	20	21
167	3	1	2	7	15,5	15,5	17	7	12	11	5	4	10	19,5	14	13	18	9	7	19,5	21
169	1,5	3	1,5	6	17,5	17,5	15,5	7	14	11	9,5	4	12	19,5	13	9,5	15,5	8	5	19,5	21
171	2	8	2	2	20	14,5	13	4	17	12	6	5	9,5	21	14,5	9,5	18,5	11	7	16	18,5
172	6	1	2	9,5	9,5	17	11	3	15	8	6	4	13,5	21	16	6	18,5	13,5	12	18,5	20
Σ	13	20	93	25	53	55	47	24	60	42	21	19	43	70	50	29	55	23	23	69	71

	4,5	3,5	,5	3	8,5	1	0,5	4	1	9,5	9	5,5	9	0	7	8	6,5	7	0,5	9	5,5
r_{iL}	2	4	1	9	15	16	13	8	18	11	5	3	12	20	14	10	17	7	6	19	21

Для ГСП (2) эмпирическое значение коэффициента конкордации $W_{m=36}=0{,}7988$ не только удовлетворяет критерий (1), но и является статистически достоверным, поскольку выполняется условие:
$c^{2}_{\text{åì ï.}}=575{,}132 >> c^{2}_{k=20;\,a=0{,}2\%}=45{,}31.$

И теперь возникает вопрос: если ГСП (2) статистически-достоверно согласована, то каким же должно быть истинное групповое решение?

Построение медианы Кемени как окончательной ГСП студентов на ХЧН. Вычисление медианы Кемени – задача целочисленного программирования. Для ее нахождения применяются разные алгоритмы дискретной математики, в частности, использующие метод ветвей и границ. Применяют также алгоритмы, опирающиеся на идею случайного поиска, поскольку для каждого бинарного отношения несложно найти множество его соседей. Однако, как вытекает из анализа работы [19], в контексте целей исследования наиболее приемлемым является эвристический алгоритм нахождения медианы Кемени. При этом для построения медианы Кемени было применено индивидуальные СП тех самых $m=36$ студентов *(табл. 2)*, которые положены в основу статистически достоверной ГСП (2).

Итак, каждая индивидуальная СП *(табл. 2)* преобразуется в соответствующую квадратную матрицу, элементы которой равносильны оценкам:

$$p_{ij}=\begin{cases} 1, & \text{åñëè} \quad H_i \succ \\ -1, & \text{åñëè} \quad H_i \prec \\ 0, & \text{åñëè} \quad H_i \approx H_j \end{cases}. \qquad (3)$$

Далее от матриц попарных сравнений переходим к матрице потерь. Для ее построения определяется расстояние от произвольной ранжировки к множеству всех других ранжировок:

$$d_{ij}=\begin{cases} 0, & \text{åñëè} \quad \eth_{ij}=1 \\ 1, & \text{åñëè} \quad \eth_{ij}=0 \\ 2, & \text{åñëè} \quad \eth_{ij}=-1 \end{cases}. \qquad (4)$$

Следующим шагом является определение элементов обобщенной матрицы потерь согласно с такой формулой:

$$R_{ij} = \sum_{j=1}^{m} d_{ij}\left(p, p_v\right), \qquad (5)$$

где ð - произвольная ранжировка, в которой $p_{ij} = 1$.

При этом понятно, что диагональные элементы матрицы потерь рефлексивны:

$$R_{1-1} = R_{2-2} = \ldots = R_{21-21}$$

Результаты соответствующих вычислений образуют обобщенную матрицу потерь *(табл. 3)*. Подсчитывая данные обобщенных потерь по строкам табл. 3 и анализируя соответствующие результаты в графе 23, получаем, что $S_{min} = S_3 = 148$. Следовательно, наименьшее отклонение во мнениях студентов будет достигнуто при условии предоставления ХЧН H_3 первого рангового места в ГСП. Удаляя из табл. 3 все потери, связанные с учетом ХЧН H_3 (соответствующую строку и графу 4), для проведения второй итерации получим новую, редуцированную на один элемент, матрицу потерь (табл. 4), из которой следует, что минимум отклонений мнений экспертов будет достигнут при условии, что уже ХЧН H_1 займет второе ранговое место в ГСП, поскольку $S_{min}^{(2)} = S_1 = 222$.

Таблица 3

Формирование обобщенной матрицы потерь для построения медианы Кемени

H_i	H_1	H_2	H_3	H_4	H_5	H_6	H_7	H_8	H_9	H_{10}	H_{11}	H_{12}	H_{13}	H_{14}	H_{15}	H_{16}	H_{17}	H_{18}	H_{19}	H_{20}	H_{21}	Σ
1	2	3	4	5	6	7	8	9	10	11	12	13	14	15	16	17	18	19	20	21	22	23
H_1	35	19	45	14	0	2	2	14	2	0	15	17	2	0	4	15	0	20	16	0	0	222
H_2	51	35	56	31	2	2	1	23	0	6	36	31	6	0	3	20	5	29	33	0	0	370
H_3	**25**	**14**	**35**	**15**	**0**	**0**	**0**	**6**	**0**	**0**	**10**	**7**	**2**	**0**	**0**	**4**	**2**	**13**	**15**	**0**	**0**	**14**

																						8
H_4	56	39	**55**	35	6	6	8	31	1	7	40	46	11	0	6	27	2	35	41	0	0	452
H_5	70	68	**70**	64	35	36	52	63	24	56	65	66	56	7	47	63	31	67	66	8	9	1023
H_6	68	68	**70**	64	34	35	58	70	19	62	68	70	54	5	43	68	30	70	70	4	3	1033
H_7	68	69	**70**	62	18	12	35	68	11	53	68	68	36	2	24	64	16	70	70	0	0	884
H_8	56	47	**64**	39	7	0	2	35	0	5	44	38	8	0	1	23	5	37	36	0	0	447
H_9	68	70	**70**	69	46	51	59	70	35	62	70	70	68	13	54	66	41	70	70	9	6	1137
H_{10}	70	64	**70**	63	14	8	17	65	8	35	64	67	30	5	23	57	17	64	65	2	0	808
H_{11}	55	34	**60**	30	5	2	2	26	0	6	35	43	6	0	4	18	4	30	31	0	0	391
H_{12}	53	39	**63**	24	4	0	2	32	0	3	27	35	2	0	1	14	0	24	25	0	0	348
H_{13}	68	64	**68**	59	14	16	34	62	2	40	64	68	35	3	17	57	11	66	68	0	0	816
H_{14}	70	70	**70**	70	63	65	68	70	57	65	70	70	67	35	67	70	64	70	70	36	36	1323
H_{15}	66	67	**70**	64	23	27	46	69	16	47	66	69	53	3	35	66	25	67	68	0	0	947
H_1	55	50	**66**	43	7	2	6	47	4	13	52	56	13	0	4	35	4	47	45	0	0	54

6																					9
H_{17}	70	65	**68**	68	39	40	54	65	29	53	66	70	59	6	45	66	35	68	70	3	2	1041
H_{18}	50	41	**57**	35	3	0	0	33	0	6	40	46	4	0	3	23	2	35	34	0	0	412
H_{19}	54	37	**55**	29	4	0	0	34	0	5	39	45	2	0	2	25	0	36	35	0	0	402
H_{20}	70	70	**70**	70	62	66	70	70	61	68	70	70	70	34	70	70	67	70	70	35	23	1326
H_{21}	70	70	**70**	70	61	67	70	70	64	70	70	70	70	34	70	70	68	70	70	47	35	1356

Таблица 4

Матрица потерь для построения медианы Кемени, редуцированная после первой итерации

H_i	H_1	H_2	H_4	H_5	H_6	H_7	H_8	H_9	H_{10}	H_{11}	H_{12}	H_{13}	H_{14}	H_{15}	H_{16}	H_{17}	H_{18}	H_{19}	H_{20}	H_{21}	Σ
1	2	3	5	6	7	8	9	10	11	12	13	14	15	16	17	18	19	20	21	22	23
H_1	35	19	14	0	2	2	14	2	0	15	17	2	0	4	15	0	20	16	0	0	222
H_2	51	35	31	2	2	1	23	0	6	36	31	6	0	3	20	5	29	33	0	0	370
H_4	56	39	35	6	6	8	31	1	7	40	46	11	0	6	27	2	35	41	0	0	452
H_5	70	68	64	35	36	52	63	24	56	65	66	56	7	47	63	31	67	66	8	9	1023
H	6	6	6	3	3	5	7	1	6	6	7	5	5	4	6	3	7	7	4	3	1

6	8	8	4	4	5	8	0	9	2	8	0	4		3	8	0	0	0			033
H_{7}	68	69	62	18	12	35	68	11	53	68	68	36	2	24	64	16	70	70	0	0	884
H_{8}	56	47	39	7	0	2	35	0	5	44	38	8	0	1	23	5	37	36	0	0	447
H_{9}	68	70	69	46	51	59	70	35	62	70	70	68	13	54	66	41	70	70	9	6	1137
H_{10}	70	64	63	14	8	17	65	8	35	64	67	30	5	23	57	17	64	65	2	0	808
H_{11}	55	34	30	5	2	2	26	0	6	35	43	6	0	4	18	4	30	31	0	0	391
H_{12}	53	39	24	4	0	2	32	0	3	27	35	2	0	1	14	0	24	25	0	0	348
H_{13}	68	64	59	14	16	34	62	2	40	64	68	35	3	17	57	11	66	68	0	0	816
H_{14}	70	70	70	63	65	68	70	57	65	70	70	67	35	67	70	64	70	70	36	36	1323
H_{15}	66	67	64	23	27	46	69	16	47	66	69	53	3	35	66	25	67	68	0	0	947
H_{16}	55	50	43	7	2	6	47	4	13	52	56	13	0	4	35	4	47	45	0	0	549
H_{17}	70	65	68	39	40	54	65	29	53	66	70	59	6	45	66	35	68	70	3	2	1041
H_{18}	50	41	35	3	0	0	33	0	6	40	46	4	0	3	23	2	35	34	0	0	412
H	5	3	2	4	0	0	3	0	5	3	4	2	0	2	2	0	3	3	0	0	4

19	4	7	9				4			9	5				5		6	5			02
H 20	70	70	70	62	66	70	70	61	68	70	70	70	34	70	70	67	70	70	35	23	1326
H 21	70	70	70	61	67	70	70	64	70	70	70	70	34	70	70	68	70	70	47	35	1356

Выполняя последовательно аналогичные действия по редукции исходной размерности матрицы обобщенных потерь, на каждой новой итерации находим ранговое место для очередной по значимости ХЧН. Именно таким образом получаем окончательную медиану Кемени, которая является непараметрическим решением оптимизационной задачи по выявлению ГСП для в целом согласованных мнений респондентов:

$$H_3 \underset{med}{\succ} \; \underset{med}{\succ} \; \underset{med}{\succ} \; \underset{med}{\succ} \; \underset{med}{\succ} \; \underset{med}{\succ} \; \underset{med}{\succ}$$
$$\underset{med}{\succ} \; \underset{med}{\succ} \; \underset{med}{\succ} \; \underset{med}{\succ} \; \underset{med}{\succ} \; \underset{med}{\succ} \; \underset{med}{\succ} \; \underset{med}{\succ}, \qquad (6)$$
$$\underset{med}{\succ} \; \underset{med}{\succ} \; \underset{med}{\succ} \; \underset{med}{\succ} \; \underset{med}{\succ} \; \underset{med}{\succ} \; \underset{med}{\succ}$$

где $\underset{med}{\succ}$ – обозначение предпочтения одной ХЧН перед другой в ГСП, определенной как медиана Кемени;

$\underset{med}{\gg}$ – обозначение адекватности ХЧН по важности в ГСП, определенной как медиана Кемени.

Сравнительный анализ ГСП (2) и (6), проведенный с помощью коэффициента ранговой корреляции Спирмена, показывает их почти абсолютное совпадение ($R_S = 0,9984$), что свидетельствует о правильности выбранного непараметрического подхода к построению ГСП с помощью медианы Кемени.

ВЫВОДЫ

1. Подытоживая полученные и представленные в этой статье новые научные результаты, прежде всего укажем, что впервые в практике исследований в дидактике применена медиана Кемени, решающая задачу непараметрической оптимизации в минимизации отклонений мнений отдельных экспертов-студентов о значимости ХЧН от общегруппового мнения.

Эта медиана имеет необычайно высокую степень совпадения (коэффициент ранговой корреляции Спирмена имеет почти идеальное эмпирическое значение $R_S = 0,9984$) с согласованной (коэффициент конкордации по Кендаллу $W_{m=36} = 0,7988$ является статистически достоверным на уровне значимости $a = 0,2\%$) ГСП, полученной с помощью стратегии суммирования и усреднения рангов. Данные результаты свидетельствует о правильности выбранного непараметрического подхода к построению ГСП с помощью медианы Кемени.

2. Дальнейшие исследования по распространению методов системного анализа в дидактике следует проводить путем разработки моделей взаимодействия в диаде «преподаватель – недисциплинированный студент» методами теории игр.

ЛИТЕРАТУРА

1. Ходаков В. Є. Вступ до комп'ютерних наук: Навч. посібн. / В. Є. Ходаков, Н. В. Пилипенко, Н. А. Соколова; За ред. В. Є. Ходакова. – К.: Центр навчальної літератури, 2005. – 496 с.

2. Шеридан Т. Б. Системы человек-машина: Модели обработки информации, управления и принятия решений человеком-оператором: пер. с англ. / Т. Б. Шеридан, У. Р. Феррел; Под ред. К. В. Фролова. – М.: Машиностроение, 1980. – 400 с.

3. Эдвардс У. Принятие решений / У. Эдвардс // Человеческий фактор: В 6-ти т. – Т. 3. Моделирование деятельности, профессиональное обучение и отбор операторов. – Ч. І. – Модели психической деятельности. – М.: Мир, 1991. – С. 5–89.

4. Перегудов Ф. И. Введение в системный анализ: Учеб. пособ. / Ф. И. Перегудов, Ф. П. Тарасенко. – М.: Высшая школа, 1989. – 367 с.

5. Рева О. М. Проблеми та важливість прийняття рішень в гуманістичних системах (Вступ): Конспект лекції з курсу «Основи теорії прийняття рішень». Для студентів денної форми навчання спеціальності 7.050108 «Маркетинг» / О. М. Рева. – Кіровоград: КІК, 2001. – 23 с.

6. Козелецкий Ю. Психологическая теория решений / Ю. Козелецкий; Пер. с польск. Г. Е. Минца, В. Н. Поруса; Под ред. Б. В. Бирюкова. – М.: Прогресс, 1979. – 504 с.

7. Надежность и эффективность в технике: Справочник в 10 т. / Под общ. ред. В. Ф. Уткина, Ю. В. Крючкова // Эффективность технических систем. – М.: Машиностроение, 1988. – Т. 3.– 328 с.

8. Камишин В. В. Методи системного аналізу у кваліметрії навчально-виховного процесу: Монографія / В. В. Камишин, О. М. Рева. – К.: Інформаційні системи, 2012. – 270 с.

9. Заде Л. Понятие лингвистической переменной и его применение к принятию приближенных решений / Л. Заде; Под ред. Н. Н. Моисеева, С. А. Орловского; Пер. с англ. Н. И. Ринго. – М.: Мир, 1976. – 165 с.

10. Миркин Б. Г. Проблема группового выбора / Б. Г. Миркин. – М.: Наука, 1974. – 256 с.

11. Китаев Н. Н. Групповые экспертные оценки / Н. Н. Китаев. – М.: Знание, 1975. – 64 с.

12. Евланов Л. Г. Экспертные оценки в управлении / Л. Г. Евланов, В. А. Кутузов. – М.: Экономика, 1978. – 133 с.

13. Бешелев С. Д. Математико-статистические методы экспертных оценок / С. Д. Бешелев, Ф. Г. Гурвич. – М.: Статистика, 1980. – 263 с.

14. Блюмберг В. А. Какое решение лучше? Метод расстановки приоритетов / В. А. Блюмберг, В. Ф. Глущенко. – Л.: Лениздат, 1982. – 160 с.

15. Панкова Л. А. Организация экспертизы и анализ экспертной информации / Л. А. Панкова, А. М. Петровский, М. В. Шнейдерман. – М.: Наука, 1984. – 117 с.

16. Варакин Е. Н. Принятие решений на основе экспертного оценивания: Метод. пособ. / Е. Н. Варакин, В. А. Желудов, В. Н. Бганцов, С. С. Ибнеев. – Л.: ВИКИ им. А. Ф. Можайского, 1988. – 88 с.

17. Герасимов Б. М. Системы поддержки принятия решений: проектирование, применение, оценка эффективности / Б. М. Герасимов, М. М. Дивизинюк, И. Ю. Субач. – Севастополь, 2004. – 320 с.

18. Самохвалов Ю. Я. Экспертное оценивание: Методический аспект / Ю. Я. Самохвалов, Е. М. Науменко. – К.: ДУІКТ, 2007. – 362 с.

19. Орлов А. И. Организационно-экономическое моделирование. Экспертные оценки: Учеб. в 3 ч. – М.: Изд-во МТУ им. Н. Э. Баумана, 2009. – Ч. 2. – 2011. – 486 с.

20. Рева О. М. Класичні критерії прийняття рішень у визначенні групових систем переваг суддів на множині обставин, що пом'якшують та обтяжують покарання / О. М. Рева, Д. Г. Радов // Вісник Одеського інституту внутрішніх справ. – О.: ОЮІ НУВС. – 2004. – № 2. – С. 105–115.

21. Рева О. М. Застосування класичних критеріїв прийняття рішень для визначення групової системи переваг викладачів на множині характерних рис недисциплінованої поведінки студентів / О. М. Рева, А. А. Чабак // Наукові записки Кіровоградського державного педагогічного університету ім. В. Винниченка. – Кіровоград: КДПУ, 2005. – Вип. 60. – Ч. 2. – С. 317–324. – (Серія: Педагогічні науки).

22. Рева О. М. Коректне застосування класичних критеріїв прийняття рішень для визначення пріоритетів студентів на рисах їхньої недисциплінованості / О. М. Рева, О. П. Максимова // Нові технології навчання: Наук.-метод. зб. – К.: ІІТЗО МОН України, 2008. - Вип. 52. – С. 3–11.

23. Рева А. Н. Теоретические модели групповых систем предпочтений авиадиспетчеров, базирующиеся на классических критериях принятия

решений / А. Н. Рева, В. В. Камышин, Ш. Ш. Насиров, Д. С. Алексеев // Elmi məcmuələr: Jurnal Milli Aviasiya Akademiyasinin. – Baki, iyul – sentyabr 2012. – Cild. 14. – № 3. – С. 37–45.

24. Рева А. Н. Эмпирические модели оценки риска-неопределенности групповых систем предпочтений авиадиспетчеров / А. Н. Рева, Б. М. Мирзоев, Ш. Ш. Насиров, С. В. Недбай // Elmi məcmuələr: Jurnal Milli Aviasiya Akademiyasinin. – Baki, iyul – sentyabr 2012. – Cild. 14. – № 3. – С. 46–60.

25. Кемени Дж. Кибернетическое моделирование: Некоторые приложения / Дж. Кемени, Дж. Снелл. – М.: Советское радио, 1972. – 192 с.

26. Рева О. М. Медіана Кемені як групова система переваг авіадиспетчерів на множині характерних помилок / О. М. Рева, В. В. Камишин, Ш. Ш. Насіров // Авіаційно-космічна техніка і технологія: Науково-технічний журнал. – Х.: Національний аерокосмічний університет ім. М. Є. Жуковського «ХАІ», 2012. – № 4 (91). – С. 106–115.

27. Training Manual. Doc. ICAO 7192-AN/857. Part A-1. General Considerations. – Montreal, Canada, 1975. –58 p.

28. Модернізація вищої освіти України і Болонський процес / Уклад. М. Ф. Степко, Я. Я. Болюбаш, К. М. Левківський, Ю. В. Сухарніков; Відп. ред. М. Ф. Степко. – К.: Освіта України, 2004. – 60 с.

29. Тарасов В. А. Интеллектуальные системы поддержки принятия решений: Теория, синтез, эффективность / В. А. Тарасов, Б. М. Герасимов, И. А. Левин, В. А. Корнейчук. – К.: МАКИС, 2007. – 336 с.

30. Чуев В. И. Прогнозирование количественных характеристик процессов / В. И. Чуев, Ю. Б. Михайлов, В. И. Кузьмин. – М.: Советское радио, 1975. – 400 с.

31. Васильев В. И. Распознающие системы: справочник / В. И. Васильев. – К.: Наук. думка, 1983. – 423 с.

32. Бабак В. П. Безпека авіації / В. П. Бабак, Ю. П. Харченко, В. О. Максимов та ін.; За ред. В. П. Бабака. – К.: Техніка, 2004. – 584 с.

33. Рева О. М. Методи розпізнавання образів у оцінюванні компетентності викладачів щодо пріоритетності індикаторів мотивів їхньої праці / О. М. Рева, І. М. Суворова // Управління проектами, системний аналіз і логістика: Науковий журнал. – Вип. 6. – К.: НТУ, 2009. – С. 208–216.

34. Рева О. М. Розвиток процедур застосування методів розпізнавання образів для визначення маргінальності думок учасників навчально-виховного процесу / О. М. Рева, О. В. Тімець // Вища освіта України: Теоретичний та наук.-метод. часопис. Темат. випуск «Вища освіта України в контексті інтеграції до європейського освітянського простору». – Вісник Київського національного університету імені Тараса Шевченка. – Додаток 4. – Т. III. – 2009. – С. 459–470. – (Серія: Педагогіка).

Камышин В. В. Медиана Кемени как непараметрическая групповая система предпочтений экспертов

Впервые в практике исследований в дидактике применена медиана Кемени, решающая задачу непараметрической оптимизации в минимизации отклонений мнений отдельных экспертов-студентов о значимости характерных черт недисциплинированности от общегруппового мнения. Эта медиана имеет необычайно высокую степень совпадения (значение коэффициента ранговой корреляции Спирмена почти идеально: $R_S = 0{,}9984$) с согласованной (коэффициент конкордации по Кендаллу $W = 0{,}7988$ статистически достоверен на уровне значимости $a = 0{,}2\%$) групповой системой предпочтений, полученной с помощью стратегии суммирования и усреднения рангов. Это свидетельствует о правильности выбранного непараметрического подхода к построению групповой системы предпочтений с помощью медианы Кемени.

Должикова Е.В.*, Малоштан Л.М.**
*Доцент, кандидат фармацевтических наук
**Профессор, доктор биологических наук
Национальный фармацевтический университет
dolzhikova-elena@mail.ru

ЭКСПЕРИМЕНТАЛЬНОЕ ИЗУЧЕНИЕ ПРОТИВОВОСПАЛИТЕЛЬНЫХ СВОЙСТВ НОВЫХ КОМБИНИРОВАННЫХ ВАГИНАЛЬНЫХ СУППОЗИТОРИЕВ «МЕЛАНИЗОЛ»

Большую проблему для практического врача представляют собой хронические цервициты и вагиниты. В зарубежной литературе существует особый термин, который объединяет различную патологию, сопровождающуюся основной жалобой – синдром вагинальных выделений. Воспалительные процессы гениталий у женщин представляют собой распространенную патологию, частота которой не имеет тенденции к снижению. Практически при любой вагинальной инфекции в воспалительный процесс вовлекается шейка матки, поэтому под термином «вагинит» нередко подразумевают воспаление влагалища в сочетании с экзоцервицитом и эндоцервицитом, хотя в ряде ситуаций встречаются их локальные поражения. Эндоцервицитом принято считать воспаление слизистой оболочки цервикального канала, экзоцервицитом – наружной порции шейки матки, они нередко являются следствием деформации шейки матки, послеродовых разрывов, вагинита, эндометрита, сальпингоофорита. Симптоматика их даже в острой стадии бывает слабо выраженной [1, 5].

Таким образом, актуальной задачей для медицины и фармации является разработка новых и оптимизация современных подходов к фармакотерапии воспалительных заболеваний женских половых органов.

В связи с этим, целью нашей работы стало изучение противовоспалительных свойств комбинированных вагинальных суппозиториев на основе природного и синтетического сырья условно названных «Меланизол», разработанных в Национальном фармацевтическом университете.

Материалы и методы. Изучение антиэкссудативных свойств суппозиториев проводили на моделях карагенинового и зимозанового отеков, индукцию которых проводили субплантарным введением соответственно 1 % раствора карагенина и 2 %-й суспензии зимозана. Опыты проводили на белых нелинейных крысах массой 200-210 г [2, 294]. До начала опыта всем животным определяли и фиксировали объем лапки с помощью механического онкометра А.С. Захаревського. За час до введения индукционного раствора животных в каждой серии делили на 3 группы: 1 группа - нелеченный контроль, оставляли без изменений, 2-й группе – вводили исследуемые суппозитории «Меланизол» (общее количество действующих веществ 350 мг/1 суп.) и 3-й группе – вводили препарат сравнения «Гравагин» 30 мг/кг. Дозы исследуемых суппозиториев и препарата сравнения были рассчитаны на крысу по общепринятому в экспериментальной фармакологии методу Ю.Р. Рыболовлева [3, 1513-1516].

Противовоспалительную активность определяли по способности препаратов уменьшать отеки у подопытных животных по сравнению с контрольной группой через 1, 2 и 3 часа для модели каррагенинового отека и через 0,5, 1, 2, 3 часа в модели зимозанового отека после введения флогогена. Антиэкссудативную активность определяли по общепринятой формуле.

Результаты проведенных экспериментов по изучению противовоспалительной активности суппозиториев «Меланизол», которые проводили на модели острого карагенинового воспаление, свидетельствуют об антиэкссудативной активности исследуемых суппозиториев «Меланизол» в течение всего эксперимента (табл. 1).

Таблица 1

Противовоспалительная активность (ПА) суппозиториев «Меланизол» на модели каррагенинового отека

Группа	ПА через 1 час, %	ПА через 2 часа, %	ПА через 3 часа, %
«Меланизол»	36,2	25,6	27,7
«Гравагин»	17,2	6,4	13,3

Так, было установлено, что суппозитории вагинальные «Меланизол» достоверне снижали воспаление в сравнении с нелеченым контролем на протяжении всего эксперимента. Наиболее выраженный противовоспалительный эффект наблюдался через час после введения флогогена и составил 36,2%, через два часа отмечалось снижение противовоспалительной активности до 25,6% и сохранялся на том же уровне. Максимальный противовоспалительный эффект препарата сравнения «Гравагин» также наблюдался в первый час после начала эксперимента, однако его эффект был в два раза ниже чем у исследуемого препарата (табл.1). Таким образом, вагинальные суппозитории «Меланизол» обладают выраженным противовоспалительным действием на простогландиновую фазу воспаления и в 2 раза превосходит действие препарата сравнения – «Гравагин».

Для изучения противовоспалительной активности суппозиториев «Меланизол» по влиянию на лейкотриеновое звено воспаления проводили на модели острого зимозанового отека. Результаты эксперимента представлены в табл. 2.

Таблица 2

Противовоспалительная активность суппозиториев «Меланизол» на модели зимозанового отека

Группа	ПА через 0,5 часа, %	ПА через 1 час, %	ПА через 2 часа, %	ПА через 3 часа, %
«Меланизол»	24,64	16,04	11,76	20,83
«Гравагин»	24,64	9,87	2,94	10,00

Было установлено, что у животных которым вводили вагинальные суппозитории «Меланизол» отмечалось снижение отека на протяжении всего эксперимента. Наиболее выраженный противовоспалительный эффект наблюдался через 0,5 часа после введения флогогена и составил 24,64%, через час и два часа отмечалось снижение противовоспалительной активности, а через 3 часа противовоспалительный эффект увеличился до 20,83%. Максимальный противовоспалительный эффект препарата сравнения «Гравагин» также наблюдался в первые 0,5 часа после начала эксперимента, однако через 3 часа его эффект был в два раза ниже чем у исследуемого препарата. Таким образом, вагинальные суппозитории «Меланизол» обладают выраженным противовоспалительным действием на лейкотриеновую фазу воспаления и превосходит препарат сравнения – «Гравагин» .

Выводы:

1. Вагинальные суппозитории «Меланизол» обладают противовоспалительным действием на модели острого каррагенинового воспаления, воздействуя на простогландиновую систему.

2. Вагинальные суппозитории «Меланизол» обладают менее выраженным противовоспалительным действием на модели острого зимозанового воспаления, воздействуя на лейкотриеновую систему.

3. Вагинальные суппозитории «Меланизол» являются перспективным лекарственным средством для лечения воспалительных заболеваний женской половой сферы.

ЛІТЕРАТУРА

1. Прилепская В.Н. Возможности Изопринозина в лечении хронических цервицитов и вагинитов / Прилепская В.Н., Роговская С.И. // РМЖ, 2008. – № 1. – С. 5-9.
2. Доклінічні дослідження лікарських засобів : методичні рекомендації / за ред. чл.-кор. АМН України О. В. Стефанова. – К. : Авіценна, 2001. – 528 с.
3. Рыболовлев Ю.Р. Дозирование веществ для млекопитающих по константам биологической активности / Ю.Р. Рыболовлев, Р.С. Рыболовлев // Доклады АН СССР, 1979. – Т. 247, № 6. – С. 1513-1516.

Ivanov S. I., Vorotnikova Y.S.
a branch of Tyumen Oil and Gas State University
e-mail: nauka@tobii.ru

APPLICATION OF NANOACTIVATORS IN THE SPHERE OF ENERGY SAVING

Energy-saving is one of the most serious challenges of the XXIst century as the results of this problem solution determine the place of the state in a range of economically developed countries as well as it determines the level of life of this state citizens. Therefore, energy-saving should be one of the strategic objectives of any government, being at the same time one of the main ways to ensure energy safety and the only real way to maintain high income from the export of hydrocarbon raw materials [3]. Energy efficiency as the key strategy of the development of any state energy sector is reflected in the Federal Law of the Russian Federation, issued on 23.11.2009 №261-FL "Concerning energy-saving and increasing level of energy efficiency and on introduction of amendments to certain legislative acts of the Russian Federation".

Nonetheless, energy could be used vastly more efficiently in technological processes. Present-day energy efficiencies lie anywhere from factors of several to orders of magnitude below the thermodynamic limits. Meanwhile, if we analyze the situation in Russian energy sector, the obvious is outdated centralized electric power equipment which causes global accidents. For this reason, current development of power engineering in Russia and in the world must be connected with use of innovative technologies such as nanocomponents and nanotechnologies.

Nanotechnology is the understanding and control of matter and processes at the nano-scale, typically, but not exclusively, below 100 nanometres in one or more dimensions where the onset of size-dependent phenomena usually enables novel applications. Nanotechnology is cross-disciplinary in nature, drawing on medicine, chemistry, biology, physics and materials science. The ability to see nano-sized materials has opened up a world of possibilities in a variety of industries and scientific endeavors

Present days' achievements of nanotechnology may be classified in the following way: nanomaterials, nanointermediates, production on the basis of nanoelements or by means of nanoinstruments (see figure #1) [2]. Nanotechnology is a key enabling technology both to exploit traditional energy sources in a more efficient, safe and environmentally friendly manner, and to tap into the full potential of sustainable energy sources such as biomass, wind, geothermal and solar power. It also offers solutions to reduce energy losses in power transmission, and to manage complex power grids with dynamically changing loads and decentralized feed-in stations.

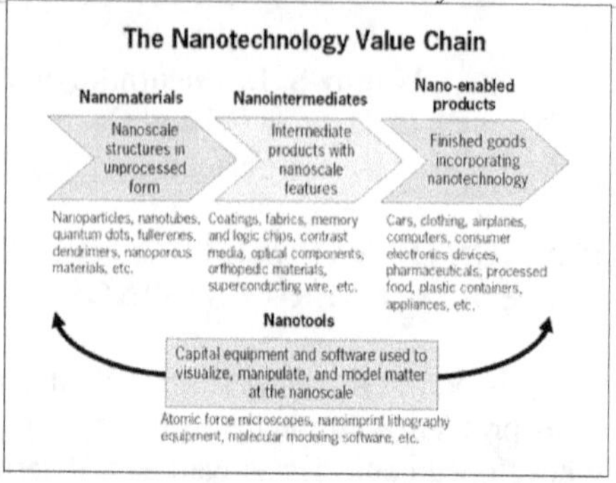

Fig.1. Classification of nanomaterials for the industrial needs

The market of nanomaterials and nanotechnologies in the Russian Federation is at its initial stage of development in comparison with the international market which is headed by the economically developed countries. Meanwhile, as nanotechnology is essentially a set of techniques that allow manipulation of properties at a very small scale, expectations of specialists are connected with the wide use of nanomaterials and nanotechnologies in the sphere of energy.

One of the key areas of nanotechnologies use is power engineering which is connected with the use of nanobatteries characterized by the high density of energy flow, low cycle of battery charging time, reduction of batteries dimensions and weight as well as by enhanced safety and stability of work.

Moreover, there is another developing trend of wire nanoindustry improvement for energy-saving purposes. Thus, the Institute of Electrophysics of the Ural Federal district has developed the technology to generate the unique weakly aggregated nanopowders of solid electrolyte YSZ by means of such physical methods as laser ablation of nickel oxide, copper anodes and cathodes, and the method of wire electric explosion.

There is one more point worth of mentioning: it is the introduction of special nanoactivators marked by a very solid general structure due to which such substances are able to activate the fuel combustion gases at high temperatures. That's why nanoactivators adding to fuel in small quantities (about 100 mg/t) may cause the decrease in specific consumption of gasoline and diesel fuel for 10-15% [1]. In this way nanotechnology can address the shortage of fossil fuels such as diesel and gasoline by:

- making the production of fuels from low grade raw materials economical;
- increasing the mileage of engines;
- making the production of fuels from normal raw materials more efficient.

Nanotechnology can do all this by increasing the effectiveness of catalysts: catalysts can reduce the temperature required to convert raw materials into fuel or increase the percentage of fuel burned at a given temperature. Catalysts made from nanoparticles have a greater surface area to interact with the reacting chemicals than catalysts made from larger particles. The larger surface area allows more chemicals to interact with the catalyst simultaneously, which makes the catalyst more effective. This increased effectiveness can make a process such as the production of diesel fuel from coal more economical, and enable the production of fuel from currently unusable raw materials such as low grade crude oil.

The given review does not cover fully all the opportunities provided by nanoindustry for the energy sector, which today are at the disposal of specialists. The key factor to influence much on the development of the nanotechnologies in the sphere of energy, is a significant cost reduction for nanomaterials in recent years. Due to this economic factor many Russian regions have already started realization of programs concerning energy saving for energy efficient use for 35-37%. In this case, as it is planned, the prospected decrease in energy loss will be possible at the expense of nanotechnology innovations.

REFERENCES

1. **Суздалев И. П.** Нанотехнология: изикохимия нанокластеров, наноструктур и наноматериалов. - М.: Комкнига, 2006.
2. **Федоренко В. Ф.** Нанотехнологии и наноматериалы в агропромышленном комплексе: науч. аналит. обзор. - М.: ФГНУ «Росинформагротех», 2007.
3. **Фокин В. М.** Основы энергосбережения и энергоаудита. - М.: Издательство машиностроение-1, 2006.

М. И. Фисенко.
mihail_fisenko@mal.ru

ПРОТОННАЯ ВСПЫШКА НА СОЛНЦЕ

Вспышки мощные всплески энергии, это сравнительно мало изученные процессы, происходящие в атмосферах звезд. Однако, несмотря на то, что солнечные вспышки, являются наиболее энергичными событиями в солнечной системе, по сравнению с общей мощностью солнца они едва заметны. Таким образом, общее количество лучистой энергии, что они создают точно неизвестно, и их потенциальный вклад в изменение общего потока солнечного излучения, падающего на Землю до сих пор плохо известен. Авторами[6] показано, что общая энергия, излучаемая вспышкой превышает на два порядка величину энергии вспышки, излучаемой в мягкой рентгеновской области. Вспышка дает большой вклад в видимую область солнечного спектра. Эти результаты имеют значение для нашего понимания солнечно-вспышечной активности и изменчивости нашей звезды. Ими также показано, что вспышки происходят на фоне звуковых волн в фотосфере и непрерывных колебаний грануляции.

Наблюдения потока солнца проведены на горизонтальном солнечном телескопе АЦУ –5 в параллельном пучке в период с 1980 по 1984 г. г., длина волны максимальной чувствительности приемника излучения 1.6мкм. При измерениях был использован компенсационный метод, выбранный режим измерений позволил уверенно выделять компоненту в ближней ИК области солнечного спектра, связанную с активными процессами в солнечной атмосфере. Наблюдения проведены с постоянной времени 1 сек., усиление системы было избыточным, поскольку во время вспышек в H_a приходилось загрублять пределы измерений. При такой методике наблюдений сигналы, связанные с солнечной активностью, хорошо выявляются без какой-либо предварительной обработки записей.

Наблюдения проводились в широкой полосе и в области длин волн более 1 мкм. Калибровка проводилась по центру солнца в фокусе Ньютона серым клином и набором калиброванных диафрагм.

Абсолютный поток определялся из известного распределения энергии в непрерывном спектре солнца по данным Лабса и Неккела [5].

В таком случае поток на приемнике определяется сверткой известного распределения энергии в спектре солнца F_λ в полосе чувствительности приемника и относительной спектральной характеристикой чувствительности приемника $S_{отн\,\lambda}$:

$$F = \int_0^\infty F_\lambda \, S_{отн\,\lambda} \, d\lambda.$$

Протонная вспышка наблюдалась 04.02.1983 года в группе 0048, начало 02^h 55^m, максимум 03^h 09^m минут, конец 03^h 45^m минут, время мировое. Координаты вспышки S20, W20, район 4077. Длительность вспышки 50 минут, балл SF. Рентгеновский балл вспышки по данным GOES - C1.4. Вспышка имела вид яркой точки и несколько эруптивных центров, площадь вспышки 84 миллионных долей полусферы.

По нашим наблюдением вспышка вызвана бегущей ударной волной. Волна приведена на Рис.1 .

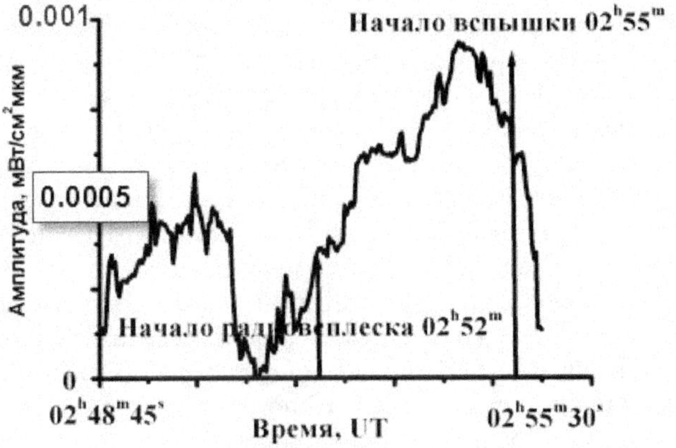

Рис 1.

Увеличение амплитуды волны может быть связано с подъемом волны в верхние слои солнечной атмосферы[3]. Длительность первого периода волны 150 сек и второго 300 сек., амплитуды – 0.0005 мВт/см^2 мкм и 0.001 мВт/см^2 мкм, соответственно. Момент начала вспышки за фронтом второй волны. На рисунке момент возникновения вспышки отмечен стрелкой. На фронте второй волны наблюдается диссипация, такая диссипация возникает вследствие резкого изменения плотности [4], что, скорее всего связано с диссипацией энергии волны при взаимодействии со вспышечной областью в период ее возникновения, где плотность была выше, чем в среде, где распространялась волна.

Температура ударной волны определяется по формуле $S = \sigma T^4$, исходя из этой формулы были определены температуры в первой и второй волне, они составили величины: для первой волны 78К и для второй 95,4К.Нами проверялась возможность аппроксимировать волну известными механизмами - расширяющейся волной и ростом скорости волны в солнечной атмосфере. Удалось установить, что ни один из этих механизмов не подходит для аппроксимации волны, поскольку нарастание потока у нас происходит по экспоненте с скорее всего связано с распадом фронта ударной волны. Процесс после ударной волны имеет турбулентный спектр вида $S = f^{-2}$.

Вспышка связана с радиовсплесками. На Рис.1 стрелкой показано время близкое к началу всплеска на частоте 8800 МГц, всплеск на частоте 9400 МГц начался в 02^h 48.3^m минуты, всплески относятся к одному и тому же событию. Тип всплесков 3, амплитуда порядка 10^{-21} Вт /$м^2$ Гц.

Данные о протонном характере вспышки нам любезно предоставил В.Н. Ишков (Измиран, Москва). Они получены со спутников Метеор, GOES, IMP. Вспышка вызвала поглощение в полярной шапке. По данным спутника IMP протоны были зарегистрированы в каналах 13.7, 20 и 40 МЭВ.

В связи с обнаруженной нами ударной волной следует отметить, что процессы ускорения, протекающие вблизи фронтов ударных волн, представляют особый интерес. Причем спектр ускоренных частиц оказывается независящим от параметров среды, в которой распространяется ударная волна. Большая эффективность процесса регулярного ускорения, которая реализуется в таких случаях, физически объясняется тем, что посредством тех же самых рассеяний частицы черпают энергию направленного движения вещества, запасы которой в случае сильной ударной волны, намного превышают энергию хаотических движений. В этом плане роль статистических механизмов может быть определяющей в образовании популяций надтепловых частиц, которые затем инжектируются в процессе регулярного ускорения.[1].Исаева и Цап сделали вывод, что определяющий вклад в ускорение солнечных космических лучей вносят ударные волны[2].

В работе [6] показано, что начало вспышки связано с максимумом вариаций солнечного потока в непрерывном спектре, в том числе и с максимумом амплитуды волны, как и в нашем случае.

В заключение автор выражает благодарность Шевцову Б.М., ИКИР ДВО РАН за интерес к работе и С.Стародубцеву, Институт имени Шафера космофизических исследований и аэрономии за консультации и интерес к работе.

Литература

1. **Е.Г Бережко, Г.Ф Крымский.** Ускорение космических лучей ударными волнами// Успехи физических наук, 1988 .Т. 154, вып.1,С.49-88.
2. **Е.А.Исаева, Ю.Т. Цап**. Происхождение солнечных космических лучей и метровые радиовсплески 11 типа // Известия крымской астрофизической обсерватории 2011.Т.107. №1.С. 118-125.
3. А.Г.Косовичев, Ю.П.Попов. К расчету одномерных нестационарных задач гравитационной газовой динамики. Журнал вычислительной математики и математической физики. Том 19 сентябрь 1979 октябрь N5 С.1253-1261.
4. **Р. Томас**, Космическая газодинамика. Москва,1964,С.719.

5. **О. Уайт** Поток энергии солнца и его изменения. Москва: Мир,1980.С.558.
6.Kretzschmar Matthieu, de Wit Thierry Dudok, Schmutz Werner, Mekaoni Sabri, Hochedez Jean – FranÇois, Dewitt Steven. The effect of flares on total solar irradiance // Nature Physics 2010.V6, P. 690 – 692.

Prigorov E.Y., Vorotnikova Y.S.
a branch of Tyumen Oil and Gas State University
e-mail: nauka@tobii.ru

THE DISCURSIVE STRATEGIES OF RUSSIAN TOP MANAGERS SPEECHES

The study of corporate business discourse, which means speech of the staff, has become actual if to trace the latest researches/ It happens not only due to its multi-disciplinary characteristics and variety of discursive phenomena it presents, but also due to its high practical and economic importance for the development of companies, organizations and working staff there. But the most interesting, to our mind, is the study of top-managers discourse, whose task is to deliver the main provisions of the company's activities, strategies, mission and prospects to the core staff and to make them work efficiently in this way.

First of all it should be mentioned that the corporate discourse is institutional [1, 55] because it denotes speech actions and interaction of individuals in a certain social communication setting, which is pragmatically unique due to certain communication strategies which are frequently used, i.e. due to «contextual macro strategies» according to the definition of well-known researcher of discourse - T. van Dyck [2, 15]. The concept of the strategy applied for communication process, is complex and complicated: therefore it may be considered as a model of communication built on the principle of «subject → object» being aimed at the achievement of a certain goal. We agree with E.V. Kluyev [3, 10-11] that a discourse strategy is a set of speech utterances which have been planned by the speaker and then implemented in the course of a communicative act, aimed at achieving the speaker's communicative intention. The very idea how to organize these utterances into a single meaningful text unit (i.e. the communication strategy) is called the communicative intention, which is the driving force of a discursive strategy.

The choice of a discursive strategy is determined by the global aim of a speaker, which, according to many scientists, is based on the speaker's will to cooperate or to disintegrate: that means two types of discursive strategies which are cooperative (harmonious), or a strategy for convergence, and non-cooperative (i.e. confrontational, disharmonious), or a strategy of distancing.

For this reason, the discourse of managers should be regarded as very pragmatic and manipulative, as it is intended to realize the company's leaders ideas effectively in the course of interaction between managers and core staff. Thus, we have studied the discursive strategies typical for Russian leaders? Having taken for the analysis speeches of N.A.Ostarkov, a Vice-President of the Russian public organization «Business Russia»; L.A. Fedun., a Vice-President of Plc «LUKOIL»; A.M.Volovik, the President of the Moscow fuel and energy Union; D.V.Dvoinov, the General Director of LLC «Petrol Systems».

At the global level, there has been a common thematic scheme found in all studied speeches: this is, first, the theme of presentation introduction, then comes this theme argumentation and, finally, there is the speech theme summarizing. This universal scheme of Russian managers discourse at the micro level is expressed in a common discursive strategies, among which we have mentioned the following:

• the strategy of so-called theme dispersal through the recurrent use of abstract words or words of foreign origin[1]:

Ostarkov: «Главная и основная **проблема** для российской экономики – это **инвестиционный климат**»;

Fedun: «**Инновации** составляют 53 процента, и это действительно так, потому что все мы живём в условиях **научно-технической революции**, и именно те компании, которые **практикуют инновации**, добиваются наибольших **конкурентных преимуществ**, и они всегда на виду, они обеспечивают наибольшую **доходность** на **вложенный капитал** для своих **акционеров**»;

Volovik: «**Конкуренция** в стране убивается, и идёт **колоссальная ситуация огусадрствлевания** вообще всего, т.е. просто вытесняется **частный бизнес**. Если мы с вами не сплотимся и не сумеем **защитить свои интересы**, то мы просто уйдём с **рынка**»;

Dvoinov: «Все мы **прекрасно** знаем, что наш **бизнес** сегодня является **низкоморженальным**»;

• the strategy of their own responsibility leveling for the suggestions they are speaking out: in many cases while speaking about problems in the company, managers use personal pronouns «we»/«you» (and their grammatical forms) having no reference to a certain person who is responsible for implementation of these provisions. In such cases the staff is difficult to understand the instruction for the action:

Ostarkov: «Я привел **вам** резоны, для того чтобы **вы** могли продвинуться в плане отраслевого объединения»;

Fedun: «Поэтому вопрос внедрения инноваций является исторически важным и влияющим на капитализацию **нашей** компании»;

Volovik: «**Мы** сами должны понять, что для **нас** лучше, ведь **мы** же не хотим ухудшить своё положение»/

Dvoinov: «Один из вариантов, который можно рассмотреть президиуму **нашего** сегодняшнего собрания, это вариант объединения под каким-то брендом».

This strategy is also achieved by speakers through regular use of such phrases as «You know», which presuppose the listeners to agree with the concept of the speaker as it does not require any contra-arguments in response:

---

[1] All the examples are given in the original Russian language with the underlined words to characterize the strategy.

Fedun: «Вы знаете, что инновации – это ключевой фактор развития компании»;

Volovik: «**Мы понимаем прекрасно**, что сегодня, если заправка не имеет дополнительных услуг, таких как мойка, автосервис, и прочие любые какие-то услуги, то выживать, по-моему, просто невозможно»;

Dvoinov: «**Все мы прекрасно знаем**, что наш бизнес сегодня является низкоморженальным».

Thus, the given research has shown that the discursive strategies of Russian managers are mostly oriented on disintegration of managerial staff and employees of the core staff because while being consistent at the macro level, top-managers speech is not concrete, abundant in bookish and foreign words, which, undoubtedly, make the company's strategic provisions given by managers difficult for understanding. This fact might be a reason of the widespread impression gotten by foreign partners about the management system in Russia which is labeled as a system of «power culture» [4]: such a notion implies a significant gap between the management of the upper and middle chart, a poor team management style and pattern type of leadership (concentrated on pattern following but not on original task solving) – all these factors which are typical for Russian management and are obvious in managers discourse slow down the development of a company in spite of the demand to be successful and innovative.

REFERENCES

1. Варзонин Ю.Н. Риторика в эпоху постструктурализма // Язык и дискурс. Когнитивные и коммуникативные аспекты: Сб. науч. работ. Тверь: Твер. гос. ун-т, 1997.
2. Дейк Т.А. ван Язык. Познание. Коммуникация. М., 1989.
3. Клюев Е.В. Речевая коммуникация: Учеб. пособие для университетов и вузов. М.: ПРИОР, 1998. 224 с.
4. Koopman P., Hartog D., Konrad E. National Culture and Leadership Profiles in Europe: Some Results from the GLOBE Study // European Journal of Work and Organizational Psychology. 1999. Vol. 8. ¹ 4. P. 503.520.

Лаврентьев В.А.
Кандидат педагогических наук, доцент кафедры педагогики Владимирского государственного университета им. А.Г. и Н.Г.Столетовых, член-корреспондент Международной академии наук педагогического образования (МАНПО); e-mail: lwa33@mail.ru

ВЕРБАЛЬНОЕ ВЫРАЖЕНИЕ НЕПРИЯЗНИ КАК ПРЕДМЕТ СУДЕБНОГО ЛИНГВИСТИЧЕСКОГО ИССЛЕДОВАНИЯ

Отношения между людьми могут складываться по-разному, и одной из форм проявления субъективного (в нашем случае отрицательного) восприятия в рамках «человек-человек» является слово, которое, определяя и наиболее ярко выражая это восприятие-отношение, может становиться формой оскорбления чести и достоинства человека, неприкосновенность которых гарантируется и защищается законом. Так, например, подчеркнуто демонстрируемое в словах и поведении неприязненное, негативное отношение представителей одной расы или национальности к представителям другой расы или национальности определяется как расовая (национальная) неприязнь, которая, - в каких бы формах она не была выражена, - всегда являлась проявлением разной степени нетерпимости как к представителям другой национальности, другого народа, так и к этой национальности и этому народу вообще, а значит, и к культуре этого народа, часто становясь одной из причин межнациональных, межрасовых, конфессиональных и социальных конфликтов и войн. При этом причиной неприязни в этом случае является не столько что-то отрицательное, совершенное представителями другой национальности, сколько непохожесть и особенности их языка, внешности, поведения, традиций национальной кухни, быта и уклада жизни, вызывающие немотивированное раздражение, наиболее частой формой выражения которого и становится слово.

В то же время одним из оснований для личной неприязни часто служит неприязнь социальная, в большинстве случаев в основе своей имеющая зависть, причиной для которой становится разница в уровне образования, интеллекта и внутренней культуры, во многом определяемой воспитанием, степень жизненной успешности, выражающейся в уровне жизни и материальной обеспеченности. Крайняя степень социальной неприязни становилась одной из причин гражданских войн. Потому способность к взаимопониманию и толерантному восприятию другого, в условиях интеграционных процессов, происходящих в мире, предупреждающие и исключающие проявления как социальной, так и межнациональной неприязни к представителям иной культуры, национальности, конфессиональной принадлежности, приобретает все большее значение, особенно когда речь идет о тех случаях, когда способом проявления этой неприязни является слово, которое в конкретной ситуации может становиться орудием покушения на честь и достоинство того, в чей адрес оно произносится, что может стать основанием для уголовного преследования: наряду с разрядами слов, за которыми исторически в силу различных причин в определенное время закрепилось устойчиво-оскорбительное значение при их употреблении в адрес человека (как оценки-характеристики, так и в составе словосочетаний, утвердившихся в языке в качестве ругательно-бранных), многие слова могут приобретать такое значение, когда будут прямо и намеренно произнесены или написаны в адрес конкретного человека и будут выражать подчеркнуто-негативное, неприязненное отношение к нему, открыто и явно проявленное интонационно. И в этом случае основания для обвинения в оскорблении чести и достоинства человека должна определить и подтвердить судебная лингвистическая экспертиза, являющаяся основным доказательным инструментом находящейся в стадии становления науки юрислингвистики (как вариант – лингвоюристики).

Именно судебная лингвистическая экспертиза текста должна определить, использованы ли в нем его автором языковые средства для передачи своих отрицательных эмоциональных оценок кого-либо или присутствует ли в нем намеренное искажение и диффамация фактов, имеющих отношение к различным сторонам жизни, поступкам и т.д. кого-либо, с целью придать им в данном речевом акте оскорбительный характер и расценивающихся в этом случае как покушение на неприкосновенные и достойные уважения моральные качества и этические принципы личности, которые лежат в основе понятий *честь и достоинство,* являющиеся по Конституции РФ неотъемлемой нематериальной ценностью любого человека. Лингвистическое исследование, проводящееся в рамках судебной экспертизы, должно установить, например, содержатся ли в представленном на экспертизу материале высказывания, направленные на возбуждение ненависти либо вражды, а также на унижение достоинства группы лиц по признакам национальности, отношения к религии, а равно принадлежности к социальной группе, и использованы ли в материале специальные языковые или иные средства для целенаправленной передачи оскорбительных характеристик, отрицательных эмоциональных оценок, негативных установок и побуждений к действиям из чувства неприязни к конкретному человеку.

В результате этого переходится та граница, за которой вербальная оценка становится выражением не просто личного отношения, но уже получает основания квалифицироваться как оскорбление, т.е. покушение на честь и достоинство другого человека, в то время как, по утверждению Н. Бердяева, реализация собственной «личности всегда предполагает самоограничение, выход из себя в другого» [1,247]. По мысли Н.Бердяева, реализация личности предполагает такое общение, когда человек, - что является важнейшей целью воспитания, - способен «не быть поглощенным собой, а быть обращенным к «ты» и к «мы» - в результате чего между людьми появляется «общность», т.е. стремление и способность к взаимоуважению и ответственности за свои слова, которые не только определяют поступки, но и сами часто становятся поступками.

Оскорбительное значение слово приобретает и в сочетании с прилагательным, подчеркивающим и отношение говорящего к человеку, и оскорбительную характеристику какой-либо личностной особенности этого человека, его физического недостатка, или называющим его национальную принадлежность, т.е. те признаки, указывая на которые, говорящий стремится нанести душевную боль тому, кому адресует это словосочетание, т.к. в этом случае слово приобретает иное значение, нежели то, которое свойственно констатирующей лексике.

Вошедший в обиход судебных лингвистических экспертов в к.XIX века научный термин «язык вражды», по определению Председателя правления Гильдии лингвистов-экспертов по документационным и информационным спорам (ГЛЭДИС) проф. В.М.Горбаневского, «отражает все существующие в мире противоречия - социально-экономические, межгосударственные, идеологические, межконфессиональные» и, что мы считаем очень важным, межличностные, и потому, как считает этот видный лингвистический эксперт, «является не менее опасными, чем граната РГД-4», и может «стать катализатором социальных, межнациональных и межконфессиональных взрывов» [2,68], а также межрасовой неприязни. И если катализатор ускоряет, замедляет или изменяет «течение химической реакции» [3,329], то ясно, что в данном контексте имеется в виду значение «словесные оценки, не только демонстрирующие, но и провоцирующие, рождающие и демонстрирующие личностную неприязнь».

Линвистическая судебная экспертиза анализирует и оценивает ситуации, когда вместо своего прямого лексического значения слово может использоваться или как ругательство, и в этом случае, как отмечает Ю.В. Щербинина, оно произносится в состоянии психического возбуждения как реакция на какое-либо внешнее раздражение и может не иметь адресной направленности, или когда оно несет адресную направленность для намеренно-негативной оценочной характеристики конкретного человека, группы людей и т.д., приобретая в этом случае признаки оскорбления, унижающего честь и достоинство того (или тех), в чей адрес они произносились. Если же такие слова не будут иметь конкретной личностной направленности, то они будут характеризоваться и восприниматься как ругательство (эмоциональный выплеск или «слово-связка») и в этом случае будут квалифицироваться как проявление невоспитанности или речевой распущенности, а значит, получат иную юридическую оценку.

Литература

Бердяев Н.А. Философия свободного духа. М.: Республика, 1994.
Горбаневский М.В. «Язык вражды» и свобода слова: Межэтническое и межконфессиональное в российских СМИ как проблемное поле / сост. Ю.В.Казаков. Ч.1. – М.: Галерия, 2003.
Ожегов С.И., Шведова Н.Ю. Толковый словарь русского языка. М.: 1998.

Pustova M.I.

UKRAINIAN WOMEN AND «POSTMODERN CONDITION»: GENDER IMPACT ON EDUCATION AND EMPLOYMENT

Since the 90s of the last century Ukrainian society has been engaged in the discussion of the topical issues connected with gender – a socio-cultural construct, a range of physical, mental and behavioural characteristics of masculinity and femininity, a complex of norms that are prescribed for men and women in the society. The issues under discussion cover the problems of inequality in private and public spheres, the «female face» of poverty, the crisis of masculinity, the gender nature of violence, the discrimination in the labour market, the involvement of women into politics, and a lot of others [1].

However, the public discussion is hardly advancing: there is an opinion maintained by mass media that the Ukrainian women have different burdens than their Western emancipated colleagues. Though it is true to some extent – each country produces its own statement of priorities – still there are some fundamental problems which are the same and some aspects of these problems which are different. With us the problem of the awareness of inequality is still on the agenda.

The collapse of the Soviet Union and the ensuing «shock theraphy» caused great suffering to the Ukrainian women: they lost their jobs and social protection (free health care, state-subsidized housing, etc.). The so-called «free economy» was very cruel to women in Ukraine but feminist consciousness did not motivate women to join social or political action. Women were not engaged in the feminist movement, they were engaged in hard labour in order to maintain their children. This fact gave more grounds to the idea circulating in the state narrative that Ukrainian society and culture possess some peculiar characteristics expressed, for example, in the image of Berehginya [2]. Though this concept has become the component of the official national narrative it is not supported by the majority of the Ukrainian women who prefer to see the future not in the past but in the new realities of the postmodern world despite its complexities of globalization, hypermodernism, consumerism or whatever else.

For the last twenty years Ukrainian women have come a long way. Our lives have changed a lot, now our lives are no doubt richer and more interesting but they are still very difficult. Women are still in two minds: should they think about their careers or their families? Career women do not know if they are to do their jobs like men or like themselves. Are they supposed to endure harassment at their workplace? Is motherhood a privilege or a punishment? Researchers claim that the gender contradictions have never been more bruising than they are now [3, 3].

With the Ukrainian women the changes that have been taken place are contradictory in many respects. Under the new market conditions women have lost much of their competitive force. A lot of factors account for it: businesses are not interested in an employee who «a priori» needs social protection (e.g. maternity leaves and childcare leaves). At the same time there is a growth of the women's activity «from below», «from the floor», there have appeared new women's organizations, the authoritative scientific school of gender research has been established, a net of centres for women in the situation of crisis is extending, other examples can be also provided. Moreover, in Ukraine as well as in other developed countries a postmodern family model is becoming more and more popular. Nowadays women being well aware of the risks connected with the possibility of divorces are cautious in the choice of their spouses and plan first of all to obtain qualifications and professions, preferably those which are in demand.

On the other hand, the level of women's employment is very high in Ukraine, so the importance of providing equal rights and possibilities for men and women in the labour market is great. As it is proved by many gender scientists, one of the key obstacles in the way of the gender equality is professional segregation. Researchers claim, that the discrimination practices in the labour market cause the formation of the so-called «social pyramid» in accordance with which the higher the level of an employee, the fewer women are at this level.

«Glass ceiling» is a metaphor which has been used in the Western feminist literature since the end of the last century for denoting invisible artificial obstacles and organizational barriers preventing women from occupying the top management positions. This metaphor has a very precise meaning under the Ukrainian conditions. These conditions constitute the institutionalized sex discrimination, which seems still a very serious problem in Ukraine. There is no denying that the interrelations between sex and gender are very complicated as they represent experiences that form and transform our lives. The latter is evident in a lot of public spheres, academia, higher education are of paramount importance among them [4]. On the one hand, now women have no obstacles to join the academia, on the other, – they are always shown their «proper» places.

Some women – indeed, few women, are advanced to the positions of top management at universities acting out the scenario of tokenism, but the «centre» is by all means occupied by men, women are still «the inhabitants of the margin» at universities.

Gender researchers, feminist philosophers address epistemological issues, provide background information, locate particular positions and arguments trying to produce an impact on the overall feeling for the concerns of the women's place in the masculine world of universities. Dniepropetrovsk National University of Railway Transport, traditionally men's university, can serve as an appropriate example. In the teaching staff of the university men are represented by 64%, women, correspondingly, – 36%. Among professors and associate professors, women make up 30%, men – 70%. Among senior instructors there are 40% of women, and 60% of men. Among instructors and assistants women make up 51% and men – 49%. This statistics proves the validity of the «glass ceiling» concept and provides a convincing illustration to the «gender pyramid» idea: among instructors without PhD degree women make up the majority but at the level of professors and associate professors the picture is changed: there is vivid men's representation.

Among the overall number of graduates (2012) male students form 58%; correspondingly, female students – 42%. Among Master degree graduates – women are 45%, men – 55%. Among the graduates with Honours, women are represented by 60%, men – 40%. An interesting feature of the gender quality of learning is the fact that among students expelled from the University for low academic results men make up 82%, women – 18%.

So, both in the qualitative and quantitative respects female students study better and show better academic efficiency than their male fellow students. Generally speaking, girls graduating from universities are better prepared for their future professional work. What happens then? Let us proceed with the academic carrier of a university teacher. Students get their Master degrees approximately at 23-24, then he/she studies at the postgraduate level, works at the PhD dissertation, and this takes as a rule 4-5 years. So a proficient scientist gets his/her PhD degree at about 30-35, but for a woman who wants to have children 35 is a critical age. At the same time it is a period of the active professional work and career women with their «package of double employment» quickly lose their high tempo in the professional growth and career advance. It is interesting to note that this situation is common for higher education both in Russia and Ukraine. Researchers claim that in Russian universities women make up 68% of senior teachers, but among all the rectors of the universities in the Russian Federation women are represented only by 7% [1, p.9].

A brief survey of the railway transport sphere, namely, Pridneprovsk Railway, shows that according to the official data among the employees with higher education women make up about 50%. The situation is absolutely different in the top management: among the principals and their deputies women are represented only by 19%. Among the top managers – «heads of the services» – women constitute 7%.

All the facts and factors mentioned above show the importance of the gender approach to the socio-economic processes, in general, and education, in particular. If the society doesn't take into account the power of the gender segregation, it will suffer considerable losses in the «human capital», and, what is very important, – Ukraine's «human capital» consists of 52% of women. In many cases women do not take the positions where they can be useful to a full extent but occupy the places, where men, their bosses, put them in accordance with their gender stereotypical mode of thinking. Of course, this is connected with the general problem of the women's representation at the decision-making levels. Whatever the «creators» of the cultural narratives can declare, the reality of women's lives in Ukraine lies in professional employment, and their work should be appreciated.

1. Кись О. Проблемы (ре)конструкции истории женщин в Украине: акторы, авторы, нарративы // Гендерное равноправие в России. – СПб.: Алетейя, 2008. – С. 155-162.
2. Гендерные стереотипы в меняющимся обществе: опыт комплексного социального исследования. – М.: Наука, 2009. – 273с.
3. Greer G. The Whole Woman. – London: Black Swan, 2007. – 452p.
4. Пшинько А.Н., Власова Т.И.: Познание и рациональность в культуре постмодерна (опыт междисциплинарного исследования). – Монография. – Дн-вск: Изд-во Маковецкий, 2012. – 152 с.

Хидиятов Н.Б.
к.филос.наук, доц. Уфимский государственный авиационный технический университет (hidiyatov63@mail.ru)

ЧЕЛОВЕК, КАРТИНА МИРА И МИРОВОЗЗРЕНИЕ: УРОВНИ ОСОЗНАНИЯ И ВЗАИМОДЕЙСТВИЯ

Картина мира и мировоззрение – понятия, по сути, однокоренные. И там и тут подразумевается мир как некое целостное содержательное представление субъекта, «вынесенного за скобки». Человек или иной субъект «растворен внутри», присутствует имплицитно конкретным содержанием и структурой, как мировоззрения, так и картины мира.

«Картина мира», «мировоззрение» - порождения, которые можно рассматривать изолированно от их творца, как некие предметные данности, а их носитель определяется через них. Так, извне, характеризуют человека обычно в его социальном бытовании, а также в рамках теоретических рассуждений о человеке. В непосредственной текущей жизнедеятельности, в самоопределении, самочувствии человек вовсе не озабочен специальным рефлексивным определением своего мировоззрения, а тем более выяснением характерной для него «картины мира». Включение понятий «мировоззрение» и «картина мира» в поле рассуждения о человеке происходит в рамках специальных обсуждений.

Мы можем различить, таким образом, два уровня данности человека самому себе и окружению. С одной стороны, есть, в силу того, что человек живет, изначальная и имманентная погруженность в целостное переживание себя и мира, переживаемое имманентное единство себя с миром, которое отдельными своими гранями эксплицируется в его рассуждениях, действиях, эмоциональных откликах на тот или иной срез и события жизни. С другой стороны, эти отклики, действия и рассуждения могут быть объективированы окружением и самим человеком в рефлексивной форме, в неких идеологемах, причем объективации самого человека и его окружения могут значительно расходиться.

У человека есть личностная позиция, которая вовсе не нуждается в обязательном проговаривании и сознательном определении. Она может осуществляться непосредственным ходом и образом жизни этого человека, его поступками. С другой стороны, есть идеологическая конструкция, так или иначе вырабатываемая человеком, в которой он формулирует свое мировоззренческое кредо.

Разрыв между теоретическим рассуждением о человеке через понятия «мировоззрение», «картина мира», и тем, что в повседневной непосредственной жизни человека он вполне обходится без них, свидетельствует о вторичности, производности этих понятий в своей логически определенной форме для характеристики существа человека.

Это во-первых. Однако, с другой стороны, сама их востребованность, то, что именно через них развертывается рассуждение о человеке, его сущностных качествах говорит о том, что эти понятия выражают собой некую современную онтологическую ситуацию человека.

Предметность «картины мира», «мировоззрения» предполагает, что сущее развертывает себя в некой объективированной форме, как взаимосвязанное целое. Человек и действительность взаимно задают друг друга в этой предметно-объективированной форме. Там, где сущее, действительность определены в форме «картины мира», человек определяется в качестве именно субъекта и носителя мировоззрения. Человек, ставший (превратившийся) субъектом мировоззрения, и сущее, определившееся в виде «картины мира», - это две стороны одной медали.

Что позволяет нам определять человеческое отношение к действительности как «мировоззрение» и как «картину мира»? На мой взгляд, можно выделить три исходных допущения, обеспечивающих такое понимание человека и мира: посылка трансцендентального сознания, посылка деятельности как формы человеческой активности и посылка человека как субъекта, носителя рационально-практического отношения к сущему.

Внутри этого контекста, такого развертывания взаимодействия человека и мира, в качестве уже производной проблемы, может зазвучать проблема «подлинности» мировоззрения человека, и проблема истинности «картины мира». Проблема эксплицирует тогда свою аксиологическую составляющую.

Человек, изначально определенный рамками такого бытийного развертывания себя и действительности, движущийся внутри этих рамок, самоопределяется как активное, преобразующее существо, «вгоняет» себя в активную предметную деятельность, а действительность определяется в виде внешней, независимо от человека (превратившегося в субъекта) существующей упорядоченной «объективной реальности».

В картине мира **как понятии** уже присутствуют, подразумеваются такие характеристики, как «целостность», «предметность», «объективированность», «идеологичность». Понятие предполагает онтологическую ситуацию дихотомии «я» как деятельного, автономного начала, и «мира», который объективируется и тематизируется определенным образом. В «картине мира», подразумевается, таким образом, также релятивность, изначальная субъективная (в смысле **одного из** возможных взглядов, «картин») заданность.

Эти характеристики – целостность, предметность, объективированность, идеологичность, субъективность – имеют как онтологический, так и ценностный аспекты своей данности.

Мировоззрение также исходит из «я» и «мира». На рефлексивном уровне мы говорим о «**системе** взглядов и убеждений человека в отношении мира и себя». Уже затем, отталкиваясь от подразумеваемой системности, целостности мировоззрения как его необходимой сущностной черты, мы можем характеризовать конкретное воплощение мировоззрения какого-либо субъекта как эклектическое, бессистемное. Здесь, таким образом, рассуждение идет от идеологического, вторичного, рефлексивного уровня к первичному, непосредственно переживаемому уровню. В сознании и отдельного человека, и теоретического рассуждения первичный и вторичный уровни поменялись местами. Онтологически первичное осмысляется и оценивается на уровне вторичных, идеологических схем.

«Мир» - это концепт умозрения, а не чувственно воспринимаемое нечто. Само понятие «мир» предполагает целостность, объективированную отстраненность, но на уровне непосредственного восприятия, осознания и артикуляции присутствующее лишь частично, непосредственно данным окружением. Точнее, ситуация такова, что человеку мир в его непосредственной проживаемости дан цельно и себя он переживает как органически единого с миром, но эта цельность дана экзистенциально, а на уровне осознания конкретных предметных ситуаций человек всегда имеет дело с чем-то частным, отдельным.

Здесь кроется та ситуация, когда понятие мировоззрение «из себя», своей понятийной определенности задает ситуацию полноты, а фактическое переживание себя тем или иным человеком на идеологическом, рефлексивном уровне, определяемом как мировоззренческая позиция, такой полнотой, определенностью вовсе не характеризуется. Но, повторим, на уровне первичной погруженности человека в свою жизненную ситуацию как живущего и взаимодействующего со своим окружением, человек и его непосредственное переживаемое окружение даны целостно, как одно. Различие возникает на уровне идеологических схем и суждений.

Весь ход нашего рассуждения возможен и осуществляется как движение на уровне единых универсальных структур сознания. Само сознание и язык позволяют нам вычленять и классифицировать определенным образом мировоззрение и картину мира как некие содержательные понятия, а носителем предполагается некий субъект вообще. Где здесь сам конкретно представленный, непосредственный и уникальный носитель и мировоззрения, и картины мира? Его здесь нет, он задан, предположен и присутствует виртуально и абстрактно, вне каких-либо индивидуализирующих уникальных характеристик. Уже затем готовую идеологическую схему «человек – мировоззрение – картина мира» мы можем осуществить в конкретном рассуждении о конкретном человеке или он сам будет определять себя внутри этой готовой схемы. (Ведь движение непосредственного осознания себя человеком осуществляется большей частью на уровне вторичных рефлексивных структур).

Сознание, таким образом, – это самостоятельный, структурно и содержательно сложный организм, позволяющий формулировать любые содержательные объективированные суждения и повороты темы без того, чтобы все это было привязано к конкретному уникальному человеку. В самой матрице суждения он представлен понятием «субъект».

Соответственно, можно различить понятийное и функциональное «бытование» указанных категорий. Если «картина мира» и «мировоззрение» обладают в своей понятийной определенности содержательными характеристиками, то функциональное их бытование в качестве картины мира и мировоззрения конкретного человека вовсе не обязательно обладает этими характеристиками явочным образом во всей своей содержательной полноте и непротиворечивым образом. Существует разрыв между понятийной определенностью и функциональной данностью этих категорий.

Феноменология выделяет «горизонт» событий, тот смысловой фон, который присутствует в любом сознательном акте, на что бы он ни был направлен и кем бы он ни осуществлялся. Так и в мировоззрении, как понятии, когда его начинают продумывать, есть целостность, «работающая» независимо от того, как происходит ее осознание данным, конкретным субъектом мировоззрения. На субъективном уровне, уровне сознательного самоотчета мы можем фиксировать лишь отдельные осознаваемые и высказываемые суждения, поступки. Но за ними и в них, обеспечивая саму их возможность, присутствует скрытая деятельность сознания как целостности. Таким образом, ставя проблему картины мира и мировоззрения, их структурную и содержательную целостность, мы можем зафиксировать, по меньшей мере, два уровня. С одной стороны, это уровень самого сознания как трансцендентального, универсального феномена, с другой стороны, это связи и содержание деятельности сознания данного конкретного субъекта. И здесь может встать проблема осознания собственных структур трансцендентального сознания, которые работают в тебе и «за тебя». Если человек сумеет «увидеть» сложную скрытую работу сознания в самом себе, его осознание себя станет иным. На уровне идеологических структур он может проживать свою жизнь и осознавать себя через определенную мировоззренческую позицию. Она, оставаясь вторичной, как рефлексивная структура, станет частью глубинного онтологически-экзистенциального переживания единства себя, мира и сознания. Собственное «я» человека станет глубже и таинственнее. Также «картина мира», при том, что сохранит в своей объективации, т.е. в своей репрезентативной форме признаки внешности, дистанцированности от экзистенциального «я», будет «присвоена» человеком как характеристика глубинных структур бытия, выявляющая себя в виде «мира».

В рамках предложенной схемы развертывания бытийных взаимоотношений человека и действительности необходимо коснуться также феномена деятельности. Включенность человека в определенные отношения с конкретным кругом лиц, институций, с определенной предметной сферой жизнедеятельности, задает и содержание, и «угол зрения» на себя и мир. Есть, вроде как, треугольник человека как **субъекта**, работы **универсальных структур сознания** и **практической деятельности**, в которую погружен человек и которая задает круг его интересов и содержание его сознания.

Итак, сознание в своей универсально-общественной форме предстает как организм трансцендентальный. Он, этот организм, универсален, работает в собственном режиме, скрытно и автономно. Непосредственная жизнедеятельность задает конкретное содержание и направление активности человека, что превращается в содержательный и практический смысл его «мировоззрения» и «картины мира». Сам человек – «место творческой встречи» сознания в его трансцендентальных характеристиках и практической деятельности, заданной обществом в данном месте и времени.

Если есть личностный акт, в котором мир и человек, по Мамардашвили, доопределяются, то «мировоззрение» и «картина мира» в этом случае возникают на втором шаге. Истина уже «глядит на тебя», говорит М.К.Мамардашвили.

Зауэр Е.А.
доцент, канд. техн. наук,
Волгоградский государственный технический университет
zea@vstu.ru

ЭНТАЛЬПИИ ОБРАЗОВАНИЯ ПРОИЗВОДНЫХ ФУРАНА

В работах [1-5] для полициклических ароматических углеводородов, производных тиофена и адамантана была установлена хорошая корреляция между значениями энтальпий образования, полученными экспериментально и рассчитанными полуэмпирическими квантово-химическими методами, которая описывается с помощью уравнений линейной регрессии. Последние были использованы для прогнозирования энтальпий образования соединений перечисленных выше классов.

Объектом расчета в данной работе являются производные фурана. Интерес к химии фурана вызван разнообразием химических свойств фуранового цикла (его способностью выступать в качестве ароматического соединения, 1,3-диена и скрытого 1,4-дикарбонильного соединения), а также с возможностью синтеза соединений этого класса на основе фурфурола, получаемого из постоянно возобновляемого сырья – отходов растительного происхождения [6].

В данной работе с помощью программы MOPAC, в которую входят полуэмпирические квантово-химические методы PM3, AM1, MINDO и MNDO, выполнен расчет энтальпий образования производных фурана. Для выбора метода квантово-химического расчета были использованы 18 соединений с известными экспериментальными значениями энтальпий образования [7–17]. Для каждого из этих веществ были выполнены полная оптимизация геометрии молекул и расчет их энтальпий образования вышеназванными методами.

Коэффициенты корреляции между рассчитанными теплотами образования $\Delta_f H^o_{расч.}$ и экспериментальными данными $\Delta_f H^o_{эксп.}$. составили для PM3, AM1, MNDO и MINDO соответственно 0,9980; 0,9922; 0,9956 и 0,9950. То есть, при использовании PM3-метода корреляция наилучшая и описывается уравнением линейной регрессии следующего вида:

$$\Delta_f H^o_{расч.} = 0{,}9378\ \Delta_f H^o_{эксп.} - 2{,}845 \qquad (1).$$

С помощью уравнения (1) теплоты образования соединений были пересчитаны с целью их приведения к экспериментальным данным. Результаты пересчета представлены в табл. 1. Из таблицы видно, что при переходе от рассчитанных значений теплот образования $\Delta_f H^o_{расч.}$ соединений к исправленным $\Delta_f H^{o*}_{расч.}$ с помощью уравнения (1) величина среднего абсолютного отклонения уменьшается ~ в 1,9 раза (с 16,95 кДж/моль до 9,02 кДж/моль).

С использованием РМ3-метода и уравнения (1) были рассчитаны теплоты образования 29 производных фурана (табл. 2), экспериментальные значения для которых неизвестны.

Таблица 1.

Сравнение экспериментальных и исправленных с помощью уравнения (1) значений энтальпий образования соединений

Соединение	Энтальпия образования, кДж/моль			Абсолютное отклонение, кДж/моль	
	$\Delta_f H^o_{эксп.}$	$\Delta_f H^o_{расч}$	$\Delta_f H^{o*}_{расч}$	Δ	Δ*
Фуран	-34,7 [14]	-17,12	-15,22	17,58	19,48
2-фуранкарбоксальдегид	-151 [13]	-155,91	-163,22	4,91	12,22
3-фуранкарбоксальдегид	-151,9 [7]	-161,69	-169,38	9,79	17,48
2-фуранметанол	-211,8 [10, 12]	-216,26	-227,57	4,46	15,77
2-фуранкарбоновая кислота	-410,3 [9]	-383,08	-405,45	27,22	4,85
3-фуранкарбоновая кислота	-415,8 [9]	-397,99	-421,35	17,81	5,55
2-ацетилфуран	-207,4 [7]	-187,95	-197,38	19,45	10,02
3-ацетилфуран	-201,3 [15]	-198,85	-209,01	2,45	7,71
5-метил-2-фуранкарбоксальдегид	-196,8 [15,17]	-193,48	-203,28	3,32	6,48
3-(2-фурил)2-пропеналь	-104 [8]	-92,71	-95,83	11,29	8,17
2-фуранакриловая кислота	-359 [8]	-331,79	-350,76	27,21	8,24
3-фуранакриловая кислота	-353,8 [8]	-339,87	-359,38	13,93	5,58
2-ацетил-5-метилфуран	-253,9 [17]	-224,43	-236,28	29,47	17,62
4,5-диметилфурфурол	-236,8 [15]	-230,09	-242,32	6,71	5,52
3-ацетил-2,5-диметилфуран	-294,6 [15]	-271,62	-286,60	22,98	8,00
2,5-диметил-3-фуранкарбоновая кислота	-499,5 [15]	-466,71	-494,63	32,79	4,87
2-оксо-2,5-дигидрофуран	-257,2 [16]	-248,12	-261,54	9,08	4,34

2-фурфуролдиацетат	-773 [11]	-728,27	-773,54	44,73	0,54
Среднее абсолютное отклонение, кДж/моль				16,95	9,02

$\Delta^*=\Delta_f H^{o*}_{расч.} - \Delta_f H^o_{эксп.}$; $\Delta = \Delta_f H^o_{расч.} - \Delta_f H^o_{эксп.}$

Таблица 2.

Энтальпии образования производных фурана, рассчитанные с использованием РМ3-метода и уравнения (1)

Соединение	$\Delta_f H^{o*}_{расч.}$, кДж/моль
5-метил-2-фуранкарбоновая кислота	-445,68
3-метил-2-фуранкарбоновая кислота	-444,81
5-ацетил-2-фуранкарбоновая кислота	-582,93
2-ацетил-3-метилфуран	-239,05
2-ацетил-4-метилфуран	-238,35
5-этил-2-фуранкарбоксальдегид	-223,27
2,5-фурандикарбоновая кислота	-783,39
этил 2-фурилкетон	-215,48
4-метил-2-фуранкарбоновая кислота	-447,63
3,4-диметил-2-фуранкарбоновая кислота	-485,73
4,5-диметил-2-фуранкарбоновая кислота	-488,82
2-окси-5-метилфуран	-250,54
2-оксифуран	-214,94
3-оксифуран	-205,08
2-оксиметилфуран	-186,78
4-(2-фурил)-3-бутен-2-он	-131,78
2,5-диоксиэтилфуран	-408,89
2,4-диоксиэтилфуран	-395,68
2,3-диоксиэтилфуран	-400,89
5-оксиметил-2-фуранкарбоновая кислота	-576,18
3-гидроксиметилфуран	-166,50
Этиловый эфир 2-фуранкарбоновой кислоты	-387,33
Диэтиловый эфир 2,5-фурандикарбоновой кислоты	-751,68
5-этил-2-фуранкарбоксальдегид	-223,27
2-фурилацетон	-224,80
3-фурилацетон	-230,95
Диэтиловый эфир 3,4-фурандикарбоновой кислоты	-779,65
3-метил-2-фуранкарбоксальдегид	-204,11
Этил 3-фурилкетон	-222,97

Таким образом, в данной работе показано, что для производных фурана наилучшая корреляция с экспериментальными значениями энтальпий образования наблюдается при использовании РМ3-метода. С помощью этого метода и выведенного уравнения линейной регрессии рассчитаны энтальпии образования двадцати девяти производных фурана в газовой фазе, которые могут быть полезны при изучении механизмов химических реакций и поиске способов управления ими.

ЛИТЕРАТУРА

1. Е.А. Зауэр, ХГС, 11, 1638 (2010).
2. Е.А.Зауэр, О.А. Зауэр, ЖФХ, 4, 681 (2009).
3. Е.А.Зауэр, О.А. Зауэр, ЖОХ, 8, 1365 (2010).
4. Е.А.Зауэр, О.А. Зауэр, ЖОХ, 10, 1663 (2010).
5. Е.А.Зауэр, ЖОХ, 6, 988 (2012).
6. Т. Джилкрист, Химия гетероциклических соединений. Мир, Москва, 1996.
7. M. A. V. Ribeiro da Silva, L. M. P. F. Amaral, J. Chem. Thermodyn., 41, 26 (2009).
8. M. A. V. Ribeiro da Silva, L. M. P. F. Amaral, J. Chem. Thermodyn., 41, 349 (2009).
9. M. V. Roux, M. Temprado, P. Jiménez, J. Perez-Parajon, R. Notario, J. Phys. Chem., A, 107, 11460 (2003).
10. J. D. Cox, G. Pilcher, Thermochemistry of Organic and Organometallic Compounds, Academic Press, New York, 1970, 1-636.
11. А.А. Балепин, В.П. Лебедев, А.А. Кузнецова, К.К. Вентер, М.А. Трушуле, Л.М. Игнатович, Ю.А. Лебедев. Химия и технология фурановых соединений. Межвузовский сб. научн. тр. Краснодар. политехн. ин-та. Краснодар, 1978, 3, с. 57.
12. А.А. Балепин, В.П.Лебедев, А.А. Кузнецова, К.К. Вентер, М.А. Трушуле, Д.О. Лоля, Ю.А. Лебедев, Изв. АН СССР. Сер. хим. 4, 848 (1980).
13. P. Landrieu, F. Baylocg, J. R. Johnson, Bull. Soc. Chim. France, 45, 36 (1929).
14. S. A. Kudchadker, A. P. Kudchadker, Ber. Bunsenges. Phys. Chem., 12, 432 (1975).
15. G. B. Guthrie Jr., D. W. Scott, W. N. Hubbard, C. Katz, J. P. McCullough, M. E. Gross, K. D. Williamson, G. Waddington, J. Am. Chem. Soc., 74, 4662 (1952).

16. M. A. V. Ribeiro da Silva, L. M. P. F. Amaral, J. Chem. Thermodyn. 43, 1 (2011).
17. M. A. V. Ribeiro da Silva, A. F. L. O. M. Santos, L. M. P. F. Amaral, J. Chem. Thermodyn. 42, 564 (2010).
18. M. A. V. Ribeiro da Silva, L. M. P. F., Amaral, J. Therm. Anal. Calorim., 100, 375 (2010).

Denisov S.M., Kozyutenko A.S., Ivanova O. A., Vorotnikova Y.S.
a branch of Tyumen Oil and Gas State University
e-mail: nauka@tobii.ru

OPTIMIZATION OF URBAN SOLID WASTES UTILIZATION

Growth of population, increasing urbanization, rising standards of living due to technological innovations have contributed to an increase both in the quantity and variety of solid wastes (SW) generated by industrial, mining, domestic and agricultural activities.

Thus, domestic solid wastes are generated in the process of vital activity of people and are considered to be useless. As a result, environment pollution by such SW is going faster than increase in population of the planet: that's why this process has become the key environmental issue to concern. The major part of SW in the world is disposed at landfills, natural or urban. However, it is the most inefficient way of SW utilization, as landfills take vast territories which are often fertile or characterized by a high concentration of carbon-containing materials (paper, polyethylene, plastic, wood, rubber). Besides, such landfills often pollute the environment with the exhausted gases while burning: landfills are considered to be the main pollutants of not only air, but soil and groundwater due to the rain drainage of waste dumps.

Meanwhile, foreign experience of SW utilization shows that the rational organization of SW processing provides up to 90% of the recycled products to be reused in building industry. Besides, according to the expert data, even the least perspective technologies aimed at direct thermal combustion of SW provide thermal energy: the energy after combustion of 1000 kg SW is equal to the energy generated after 250 kg of heavy fuel oil burning. However, the economizing will be even more as while counting we do not take into account the cost of the raw material storage and production costs.

Therefore, nowadays there are some ways of storage and utilization of domestic solid wastes [1]:

- SW pre-sorting;
- Sanitary backfilling;
- Burning;
- Biothermal composting;
- Low-temperature pyrolysis;
- High-temperature pyrolysis.

Let's consider every way of utilization in details.

SW pre-sorting is a technological process which prescribes SW separation into fractions on the garbage processing factories manually or with the help of automated conveyors. This technology implies the process of garbage components volume reduction by crushing and screening, as well as by extracting more or less large metal objects, such as tin cans, which precedes the further SW utilization (e.g., incineration).

Sanitary earth backfilling is the technological approach to SW utilization connected with biogas generation and its further usage as fuel: domestic solid wastes are covered with the compressed soil of 0.6-0.8 m thick in a special technological way. Such characteristics of domestic SW in landfills as porosity and organic components are preconditions for active microbiological processes.

Combustion has been a widely used method of SW destruction since the end of the XIXth century. The complexity of direct SW utilisation is determined, on the one hand, by SW complex nature, on the other hand, by high sanitary requirements to the process of SW recycling. That's why SW combustion is still the most common method of domestic SW primary processing.

Besides reduction of SW volume, this method provides additional energy resources which can be used for district heating or electricity production. The disadvantages of this method concern the hazardous substances emission into the atmosphere, as well as the destruction of valuable organic and non-organic components of SW.

Biothermal composting is a method of domestic solid wastes utilization, based on natural, but accelerated reactions dealing with transforming garbage under the influence of oxygen delivered in the form of hot air at the temperature up to 60°C. As a result of these reactions in a special biothermal plant, SW biomass is transformed into compost. However, for this technological scheme implementation domestic SW should be cleared from large objects as well as from metals, glass, ceramics, plastics, or rubber. The resulting fraction of the wastes is loaded into biothermal reservoirs to be is kept for 2 days to get marketable product. Then, composted garbage is again cleared from ferrous and non-ferrous metals, been grinned and stored for further use as compost in agriculture or as biofuels in the fuel-energy sector.

Pyrolysis is a method of SW utilization which is relatively new and very expensive. It can be cheap and not aggressive to the environment in the case of these wastes decontamination. Pyrolysis process means irreversible chemical change of wastes under certain temperature with no access of oxygen. According to the process temperature pyrolysis is to be classified into low-temperature (up to 900 C) and high-temperature pyrolysis (over 900 degrees C).

Low-temperature pyrolysis, compared to the direct SW combustion, is more effective as it is environmentally friendly. Pyrolysis can be used for processing of SW components which are difficult to be utilized, such as tyres, plastics, or worked-out oil. After pyrolysis there are no biologically active substances, that's why the underground storage of pyrolysed wastes does not make harm to the environment. The ash which is a result of SW pyrolysis, has got a high density, which dramatically reduces the amount of wastes to be stored underground. The pyrolysis does not cause heavy metals restoration (melting). Pyrolysis advantages are the following: easy storage and transportation of the recycled products as well as small capacities of equipment. In general, this process requires less capital investment.

Such plants dealing with domestic solid wastes pyrolysis work in the USA, Denmark, Germany, Japan and other countries as energy generation from plastic, rubber and other combustible wastes by means of pyrolysis has been regarded as one of the promising ways to get energy [2].

High-temperature pyrolysis is the method of SW utilization, which is in fact the gasification of wastes. The technological scheme of this method involves generating secondary synthesis-gas from SW biological components (i.e. biomass) to produce steam or electricity, or to make water hot. An integral part of the high-temperature pyrolysis process is production of solid products in the form of slag, i.e. non-pyrolysed remnants.

From the above stated we may conclude that the storage of solid wastes and its incineration cause environmental problems, therefore, one of the promising SW utilization technology is pyrolysis.

Thus, the aim of our study is working out a model of the carbon-containing SW for urban utilization by means of their further pyrolysis. This model will allow cities to calculate fractional composition of SW and massive components of pyrolysis gases, which can be used not only as a fuel, but also as a raw material in the chemical industry.

References

1. Вострецов С.П. Нормы образования и накопления ТБО//Всероссийская научно-практическая конференция «Отходы – 2000». Уфа. 2000.
2. Коровин И.О., Медведев А.В.. Багабиев Р.Р., Шантарин В.Д. Перспективы пиролизной утилизации твёрдых бытовых отходов//Известия ВУЗов, «Нефть и газ». Тюмень: ТюмГНГУ. 2003, №5.

M.G. Barishev, S.S. Dzhimak, V.U. Frolov, S.N. Bolotin, M.A. Dolgov
Kuban State University, Krasnodar, Russian Federation

TECHNOLOGIES FOR OBTAINING DEUTERIUM DEPLETED WATER

The light water in which the content of deuterium is lower compared to that in standard mean oceanic water (SMOW $D/^1H$=155.76 ppm) modifies the velocity of chemical reactions, ions' solvation, their mobility, etc. Taking light water leads to normalization of carbohydrate and lipid metabolism, weight improvement, elimination of toxins from the organism. It is determined that the taking such water improves work efficiency, physical activity, endurance and resistance of organism [1, 2].

The Institute of Medico-Biological Problems of the Russian Academy of Science has determined that deuterium-rich water has no toxic effect on laboratory animals' organisms, and a long use of deuterium depleted water leads to diminishing the severity of radiation injuries caused by gamma radiation [3].

The principal manufacturers of light water currently apply the method of distillation in rectifying columns [4] which uses the difference in different mass isotopes' evaporation rate which grows as the atom mass reduces. Light water has the boiling point in normal conditions at 100.0 °C, while heavy water's boiling point is at 101.4 °C. The disadvantage of this method is the low separation coefficient due to the complicated process of maintaining a stable temperature of boiling liquid. Multiple stages are needed in order to significantly reduce the deuterium content which makes the method expensive.

Membranes are also proposed to obtain light water [5]. The weakness of this method is a high cost of membranes which require extra pure initial water and wear out fast, and the method does not enable to reduce the deuterium content below 117 ppm.

The crystallization method allows reducing the deuterium content at most to 136 ppm which is good for health but not enough for medical application.

Multiple other methods are known which may be used to separate hydrogen isotopes [6], although most of them have a low separation coefficient about 1.01, others are too expensive in installation and operation. Thus, there is a need to design a more cheap and effective method to produce light water.

We have designed a method for producing water that is poor in heavy hydrogen and oxygen isotopes which bases on the difference of oxidizing and deoxidizing potentials and kinetic properties of hydrogen oxido-reducing process from light and heavy water [7-12]. The electrochemical method has been used earlier for the reverse process, i.e. for obtaining heavy water in nuclear power industry.

The separation is carried out as follows. Water is electrolyzed when most decomposed molecules are those containing protium due to lower covalent link strength. Then water is synthesized from an oxygen/hydrogen mixture rich in protium. In order to increase the coefficient of separation and to reduce the hydrogen's overvoltage the electrodes are made of nickel. The plant allows the outcome of product with a very low deuterium content – 10 ppm.

The method is implemented using various designs [7-12] and, contrary to other methods permits returning a part of energy back into the production cycle which reduce the final product prime cost.

The energy may be recuperated using simultaneously a magnetohydrodynamic (MHD) generator, thermoelectrical cooling generator and low temperature turbine [12]. It is shown in fig. 1. The alternative current from an external power distribution network is transformed into direct current by the power supply 1, then flows to the electrolyzer 2 into which distilled water is also fed. The mixture of oxygen and deuterium-poor hydrogen so formed in the electrolyzer, in order to prevent the reverse isotope exchange with water vapors, is passed through the dryer 3 filled with regenerated water absorbing substance. Then the dried gas mixture is fed into the MHD generator 4 in which it is heated, being burned, up to 2700-3000 °C and into which a salt solution with the salt content required to produce drinking water is injected from the vessel 10. The salt is ionized at that. The forming plasma passes through a transversal magnetic field of the MHD generator, and Lorentz force separates it into a positive and the negative flows which get onto the appropriate electrodes, and the produced electric power is supplied into the electrolyzer. The gas temperature is reduced down to 1000-1200 °C. Then water vapor is fed into the cooling generator 5 in which it passes via a coil tubing with thermoelectrical generators attached. After that the gas is fed into the turbine 6 where it rotates the shaft of the generator 7 which produces the electric power that is supplied into the electrolyzer through the rectifier 11. Then water vapors are fed into the condenser 8 and then to the collector 9.

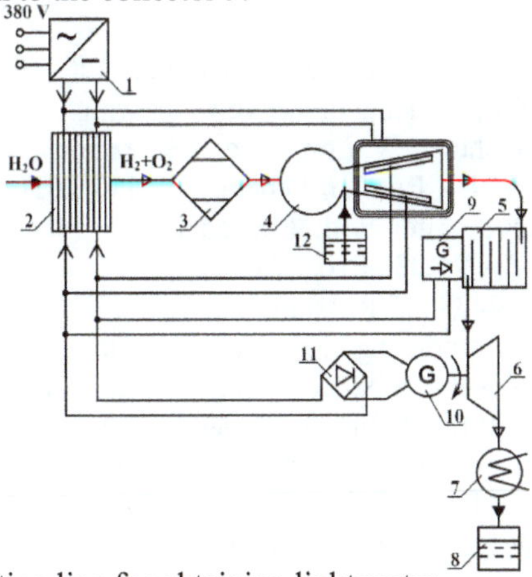

Fig. 1 Production line for obtaining light water.

The use of the electrolytical method with a recuperation unit allows reducing by 4-6 power consumption required for producing light water comparing to rectification methods applied nowadays. Thus we may draw a conclusion that in the nearest time this method will became one of the main ways to produce light water. This work was supported by the RF Ministry of Education and Science no. 7.369.2011; 4.1755.2011.

REFERENCES

[1] G. Somlyai, The biological effect of deuterium depleted water. A possible new tool in cancer therapy, *Anticancer Research Journal. Vol. 21, № 3,* 2001.

[2] G. Somlyai, *The biological effect deuterium depletion* (Budapest, Akademiai Klado, 2002).

[3] D.V. Rakov The effect of water with low content of heavy stable of hydrogen's isotope of deuterium and oxygen ^{18}O on the development of radiation injuries in case of gamma radiation exposure at a low dose, *Radiatsionnaya biologiya. Radioekologiya, Vol. 4, № 4,* 2006, 475-479.

[4] Patent № 2295493 Russian Federation, IPC C01D5/00, B01D59/00, B01D59/02, B01D3/14. The process method and the plant for light water production. / S.P. Solov'yev, – priority 28.05.2004.

[5] Patent № 2390491 Russian Federation, IPC C01B5/00, B01D59/00, B01D59/12, B01D61/00. The process method and the plant for light water production. / S.P. Solov'yev, – priority 08.05.2007.

[6] I.N. Bekman *Radiokhimiya. Razdeleniye izotopov* (Moscow: MSU, 2006)

[7] Patent № 101648 Russian Federation, IPC B01D59/40, B01J25/02, C01B4/00. Production line for obtaining bioactive water with low content of deuterium. / V.U. Frolov, M.G. Barishev, L.V. Lomakina, S.S. Dzhimak, – priority 25.05.2010

[8] Patent № 2438766 Russian Federation, IPC B01D59/40, C01B4/00, C02F1/461. Method for producing bioactive water with low content of deuterium. / V.U. Frolov, M.G. Barishev, L.V. Lomakina, S.S. Dzhimak, – priority 25.05.2010.

[9] Patent № 97994 Russian Federation, IPC C02F1/00. Production line for obtaining bioactive water with low content of deuterium. / V.U. Frolov, S.S. Dzhimak, – priority 25.05.2010.

[10] Patent № 2438765 Russian Federation, IPC B01D59/40, C01B4/00, C02F1/461. Method for producing bioactive water with low content of deuterium. / V.U. Frolov, M.G. Barishev, S.N. Bolotin, S.S. Dzhimak, – priority 25.05.2010.

[11] Patent № 106559 Russian Federation, IPC B01D59/00. Production line for obtaining bioactive water with low content of deuterium. / V.U. Frolov, M.G. Barishev, S.N. Bolotin, S.S. Dzhimak, – priority 22.02.2011.

[12] Patent № 113977 Russian Federation, IPC B01D59/40, C02F1/461. Production line for obtaining bioactive water with modified isotope

composition. / M.G. Barishev, S.S. Dzhimak, M.A. Dolgov, L.V. Lomakina, V.U. Frolov, – priority 17.11.2011.

Третьяков Н.Н., Сладкопевцев Б.В., Томина Е.В., Миттова И.Я.
аспирант; преподаватель; к.х.н., доцент; д.х.н., профессор
Воронежский государственный университет, Воронеж, Россия
inorg@chem.vsu.ru

ОСОБЕННОСТИ ТЕРМООКСИДИРОВАНИЯ СТРУКТУР V_xO_y/InP, ПРОШЕДШИХ ПРЕДВАРИТЕЛЬНУЮ ИМПУЛЬСНУЮ ФОТОННУЮ ОБРАБОТКУ

Цель работы заключалась в установлении влияния импульсной фотонной обработки (ИФО) структур V_xO_y/InP на кинетику их термооксидирования, морфологию и элементный состав пленок.

Синтез структур V_xO_y/InP осуществлялся по методике, представленной в [1,205]. Импульсная фотонная обработка (УОЛП-1М) осуществлялась на воздухе в течение 0.2, 0.4 и 0.6 с, что соответствовало плотности энергии 30 Дж/см^2, 58 Дж/см^2 и 80 Дж/см^2). Термооксидирование всех модифицированных структур проводили в потоке кислорода при 530 °С, общее время процесса составляло 60 минут.

Толщину растущих пленок контролировали методом эллипсометрии (ЛЭФ-754), морфологию поверхности как до начала, так и в процессе термооксидирования, исследовали методом сканирующей туннельной микроскопии на комплексе нанотехнологического оборудования «УМКА». Элементный состав оксидных пленок на InP и распределение компонентов по толщине исследовали методом Оже-электронной спектроскопии (ОЭС) на спектрометре ЭСО-3 с анализатором DESA-100, точность ±10%.

Поверхность структур, прошедших фотонную обработку, имеет ярко выраженную морфологию, размер отдельных областей достигает 1 мкм, высота рельефа составляет порядка 50 нм (рис. 1).

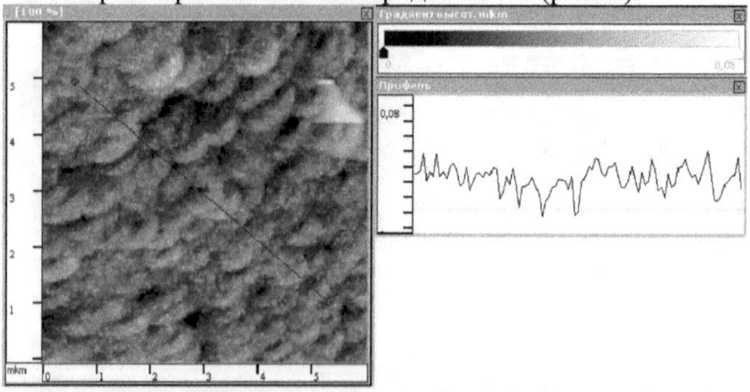

Рис.1. СТМ-изображение и профиль поверхности структуры V_xO_y/InP, прошедшей ИФО с плотностью энергии 58 Дж/см^2, (размер области сканирования – 6x6 мкм)

Данные Оже-электронной спектроскопии образца V_xO_y/InP (рис. 2), прошедшего ИФО (30 Дж/см^2), свидетельствуют о значительной взаимной диффузии компонентов подложки и нанесённого слоя: наличие индия на поверхности образца и ванадия в приповерхностном слое подложки. Отсутствие фосфора на поверхности образца обусловлено достаточной для его испарения ещё до начала оксидирования энергией импульса. Соотношение кислорода, ванадия и индия свидетельствуют о том, что компоненты находятся в связанном виде, что указывает на частичное окисление индия в ходе ИФО.

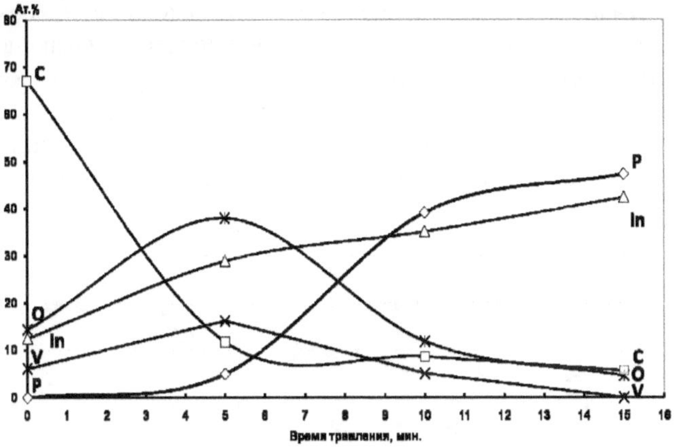

Рис. 2. Оже-профиль распределения элементов в образце V_xO_y/InP, прошедшем импульсную фотонную обработку (30 Дж/см^2)

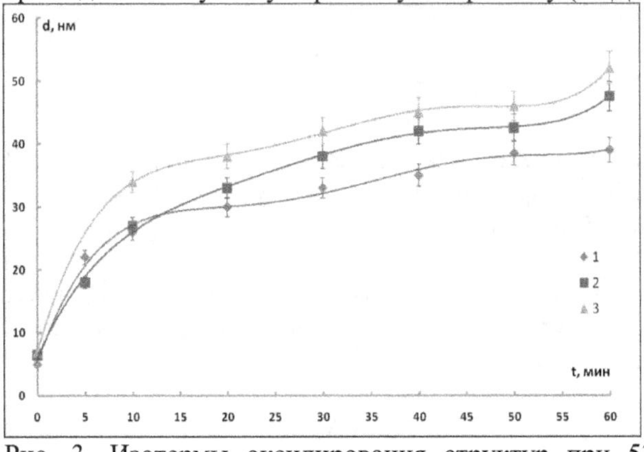

Рис. 3. Изотермы оксидирования структур при 530 °C: ***1*** – V_xO_y/InP (термический отжиг при 300 °C, ***2*** – V_xO_y/InP(85 Дж/см^2), ***3*** – V_xO_y/InP(30 Дж/см^2).

Эллипсометрические измерения показывают увеличение толщины оксидных плёнок, выращенных оксидированием структур V_xO_y/InP после импульсной фотонной обработки, по сравнению со структурами, прошедшими термический отжиг, за одинаковое время. Однако эффект ИФО имеет нелинейный характер, обусловливая более быстрый рост пленок при малых значениях энергии облучения и снижение темпа с увеличением энергии (кривые 3 и 2 на рис. 3).

Оже-профили образца V_xO_y/InP, прошедшего импульсную фотонную обработку (85 Дж/см^2) и термооксидирование при 530 ^oC в течение 60 минут (рис. 4), указывают на сильное обеднение оксидной пленки фосфором, что может быть связано с увеличением плотности падающей энергии и испарением оксидов фосфора при термооксидировании. Ход профилей для индия, ванадия и кислорода практически одинаков по всей глубине плёнки, поэтому можно сделать предположение о том, что индий и ванадия находится преимущественно в связанном виде (в виде оксидов).

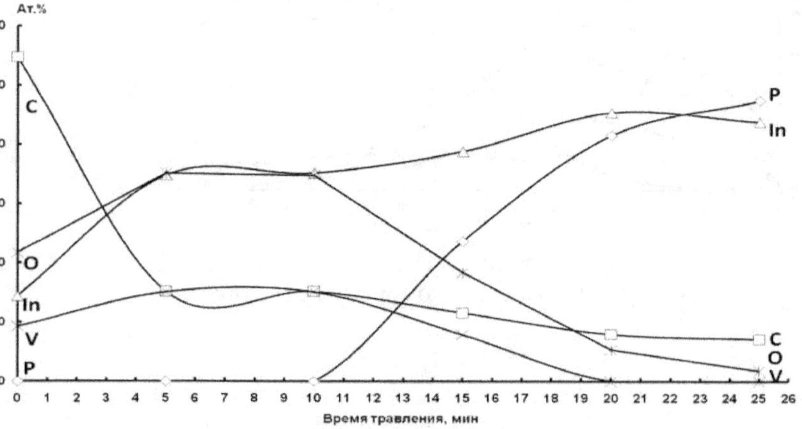

Рис. 4. Оже-профиль распределения элементов в образце V_xO_y/InP, прошедшем импульсную фотонную обработку (85 Дж/см^2) и термооксидирование при 530 ^oC, 60 мин.

Таким образом, обнаружен эффект фотонной активации процесса термооксидирования структур V_xO_y/InP, приводящий к ускоренному росту плёнок и изменению их состава.

ЛИТЕРАТУРА

1. Формирование пленок оксидов ванадия на поверхности InP в мягких условиях и термооксидирование полученных структур / Б.В. Сладкопевцев, И.Я. Миттова, Е.В. Томина, Н.А. Бурцева // Неорганические материалы. – 2012. – Т. 48, № 2. – С. 205-212.

Исентаева Г. К.
канд.экон.наук, доцент УМБ, г.Алматы, науч. руководитель
E-mail: kemesha2008@yahoo.com
Кенжегалиева С. К.
магистрант 2 курса спец. «Менеджмент» УМБ, г.Алматы
E-mail: kazbekovna64@gmail.com

ОРГАНИЗАЦИОННАЯ СТРУКТУРА ВЫСШЕГО УЧЕБНОГО ЗАВЕДЕНИЯ: ЭТАПЫ РЕФОРМИРОВАНИЯ

В современном мире образование является одним из важнейших инструментов социальной инфраструктуры развитых государств. Потребность в устойчивости системы высшего образования предполагает постоянное ее развитие и приспособление к меняющимся условиям современного мира. В этой связи кризис высшего образования,есть не что иное,как сигнал к необходимости реформирования его содержания,управления,форм и задач в ответ на «вызов эпохи» [2,4]

В ежегодном Послании народу Казахстана Президент Республики Казахстан Н.А.Назарбаев отметил, что XXI век предъявляет высокие требования к управлению современным государством, которое все больше усложняется. В связи с этим, политика в области образования направлена на формирование национальной модели образования, интегрированной в мировое образовательное пространство и обеспечивающей подготовку специалистов, конкурентоспособных на мировом рынке труда. [1]

Важным инструментом конкурентной борьбы является правильно определенная стратегия организации, имеющая внешнюю направленность.

Организационная структура должна соответствовать размеру организации и не быть более сложной, чем это необходимо при имеющемся размере организации (обычно влияние размера организации на ее структуру проявляется в виде увеличения числа уровней иерархии управления организацией). Динамизм внешней среды во многом определяет то, какую организационную структуру должна выбрать организация.

Изменения организационных структур управления касаются как реструктуризации учреждений, так и изменений внутренней структуры управления путем создания новых структур и перераспределения обязанностей между существующими структурами. В рамках изменения организационных структур управления происходит создание новых отделов и служб – маркетинга, финансового отдела, а также перераспределение сложившихся функциональных обязанностей между существующими структурами. Однако изменения организационной структуры должны осуществляться стратегией организации, а не осуществляться сами по себе.

Рассмотрим организационную структуру высшего учебного заведения (в дальнейшем – вуза) Актюбинского государственного педагогического института (АГПИ). АГПИ – это региональный вуз Западного Казахстана, созданный в 2004 году в рамках нового подхода к подготовке педагогических кадров и повышению качества педагогического образования, развиваемого Министерства образования и науки Республики Казахстан. АГПИ унаследовал лучшие исторические традиции педагогического образования. Несмотря на молодость, институт является подписантом Болонского процесса и в рейтинговом списке педагогических вузов Казахстана занимает одно из лидирующих мест.

Реализация кредитной системы обучения в институте позволила увидеть преимущества в предоставлении академической мобильности студентам, осуществлении принципа демократизации в академической сфере, возможности выбора студентами индивидуальной образовательной траектории, систематического контроля и регистрации учебных достижений студента в течение всего периода обучения в вузе, предоставлении им возможностей для проявления самостоятельности в процессе обучения в вузе. [4]

Для АГПИ, как и для большинства вузов Казахстана характерна линейно-функциональная структура управления. Структура вуза представляет собой состав подразделений управления вузом, отношения и связи между ними, возникающие в ходе осуществления процедур управления образовательным процессом и реализации проектов инновационной деятельности вуза. Отношения и связи между подразделениями вуза выражаются в процессах организации их работы и взаимной координации.

Данная структура считается архаичной, не соответствующей представлениям о современной организации. Отчасти это так, но пока в основном они отвечают реальному уровню управленческой культуры и управленческих технологий существующих казахстанских вузов.

Факторами, определяющим рациональную организационно-управленческую структуру вуза, являются:

- особенности образовательных технологий;
- особенности контингента студентов («договорники»; «бюджетники»; уровень подготовки абитуриентов, поступивших в вуз; численность студентов и т.п.);
- организация образовательного процесса (сменность занятий; численность групп, потоков и др.);
- конъюнктура рынка образовательных услуг;
- номенклатура специальностей и др. []

Реагируя на происходящие изменения, вуз корректирует стратегические цели деятельности, и, естественно, вносит необходимые изменения в организационную структуру. При этом появление новых задач и служб зачастую происходит стихийно. Оттого новые подразделения иной раз выходят тяжеловесными, слабо структурированными, в некоторых своих моментах новые подразделения дублируют уже существующие. Все это, в конечном счете, влияет на эффективность и качество образовательного процесса.

Способы реформирования организационной структуры связаны с изменением приоритетов в работе с персоналом:

• введением матричных структур, требующих не столько подчинения формальной структуре, сколько достижения эффективности управления;

• переходом от исполнительской позиции к участию в выработке корпоративных целей;

• переходом от контроля за работниками к развитию их способностей и расширению перспектив.

Неуместное и несвоевременное использование методов реорганизации может стать причиной срыва стратегически важных организационных нововведений. Поэтому руководству организации необходимо иметь инструмент для адекватной оценки ситуации и выбора оптимальных вариантов в реализации организационных нововведений в систему управления. При этом следует учитывать два основных параметра:

▪ временной горизонт (степень неотложности организационных нововведений, имеющийся временной ресурс для их успешной реализации);

▪ профессиональная, психологическая, техническая готовность персонала к стратегически важным изменениям в этой организации.

Для оценки временного горизонта необходимы квалифицированные прогнозы развития ситуации в организации и вокруг нее.

Важно помнить, что процесс организационного развития не может быть остановлен, и любая организационная структура, однажды созданная, сразу же начинает "стареть", терять свой потенциал адекватности трем основным условиям:

➧ содержанию деятельности — деятельность развивается, изменяются технологии,

➧ особенностям персонала — приходят новые люди, сотрудники обучаются, овладевают опытом и т. д.,

➧ внешней среде — она также изменяется, а иногда в кризисной ситуации и очень существенно — появляются новые нормы, законы, образования, меняется рынок и т. д.

Следовательно, сталкиваясь с необходимостью проведения изменений, следует учитывать ситуацию в организации, время на изменения и особенности персонала. На основании этих данных необходимо выбирать тот способ изменений, который будет адекватен сложившейся ситуации, и планировать этапы проведения изменений, максимально привлекая к этому работоспособный персонал.

При оценке уровня готовности организации к освоению новых управленческих технологий необходимо провести диагностику характеристик организационной культуры, социально-психологического статуса персонала, его технической оснащенности.

На наш взгляд, процесс реформирования высшего учебного заведения может включать шесть этапов.

Этап 1. Создание образа «желаемого будущего» - того, к чему должна стремиться организация. Целесообразно приступить к формированию комплексной аналитической группы.

Аналитическая группа должна:

✓ провести диагноз ситуации, сложившейся в организации и вокруг нее;

✓ разработать схему преодоления вероятного сопротивления;

✓ выбрать подходящий метод;

✓ выявить и мобилизовать всех желающих и способных участвовать в подготовке реорганизации;

✓ создать атмосферу поддержки со стороны других сотрудников и особенно руководства;

✓ организовать помощь внешних консультантов.

Этап 2. Планирование процесса реформирования.

Необходимо показать пути перехода от существующей ситуации к «желаемому будущему».

В рамках этого этапа должны произойти:

✓ перераспределение приоритетов в деятельности организации (выделение основных процессов и вспомогательных процессов, обеспечивающих эффективное функционирование, разработка стратегий достижения эффективного функционирования, разработка кадровых программ обеспечения реорганизации);

✓ направление деятельности администрации на решение приоритетных проблем (стратегический контроль за перспективой, а не за прошлой деятельностью);

✓ формирование программы проведения реорганизации.

Этап 3. Начало изменений.

Начало организационных изменений целесообразно закрепить, например, созданием экспериментального участка. Наиболее важно создание конкурентной среды для персонала организации. Конкуренция даст возможность выявить сотрудников, способных включиться в реорганизацию в активной позиции, разработчика, лидера, организатора и т.д. Для этого необходимо:

- ✓ четко разделить ответственность за поддержание функционирования и реорганизацию;
- ✓ финансировать внедрение изменений отдельно от финансирования репродуктивной части работы организации;
- ✓ разработать гибкую систему стимулирования и вознаграждать за успешную работу по стратегически важным направлениям.

Этап 4. Поддержка реформирования.

Необходимость включения в реорганизацию все большего числа разного персонала. Важно максимально расширить реорганизацию, а для этого следует:

- ✓ наладить обучение персонала;
- ✓ привлечь экспертов к принятию решений;
- ✓ постоянно информировать всех заинтересованных лиц;
- ✓ контролировать совместимость задач с профессиональным уровнем исполнителей;
- ✓ обеспечить управленцам возможность влиять на процесс принятия решений по вопросам, относящимся к их непосредственной деятельности.

Этап 5. Мобилизация.

Переход от активного внедрения к естественному проведению реорганизации. Происходит мобилизация всего персонала на работу по-новому. Если и остаются «оппозиционеры», то это, как правило, работники среднего звена управления. Ускорить их включение или вывод за пределы предприятия может такая кадровая программа, как конкурс на замещение должностей. Всем кандидатам конкурса важно дать возможность представить альтернативные проекты, уже детерминированные программой реорганизации.

Этап 6. Обновление.

Организация достигает поставленных целей и живет в соответствии со сформулированным видением.

При этом под управленческой структурой организации следует понимать взаимосвязи, складывающиеся между его различными подразделениями, направленные на выполнение миссии и достижение поставленных целей. Структура управления организацией часто определяется на основе схем коммуникаций и распределения полномочий. Поскольку она является наиболее видимым фактором, то чаще всего изменения начинаются с управленческой структуры. [3]

Таким образом, мониторинг деятельности АГПИ показывает, что пока изменения затронули главным образом организационную структуру управления, и в меньшей степени коснулись содержания управленческой работы. Вместе с тем АГПИ активно занимается такими стратегическими направлениями деятельности как, диверсификация, интеграция и освоение новых рынков. При этом, однако, недостаточно развиты такие аспекты деятельности как анализ реальных экономических процессов, прогнозирование их последствий, разработка и оценка альтернативных вариантов хозяйственных действий. Во многом это объясняется тем, что нужна необходимая информация, особые методы и приемы стратегической работы.

Литература

1. Послание Президента Республики Казахстан Н.А. Назарбаева «Стратегия «Казахстан-2050»: новый политический курс состоявшегося государства» .-2012.
2. Реформирование высшего образования в Казахстане и Болонский процесс: Информационный материал для практических действий – Алматы. - 2009.
3. Под ред. Базарова Т.Ю., Еремена Б.Л. УПРАВЛЕНИЕ ПЕРСОНАЛОМ: Электронный учебник. 1999.
4. http://www.aktobe-gpi.kz/

Шифман М.Г.
аспирант Государственного учреждения образования «Республиканский институт высшей школы»
Республика Беларусь, г. Минск
e-mail: schifmanmg@yandex.ru

ТЕНДЕНЦИИ РАЗВИТИЯ ОБОРОННО-ПРОМЫШЛЕННОГО КОМПЛЕКСА РЕСПУБЛИКИ БЕЛАРУСЬ НА СОВРЕМЕННОМ ЭТАПЕ

Значительное повышение темпов роста валового внутреннего продукта (ВВП) может быть достигнуто только путем перевода экономики на инновационный путь развития. Такой переход является желаемым для любой развивающейся страны, поскольку, чем выше наукоемкость продукции, тем меньше на нее тратится невозобновляемых природных ресурсов и тем больше конкурентных перспектив получает страна на мировом рынке. Однако для этого необходимо иметь соответствующие предпосылки, такие как высокий уровень развития науки и образования, запас интеллектуальной собственности, развитая информационная и финансовая инфраструктура, политика государства, направленная на продолжительное и системное следование стратегической линии инновационного развития.

Научно-технический потенциал оборонной промышленности обычно рассматривается как основной резерв инновационного развития экономики. И для этого есть серьезные основания. Имеющиеся в данном секторе экономики научно-исследовательские институты, конструкторские бюро и заводы позволяют эффективно осуществлять целенаправленное развитие таких фундаментальных направлений науки и техники, как информационные технологии, телекоммуникация, энергетика, транспорт, здравоохранение, образование. Наукоемкая продукция в общем объеме экспорта оборонно-промышленного комплекса (ОПК) Республики Беларусь составляет более 25 % [1].

С целью реализации единой политики в области обеспечения обороны, развития и усиления военно-технического сотрудничества с иностранными государствами в декабре 2003 года по инициативе Президента Республики Беларусь был создан Государственный военно-промышленный комитет (ГВПК) [2]. В развитии ОПК Республики Беларусь можно выделить следующие наиболее характерные тенденции.

Первое. В текущей пятилетке (2011 – 2015 годы) предусматривается переход от экономики директив к экономике инноваций, основанной на деловой инициативе, личной заинтересованности в создании и повсеместном внедрении новых технологий и производств. В настоящее время семь инновационных проектов ГВПК Республики Беларусь включены в Государственную программу инновационного развития Республики Беларусь на 2011–2015 годы [3].

Второе. Получен положительный опыт в формировании интегрированных структур с определенной сферой деятельности. Важнейшим итогом прошлого года стало формирование в системе ГВПК трех холдингов: «Системы связи и управления», «Геоинформационные системы управления» и «Системы радиолокации». В результате осуществлен постепенный переход к функциональному управлению, при котором руководство отраслью осуществляется преимущественно через интегрированные структуры и головные предприятия. В системе отечественного ОПК формирование крупных интегрированных структур в первую очередь будет способствовать укреплению позиций оборонных предприятий на государственном и корпоративном сегментах рынка гражданской продукции, поскольку интегрированные структуры могут взять на себя ответственность за выполнение крупномасштабных проектов.

На рынке массового спроса крупные объединения имеют дополнительные возможности по рекламе продукции под своим брендом, кредитованию потребителя, использованию лизинговых схем [4, с. 25].

Третье. Программой развития ГВПК на 2011–2015 годы определены пять приоритетных направлений развития вооружения, военной и специальной техники (ВВСТ): боевые геоинформационные системы, оснащение войск беспилотными авиационными комплексами, системы комплексного противодействия высокоточному оружию, боевые системы сил специальных операций и сухопутных войск, а также системы огневого поражения.

Четвертое. Приоритет в разработке и создании ВВСТ отдается образцам, способным удовлетворить потребности белорусской армии и одновременно быть востребованными на внешних рынках. Спектр предлагаемой на внутреннем и внешнем рынке продукции постоянно расширяется. В современном мире технологии развиваются настолько стремительно, что зачастую то, что считалось актуальным и перспективным буквально пять лет назад, на сегодняшний день уже устарело. Поэтому силы и средства белорусского ОПК сосредотачиваются только на самых актуальных, прорывных направлениях, которые дают конкретный практический результат. Это будет достаточно широкая гамма ВВСТ, созданная на основе высокотехнологичных инновационных разработок, новейших информационных и телекоммуникационных технологий.

Пятое. Существующие временные финансовые трудности в Беларуси не препятствуют осуществлению обозначенных приоритетов. Те предприятия, которые были сильными и вкладывали средства в науку, инновации, высокие технологии, стали еще сильнее. Среди них – ОАО

«Пеленг», ОАО «Минский завод колесных тягачей», ОАО «АГАТ – системы управления» и др.

Инновационная экономика – это не только новая продукция, но и эффективная система управления, эффективные менеджеры. В ОПК РБ существует представление о том, что необходимо вкладывать деньги в науку, самим искать рынки сбыта и заниматься кооперацией – таковы новые принципы управления. В настоящий момент потребителям необходимы современные комплексы и системы, а не мастодонты и их составные части, произведенные еще по советским лекалам, поэтому директора предприятий белорусского ОПК работают в соответствии с запросами рынка.

Таким образом, анализ сформировавшихся тенденций развития отечественного ОПК позволяет сделать вывод о том, что оборонный сектор национальной экономики уже сегодня должен стать не только активным потребителем инновационных разработок, но и генератором инноваций. Благодаря успешному выполнению запланированных ГВПК мероприятий уже в 2015 году ожидается увеличение производства продукции в 1,5 раза по сравнению с 2010 годом, повышение удельного веса отгруженной инновационной продукции до 20 % и снижение импортоемкости – до 23 % [1]. Развитие ГВПК на последующие пять лет должно стать тем фундаментом, на котором будет крепко стоять здание, называемое обороноспособность государства. Оборонно-промышленный комплекс сможет привнести значительный вклад в ВВП, станет одним из факторов социально-экономического развития страны.

Литература:

1. Гурулев С.П. Белорусская «оборонка»: ставка на инновации. // Дело. – 16 мая 2011. [Электронный ресурс] – Режим доступа: http://vpk.gov.by/news/publications/213/ – Дата доступа: 03.03.2012 г.
2. Азаматов Н.И. Преимущество оборонной промышленности Беларуси – в широте диапазона военных технологий. [Электронный ресурс] – Режим доступа: http://belisa.org.by/ru/izd/stnewsmag/2_2005/art1v2.html – Дата доступа: 22.10.2009
3. «Оборонке» – зеленый свет. Интервью Председателя Госкомвоенпрома Сергея Гурулева. Горупай О. // Красная звезда. 14 января 2012. [Электронный ресурс] – Режим доступа: http://vpk.gov.by/news/publications/1074/ – Дата доступа: 03.03.2012 г.
4. Меньщиков, В.В. Вклад оборонно-промышленного комплекса в интенсификацию российской экономики. / В.В. Меньщиков // Военная мысль. – 2007. –№ 8. – С. 23-26.

Kopylova I.L., Dubovskaya E.V., Vorotnikova Y.S.
a branch of Tyumen Oil and Gas State University
e-mail: nauka@tobii.ru

NATIONAL BACKGROUND AS A KEY FACTOR OF THE CORPORATE CULTURE DEVELOPMENT IN RUSSIA

Economic, social and philosophical researches have recently got more tendencies to study problems concerning issues of national factor in economic mentality. It has become obvious that national economic mentality is a key point in the process of thinking or in behavior of people of different nations, as well as it influences much the economic life of society in general. In many developed countries the point that a big role in management of human resources and in stimulation of employees' innovative work is played by the national culture which determines development of staff behavioral stereotypes. This national issue is also important to understand the processes of corporate culture development, as an effective corporate culture is not to contradict the national business culture: a greater understanding of differing nations and cultures leads to more positive interactions [9] and more successful business relationships [10]. Different cultures have differing values, perceptions and philosophies. As a result, certain ideas may have very different connotations for people having different cultural backgrounds, in particular, if it concerns corporate culture.

Although different definitions of corporate, or organizational, culture have been suggested in the literature [4, 6, 7,12], there seems to be wide agreement that "corporate culture" can be defined as a set of processes that binds together members of an organization based on the shared pattern of basic values, beliefs, and assumptions in an organization [14; 8; 5; 11 etc). Thus, the understanding of culture is crucial and important since it is the glue that holds an organization together as a source of identity and distinctive competence [3].

From the functional point of view, corporate culture is a complex phenomenon with a great regulatory, adaptive and motivational potential to contribute better company's performance. According to Schulz [13], a high performance firm is one in which the culture provides employees with the accountability and responsibility necessary to meet customer needs in a timely manner to ensure business success. A high performance company is characterized largely by the following: high outputs or productivity, sustained and increasing market share, greater profitability or shareholder value, innovation, and differentiation of service from that of its competitors in its sector in one way or another [15].

Meanwhile, the analysis has shown that the level of the corporate culture development of hotels in Russia is not developed much.

200 questionnaires have been given to employees working at hospitality companies: informants who presumably have got significant international

business experience have been selected as hotels are likely to be involved in international business while working with foreign clients.

First of all, as the survey has revealed that in many hotels there is a poor strategy of the hotel positioning, the low level of culture and the service quality in hotels as well as there is low motivation of hotels personnel.

These results may be caused by the actual imperfect system of work payment, as it has been noted by some respondents. Or these results may be not only due to a poor company's strategy for the corporate culture development, but also due to peculiar national background of the personnel. Thus, sociologists have noted obvious orientation of Russians at a rather low cost of living, which leads to loss of interest of an individual to increase in his/her revenue because the salary earned is enough just to ensure minimum vital needs. Besides, Russians have been living in collectivism and communism for the long period of history which was marked with a negative attitude to wealth of an individual being condemned in the Soviet period, as private property was regarded to be the result of illegal actions, while in the West, on the contrary, a respectful attitude to wealth and rich people has been developed as to the hard-working class of society.

Besides, the mentioned national attitude of Russians to labor has got its roots in Orthodox religious tradition. Thus, in the Western society, as M. Weber has noted, Protestantism set up the values and ethical foundations of rational business blessed by the church. The norms of entrepreneurial activity, according to the protestant ideology imply: honesty, integrity, frugality, thrift alongside with the commercial risk and innovation, therefore, in the countries with long historical traditions of rational entrepreneurship wealth is considered to be positive.

But in Russia the development of entrepreneurship has been too complicated and contradictory. On the one hand, there were many objective difficulties on the way of its development connected with the Soviet ideology. On the other hand, the social image of a new Russian businessman is mainly negative, because the majority of Russians see entrepreneurs being not hard-working and honest producers of goods and services, but greedy and immoral people: more than half of respondents believe entrepreneurs to be characterized with:

- informal relations with powerful people who provide inbreeding in business,
- eagerness to violate the norms of law and morality,
- tendency not to follow business obligations which leads to frequent consumer fraud,
- unfair competition,
- relationship with criminals etc.

The majority of researchers of national features of Russian business emphasize the lack of clear concepts of private property, because exactly in

Russia the institution of private property has been replaced by the merger of power and ownership.

Besides, collectivity and «sociality» of the Russian economical model implied a secondary role in of the individual property to play: such a feature of economics alongside with Orthodox values influences on the development of the stereotype - «a person is above the principle of ownership». Finally, the traditional Russian economic mentality has got a lack of the concept of private ownership and «fair profit» which has been deepened by mass media which are still likely to associate business and illegal ways of being wealthy.

Thus, for understanding of corporate culture features in Russia it is important to take into account the national economic mentality, which defines sustainable values and behavioral norms of employer-employee relations in companies.

References.

1. Безгодов А.В. (1999). Очерки социологии предпринимательства. СПб.
2. Русская философия собственности. XVII–XX вв. (1993). СПб.
3. Bass, B. M. (1998). Transformational leadership and organizational culture. Public Administration Quaterly, 17(1): pp. 112-117.
4. Denison, D.R. (1990). Corporate culture and organizational effectiveness. John Wiley & Sons, New York, NY.
5. Detert, J.R. (2000). A framework for linking culture and improvement initiatives in organizations. Academy of Management Review, Oct2000, Vol. 25 Issue 4, pp. 850.
6. Hofstede, G. (1980). Culture's consequences: international difference in work related values. London, Sage Publications.
7. Hofstede, G. (1991). Culture and organizations: software of the mind. London: McGraw-Hill
8. Ireland, R.D. and Hitt, M.A. (1999). Achieving and maintaining strategic competitiveness in the 21st century: The role of strategic leadership. Academy of Management Executive, Feb99, Vol. 13 Issue 1, pp.43.
9. Lin, C. Y. (1999). A Comparison of Perceptions about Business Ethics in Four Countries. Journal of Psychology, 133(6), 641-655.
10. Palazzo, B. (2002). U.S.-American and German Business Ethics: An Intercultural Comparison. Journal of Business Ethics, 41(3), 195-216.
11. Parry, K. (2000). Does your corporate culture build leaders?. Management, Vol. 47 Issue 4, pp.36.
12. Schein, E.H. (1992). Organizational culture and leadership, 2nd ed., San Francisco; Jossey-Bass.
13. Schulz, J.W. (2001). *Tapping the best that is within: why corporate culture matters.* Management Quarterly, Spring2001, Vol. 42 Issue 1, p29, 7p.

14. Sethia, N. and Von-Glinow, M. (1985). Arriving at future cultures and managing the reward system.
15. Stevens, J. (2000). *What are the attributes of a high performance company?*. People Management, Vol. 6 Issue 7, p29, 3p.

Семенча И. Е.
доцент, кандидат экономических наук, PhD,
Днепропетровский национальный университет имени Олеся Гончара
semilon@ua.fm

КОМПЛЕКСНОЕ ОЦЕНИВАНИЕ СОСТОЯНИЯ ФУНКЦИОНИРОВАНИЯ РУКОВОДЯЩЕЙ СИСТЕМЫ ПРЕДПРИЯТИЯ

Результаты проведенного в ходе исследования анализа свидетельствуют, что на современном этапе развития менеджмента существуют разрозненные и несистематизированные результаты исследований по вопросам функционирования руководящей системы, не всегда адекватно используются методы исследований разных аспектов деятельности руководящей системы, которая приводит или к затеоретизированности полученных результатов, или к мероприятиям, которые существенно не влияют на показатели функционирования системы в целом.

Руководящую систему предприятия предложено рассматривать как подсистему менеджмента как субъекта управления. Содержательно управляющая система предприятия, по нашему мнению, представляет собой упорядоченную группу наемных руководителей, которая образует многоуровневую иерархию и выполняет согласно определенному уровню функции управления для достижения разработанной и принятой к выполнению на предприятии системы целей путем организации систематических и комплексных воздействий на деятельность управляемой системы (объекта управления).

Под функционированием руководящей системы предприятия при организации комплексного оценивания понимается целенаправленный процесс преобразования информации с целью принятия и реализации решений относительно осуществления управляющих воздействий системой управления предприятием.

Преобразование информации определяется как процесс отображения субъектом управления совокупности представлений о функциях, связях в среде, законах и сущности объекта управления в базе знаний при осуществлении его синхронной работы.

В ходе исследования определена специфичность управленческой работы как вида трудовой деятельности, которая состоит в преимуществе умственного труда, высокой степени нервного напряжения, комплексности, многофункциональности и синтезирующем характере работы.

Упорядочено, систематизировано и проанализировано общенаучные, локальные и специализированные подходы, систему законов и закономерностей, которые адекватно и полно способны отображать сущность функционирования руководящей системы предприятия, разработана семантическая модель изменений, которые происходят при этом в социально-экономической системе. Определено, что функционирование характеризует состояние, присущее этапу или динамично стабильного, или нестабильного эволюционного развития руководящей системы в процессе ее существования.

Опираясь на системный, процессный, структурный и функциональный подходы, определено содержание процесса функционирования, которое происходит в управляющей системе при осуществлении управления, разработана процессно-структурная модель функционирования руководящей системы предприятия:

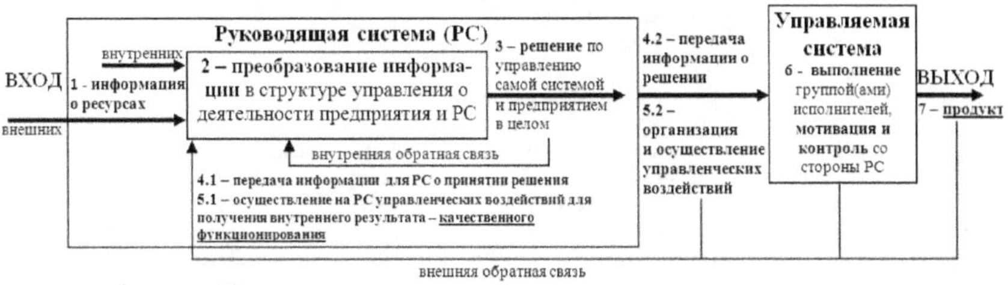

Рис. 1. Процессно-структурная модель функционированния руководящей системи предприятия

Анализ процессно-структурной модели (см. рис. 1) показал, что функционирование руководящей системы как подсистемы менеджмента предприятия характеризуется способностью осуществлять управленческие воздействия как на себя на внутреннем контуре, так и на управляемую систему на внешнем контуре управления. Качество таких воздействий будет обеспечивать оперативность системы в принятии решений и благодаря этому будет содействовать повышению скорости реагирования системы на сменные факторы среды. Такие признаки присущи состоянию обеспечивающей конкурентоспособности (КСП) управленческой подсистемы [1], повысить которое можно благодаря описанию системы управления в форме определенных принципов, приоритетов, рычагов и методов воздействия на факторы и условия, которые формируют общую конкурентоспособность предприятия, с помощью логической и доведенной до необходимого уровня формализации.

Доказано, что для реализации поставленных задач наиболее пригодной является методология искусственного интеллекта. По результатам анализа можно отметить, что при моделировании процессов функционирования руководящей системы предприятия целесообразно использовать нисходящий, семиотический метод методологии искусственного интеллекта как такой, который воссоздает внешние проявления интеллектуального поведения системы. Моделирование проводилось с помощью программного объектно-ориентированного инструментария, экспертных систем, распознавания образов и интеллектуального временного агента с простым поведением в системе средств искусственного интеллекта.

В модели в качестве входящей информации используется такой комплекс показателей:

Таблица 1 – Комплекс показателей состояния функционирования руководящей системы предприятия

Уровни позна-ния	Внутренний контур управления		Внешний контур управления	
	Количественные	Качественные	Количественные	Качественные
Функционирование как процесс	Текучесть за последний год	Наличие штрафов или выговоров за выполнение профессиональных обязанностей за последние полгода. Состояние делегирования полномочий	Уровень заработной платы	Наличие руководителя на рабочем месте
Функционирование руководящей системы как неделимого объекта	Затраты времени на цикл работы системы	Корпоративная культура. Социальные гарантии. Уровень притязаний. Позиция относительно дела. Свобода в принятии решений	Затраты времени на цикл работы системы	Состояние морально-психологического климата в возглавляемом подразделении. Возможность продвижения. Доброжелательный климат в отношениях внутри подразделения, которым руководит
Функционирование руководящей системы как подсистемы менеджмента	Опыт работы на управленческой должности больше чем 1 год	Участие в решении кадровых вопросов за последний год. Участие в коллегиальном органе управления. Наличие возможности получать поощрения. Знание должностных обязанностей. Участие в распределении ресурсов	Опыт деятельности в аналогичном направлении. Последнее повышение квалификации по специальности	Наличие профессиональной подготовки. Образование по направлению «Менеджмент». Участие в собственности. Наличие четкой политики. Осведомленность, осведомленность руководителя относительно ситуации, которая сложилась

В результате моделирования возможно получить такие группы данных:

– данные по каждому из агентов (активных объектов) системы, а именно: количество основных затрат на выполнение работы (грн.); основное время, израсходованное на выполнение работы (мин.); количество затрат на дополнительную работу (грн.); время, израсходованное на дополнительную работу (мин.); количество затрат на мотивирование (грн.); время, израсходованное на мотивирование (мин.); количество затрат на делегирование полномочий (грн.); время, израсходованное на делегирование полномочий (мин.); общее количество дополнительных затрат агента (грн.); общее дополнительное время работы агента (мин.);

– данные, которые характеризуют особенности функционирования всей руководящей системы как класса активного объекта: общие показатели денежных затрат руководящей системы (грн.); общие показатели израсходованного времени (мин.); общее количество затрат руководящей системы на дополнительную работу (грн.); общее время, израсходованное руководящей системой на дополнительную работу (мин.); общее количество затрат руководящей системы на мотивирование (грн.); общее время, израсходованное управляющей системой на мотивирование (мин.); общее количество затрат руководящей системы на делегирование полномочий (грн.); общее время, израсходованное управляющей системой на делегирование полномочий (мин.); количество основных затрат на функционирование руководящей системы (грн.); основное время, израсходованное на функционирование руководящей системы (мин.); общий показатель состояния функционирования руководящей системы предприятия.

– данные относительно состояния обеспечивающей управленческой конкурентоспособности в соответствии с модифицированной моделью Лотки – Вольтерры типа «хищник – жертва»: модельное время, при котором руководящая система избранного предприятия доганяет по уровню функционирования эталонную; характер изменений состояния функционирования системы при сохранении исходных показателей; характер изменений состояния функционирования системы при коррекции показателей, то есть определение прогноза относительно изменений в состоянии системы при организации эффективного управления.

Кроме основного эксперимента, в результате которого руководящая система получает сведения о состоянии своего функционирования в реальной ситуации, имитационная модель позволяет моделировать поведение системы еще до того, как система начнет реальное функционирование, то есть организовывать прогнозные исследования поведения системы за разными сценариями с учетом изменений значений входных параметров модели с разными целями.

Организация имитаций может осуществляться по разным сценариям (рис. 2).

Для получения прогнозной информации по разным сценариям имитации разработана последовательность этапов проведения компьютерного эксперимента:

1. Определить слабые места в функционировании руководящей системы предприятия (фирмы, учреждения).
2. Проанализировать и выяснить причины, которые влияют на конечный результат моделирования.

3. Меняя определенные входные параметры согласно сценарию, зафиксировать полученные результаты.
4. Проанализировать полученную информацию.
5. Обобщить данные о состоянии функционирования системы и сделать выводы.

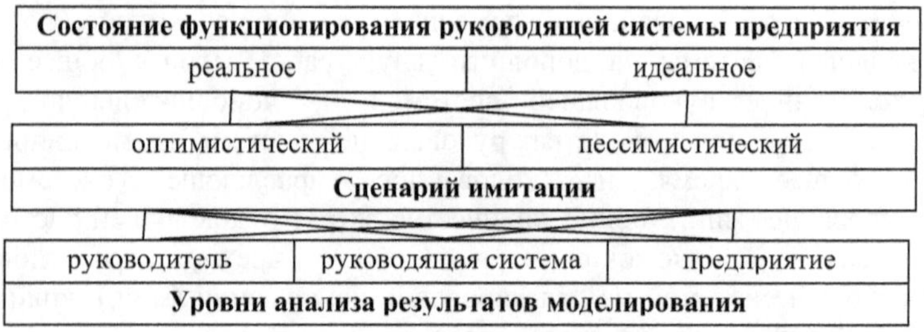

Рис. 2 Направления организации и проведения имитационного моделирования поведения руководящей системы

Таким образом, построенная гибридная имитационная модель оценивания функционирования руководящей системы предприятия позполяет на внутреннем контуре руководящей системы:

1) моделировать реальное и идеальное состояние функционирования руководящей системы;
2) определять основные, дополнительные и общие временные и денежные затраты на функционирование системы в целом;
3) определять основные, дополнительные и общие временные и денежные затраты в деятельности отдельных руководителей системы;
4) давать прогнозные оценки относительно изменений в состоянии функционирования руководящей системы;
5) определять быстродействие и нагрузку, которую имеют отдельные руководители, в определенных моделируемых условиях состояния системы;
6) без дополнительных реальных управленческих действий самостоятельно проверять путем перебора гипотез относительно влияния разных факторов на состояние функционирования руководящей системы принимать обоснованные решения в определении систематических эффективных управленческих воздействий на нее;
7) на основе полученных объективным путем данных корректировать структуру и характер взаимодействий в системе, самостоятельно разрабатывать комплекс работ относительно улучшения состояния функционирования руководящей системы, уменьшения затрат.

На внешнем контуре руководящей системы модель дает возможность:

1) исследовать поведение руководящей системы на рынке по отношению к управляющим системам предприятий-конкурентов;

2) оценивать состояние обеспечивающей управленческой конкурентоспособности;
3) разрабатывать стратегию поведения предприятия с учетом особенностей функционирования руководящей системы, ее сильных и слабых сторон.

Литература:

1. Мехоношин К. А. Повышение конкурентоспособности предприятия на основе управления знаниями: Дис. ... канд. экон. наук: 08.00.05 / К. А. Механошин. – Пермь, 2002. – 209 с.

Бруханский Р.Ф.
кандидат экономических наук, доцент, Тернопольский национальный экономический университет, г. Тернополь, Украина

СОВЕРШЕНСТВОВАНИЕ УЧЕТНО-ИНФОРМАЦИОННЫХ ПОТОКОВ СТРАТЕГИЧЕСКОГО УПРАВЛЕНИЯ ПРЕДПРИЯТИЙ

В условиях глобализации экономики и обострения конкуренции на мировых рынках для отечественных предприятий чрезвычайно актуальной является необходимость оптимизации процесса принятия тактических и стратегических управленческих решений. Целесообразно заметить, что основой формирования эффективных стратегических решений является не только традиционная информация финансового учета, но и мониторинг внешних факторов бизнес-среды, которые косвенно, а в отдельных случаях и непосредственно влияют на деятельность предприятия. Объективным требованием прогрессивного развития экономики третьего тысячелетия становится переосмысление приоритетов управленческой деятельности. Менеджмент современного предприятия не заинтересован в громоздком массиве всеобъемлющей учетной информации, которая характеризуется в большинстве случаев ретроспективным смыслом. Точная и подробная информация, но с ярлыком «на вчера» уже не нужна. Современный менеджмент, находясь в динамической среде, требует актуальной и оперативной информации с высокой степенью релевантности.

Исследование теории и практики информационного обеспечения стратегического менеджмента современных предприятий позволяет выделить три основные проблемы: 1) информационное обеспечение процесса принятия решений происходит в условиях отсутствия научно обоснованных требований и подходов к формированию информации стратегического характера; 2) значительная часть информации, которая характеризует внешнюю сферу деятельности предприятий, является неполной и неточной; 3) доминирование политических аспектов регулирования рынка нивелирует экономические законы развития.

В большинстве научных трудов отечественных ученых отсутствуют комплексные и четкие рекомендации по формированию информационной базы, информационных систем и потоков информации стратегического менеджмента предприятий. Лишь отдельные аспекты информационного обеспечения управления бизнесом исследованы в публикациях Н.Билухи, Н.Голячук, О.Гудзинского, Т.Каминской, А.Наливайко, Т.Пахомовой, Г.Скрипник, М.Твердохлиба, И.Федуловой, В.Цимбалюка и других.

Термин «информация» по своей сущности является абстрактной дефиницией, которой присущи различные альтернативные значения в зависимости от выбранного контекста: изложение фактов; толкование; представление; разъяснение; ознакомление. Наиболее обобщенное понятие информации формирует философия – как отражение реального мира. С середины XX века информация является общенаучным понятием, но до сих пор в научной сфере оно остается крайне дискуссионным.

Основателем теории информации считается американский ученый Клод Шеннон, который толковал информацию как коммуникацию в процессе устранения неопределенности. Для обозначения некого содержания, извлеченного из внешнего мира, в процессе приспособления к нему, использовал понятие информации американский ученый Норберт Винер. Английский философ Уильям Росс Эшби термин «информация» понимал как передачу разнообразия, а французские ученые Абраам Моль и Леон Бриллюэн соответственно как степень сложности структур и как меру хаоса в системе. Австрийский экономист Фриц Махлуп трактовал информацию как процесс передачи знаний, сигнала или сообщения. Считаем целесообразным отметить, что общепринятого определения термина «информация» до сих пор не существует.

Согласно статье 1 раздела 1 Закона Украины «Об информации» № 2658-XII от 02.10.1992 года с учетом последних изменений и дополнений от 03.07.2012 года «информация – любые сведения и/или данные, которые могут быть сохранены на материальных носителях или отражены в электронном виде» [1].

Концептуальное значение в современных условиях динамичного развития экономики приобретают параметры использования информации. Организация надлежащего состояния информационного обеспечения стратегического менеджмента возможна только при условии адекватного сопровождения, в частности управленческого и технического. Наиболее важным является управленческое сопровождение: 1) определение объема и структуры информации, необходимой менеджерам различных уровней; 2) обеспечение эффективной системы сбора информации; 3) установление параметров системы обмена информацией; 4) применение надежных методик защиты информации; 5) использование адаптированной информации для обоснования и принятия стратегических решений. Техническое сопровождение учетно-информационного обеспечения стратегического менеджмента предприятий предусматривает средства коммуникации и компьютерную технику.

Изучение практики деятельности большинства предприятий страны свидетельствует о наличии комплекса обстоятельств, которые снижают эффективность принятия управленческих решений стратегического характера: 1) несовершенство формирования актуальной информации, 2) необоснованность соотношения объемов необходимой и достаточной информации, 3) отсутствие рациональных локальных критериев отбора нужной информации из общего объема данных 4) принципиальное отличие классификационных признаков информации, необходимых для финансовых отчетов и потребностей управления, 5) несвоевременность составления и представления отчетов. Значительная часть проблем и недостатков учетно-информационного сопровождения процесса принятия управленческих решений стратегического характера обусловлена несовершенством структуры информационной базы предприятий, типичная модель формирования которой сводится к формальной консолидации менеджером информации из двух источников: учетной и внеучетной. Таким образом, традиционная для отечественных предприятий структура учетно-информационного обеспечения стратегического менеджмента в полной мере не обеспечивает возможность согласования и принятия единых параметров формирования и мониторинга экономических показателей, их интерпретации, оценки, трансформации, форм и периодичности представления т.д. Указанная ситуация обусловлена неадекватностью системы учетно-информационного обеспечения стратегического менеджмента предприятий современным требованиям формирования полезной информации, поскольку каждая подсистема учетно-информационного обеспечения процесса принятия решений как учетная, так и внеучетная, при формировании соответствующих отчетных показателей руководствуется главным образом локальными требованиями комплекса нормативно-правовых актов, регламентирующих содержание, задачи и порядок их работы.

С целью модернизации системы учетно-информационных потоков и формирования предпосылок эффективного информационного обеспечения стратегического менеджмента предприятий, по нашему мнению, целесообразно дифференцировать информацию в зависимости от ее назначения, содержания, характеристик и так далее: 1) направленность во времени: тактическая, стратегическая; 2) уровень обработки: первичная, консолидированная; 3) сфера возникновения: внутренняя, внешняя; 4) форма представления: вербальная, печатная, интерактивная; 5) уровень открытости: публичная, конфиденциальная; 6) степень определенности: точная, неточная; 7) степень стандартизации: стандартная, нестандартная; 8) качественные характеристики: качественная, некачественная; 9) периодичность представления: постоянная, эпизодичная; 10) юридические признаки: нормативная, фактографическая; 11) полезность: полезная, бесполезная; 12) степень взаимосвязи: автономная, интегрированная; 13) уровень регламентации: законодательством страны, владельцами или администрацией; 14) временной горизонт: ретроспективная, прогнозная; 15) пользователи: для внутренних, для внешних; 16) целесообразность: продуктивная, непродуктивная; 17) результативность: промежуточная, конечная; 18) уровень систематизации: систематизированная, хаотичная; 19) источники: первичная, консолидированная; 20) динамика: постоянная, переменная; 19) направленность: плановая, фактическая; 20) восприятие: релевантная, иррелевантная; 18) масштабность: внутрихозяйственная, региональная, общегосударственная, глобальная; 24) уровень иерархии:

для менеджеров низового уровня, для менеджеров среднего уровня, для высшего менеджмента предприятия.

Предлагаемый вариант классификации информации позволит моделировать иерархию внутренней и внешней информации и проектировать реальные информационные потоки, строить комплексную систему учетно-информационного обеспечения системы стратегического менеджмента современных предприятий. Наиболее весомым признаком дифференциации информации стратегического содержания считаем «по уровню иерархии: низовой – средний – высокий, поскольку главная проблема применения современной модели стратегического менеджмента заключается в отсутствии системы информационного обеспечения процесса принятия управленческих решений, связанной, прежде всего, с информационным дефицитом высшего иерархического уровня управления предприятием. Отсутствие полноценной, адекватно трансформированной и четко систематизированной информационной базы данных для принятия управленческих решений стратегического содержания приводит к тому, что на высший уровень менеджмента предприятия поступает неточная противоречивая информация, которую в значительной степени можно считать дезинформацией. Проблемой в данном случае является качество информации. Дефиниция «качество информации» относительно учетно-информационного обеспечения стратегического менеджмента предприятия не имеет однозначных формулировок, однако с уверенностью можно утверждать, что качество информации определяется совокупностью характеристик, которые обусловливают возможность ее адекватного полезного использования для удовлетворения потребностей менеджмента в принятии решений.

Для обеспечения эффективности информационного обеспечения стратегического менеджмента предприятий необходимо обеспечить непрерывный мониторинг внешних параметров и внутренних показателей деятельности предприятия с соблюдением основных целей выбранной стратегии развития бизнеса.

Доминирующими элементами формирования системы учетно-информационных потоков стратегического менеджмента предприятия целесообразно считать: 1) позиционирование предприятия в его бизнес-окружении, которое предусматривает исследование уникальности бизнеса, конкурентных преимуществ и других стратегически важных позиций; 2) мониторинг внутренней среды предприятия, целью которого является выявление сильных и слабых сторон деятельности; 3) мониторинг внешней среды предприятия, целью которого является выявление фактических и потенциальных угроз и возможностей бизнеса; 4) применение эффекта синергии, сущность которого заключается в обеспечении интеграции отдельных элементов с целью получения консолидированного результата высокой производительности.

Информационные потоки стратегического менеджмента должны формироваться на основе информации с учетом определенных требований. Бесспорным считаем тот факт, что качество информации стратегического менеджмента в значительной степени зависит от качества поступающей информации из смежных подсистем предприятия. На основе этого утверждения можно сделать вывод о том, что на границе перехода потоков информации из различных подсистем предприятия в подсистему стратегического менеджмента необходимо соблюдать определенные информационные требования: 1) своевременность; 2) достоверность; 3) полезность; 4) ясность; 5) регулярность поступления. Соответственно и на выходе из подсистемы стратегического менеджмента к качественным характеристикам информации должны выдвигаться определенные требования. Они в значительной степени совпадают с выше изложенными. Учитывая это, приведем лишь принципиально отличные: 1) надежность; 2) целесообразность; 3) сопоставимость; 4) объективность; 5) нейтральность.

Система аккумулирования, обработки и трансформации информации стратегического характера должна базироваться на эффективно функционирующей системе информационных потоков предприятия. Стратегический менеджмент предприятия автономно не сможет и не должен формировать собственную подсистему сбора информации без четко отлаженного механизма взаимопроникновения смежных информационных потоков на предприятии. Сеть информационных потоков стратегического менеджмента должна гармонично сочетаться в общей системе информационных потоков предприятия. Эффективная модель учетно-информационного обеспечения стратегического менеджмента должна отражать комплексную консолидированную информацию о деятельности предприятия и его перспективы. Оптимизация учетно-информационного обеспечения стратегического менеджмента предприятия должна основываться на четкой структуризации потоков информации для быстрого и надежного получения необходимых данных при возникновении такой необходимости. Процесс принятия стратегических решений должен базироваться на текущей (достоверной, точной) и прогнозной (расчетной, ориентировочной) информации. Процедура консолидации необходимой информации для нужд стратегического менеджмента в конечном итоге позволит значительно сократить затраты времени, необходимые для поиска и выделения стратегически важной информации, существенно повысить уровень обоснованности принятия управленческих решений за счет максимизации качества информации.

Использованная литература:

1. Закон України «Про інформацію» (в редакції від 03.07.2012 року [Електронний ресурс] / Верховна рада України – режим доступу: http://zakon4.rada.gov.ua/laws/show/2657-12

Кретова Н.А.
аспирант кафедры финансов и кредита экономического факультета
ФГБОУ ВПО «Воронежский государственный университет»
e-mail: monsoon-09@yandex.ru

К ВОПРОСУ О СУЩНОСТИ УПРАВЛЕНИЯ УСТОЙЧИВОСТЬЮ КОММЕРЧЕСКОГО БАНКА

В настоящее время в условиях глобализации и динамично изменяющейся окружающей среды вопросы управления устойчивостью коммерческого банка приобрели особое звучание среди ученых всего мира.

Однако следует отметить, что до недавнего времени устойчивость коммерческого банка не рассматривалась в качестве категории управления в прямом смысле этого слова, и, следовательно, в экономической литературе отсутствует понятие «управление устойчивостью коммерческого банка».

С точки зрения этимологии слово «управление» происходит от глагола «управлять», которое означает: «1) направлять ход, движение кого-нибудь или чего-нибудь (например, управлять кораблем); 2) руководить, направлять деятельность, действия кого-нибудь или чего-нибудь (например, управлять государством, хозяйством, производственным процессом) [5, 836]».

В науке термин «управление» – «элемент, функция организованных систем различной природы (биологических, социальных, технических), обеспечивающая сохранение их определенной структуры, поддержание режима деятельности, реализацию их программ и целей» [6, 1379].

Под управлением понимают «совокупность процессов, обеспечивающих поддержание системы в заданном состоянии и (или) перевод ее в новое более жизненное состояние организации путем разработки и реализации целенаправленных воздействий» [7].

Выработка управляющих воздействий включает в себя сбор, передачу и обработку необходимой информации, принятие решений, обязательно включающее определение управляющих воздействий. В свою очередь, под управляющим воздействием понимается воздействие на объект управления, направленное на достижение цели управления [7].

Броило Е.В. предлагает следующее определение управления экономической устойчивостью кредитной организации: «Система управленческих мер, направленных на прогнозирование экономического кризиса в предпринимательской деятельности организации и обнаружение его на ранних стадиях, в результате которых организация сохраняет возможность устойчивого функционирования, которому соответствует рациональное использование экономических ресурсов и способна осуществлять расширенное воспроизводство и стабильные конкурентные преимущества в условиях рыночных отношений» [4, 24]. Недостатком данного определения, по нашему мнению, является то, что автор сводит управление экономической устойчивостью кредитной организации только к случаю предупреждения внутреннего кризиса неплатежеспособности.

Другие авторы в своих исследованиях либо определяют управление финансовой устойчивостью хозяйствующего субъекта, либо устойчивое развитие (на примере организации и региона).

Так, Бикмухаметов С.К. под управлением финансовой устойчивостью хозяйствующего субъекта понимает «мероприятия, направленные на распределение и использование финансовых ресурсов для обеспечения условий постоянного функционирования и развития организации под воздействием внутренних и внешних факторов» [3, 12-13].

Бабич А.А. констатирует, что управление финансовой устойчивостью предполагает «перевод системы из одного качественного состояния в другое посредством информационно-экономического воздействия на уровень финансового равновесия предприятия. В качестве информационно-экономического воздействия может выступать целенаправленный поиск и организация работы по укреплению устойчивости финансового состояния, получению и увеличению доходов в неопределенной производственно-экономической ситуации» [1, 24].

Шорова Б.В. рассматривает управление финансовой устойчивостью как «целенаправленные действия субъекта управления (представленного в лице финансовой администрации предприятия), направленные на достижение определенного состояния финансовых ресурсов производственной системы» [8, 10].

В то же время управление устойчивым развитием предприятия подразумевает под собой «набор взаимосвязанных действий, направленных на достижение максимального социально-экономического эффекта и возможности перехода в качественно новое состояние путем формирования и регулирования отношений с внутренней и внешней средой» [2].

Управление устойчивым развитием региона определяется как «особый вид целенаправленной деятельности, способствующей достижению прогрессивных изменений при поддержании динамического равновесия и осуществлении процесса расширенного воспроизводства в регионе путем воздействия субъекта управления на совокупность факторов, влияющих на изменения в региональной системе, обеспечивающих повышение уровня жизни» [8, 10].

Синтезируя изложенные выше подходы, считаем что, управление устойчивостью коммерческого банка – это совокупность мероприятий, направленных на достижение бесперебойной и эффективной работы (включая развитие и достижение конкурентных преимуществ на рынке банковских услуг) кредитной организации, позволяющих извлечь максимум прибыли в благоприятные периоды времени, а также смягчить угрозы и (или) последствия кризиса, используя полученный опыт их преодоления в будущем.

Список источников

1. Бабич А.А. Организационно-экономические методы управления финансовой устойчивостью грузовых автотранспортных предприятий Ставропольского края / А.А. Бабич // Экономический вестник Ростовского государственного университета. – 2008. – т. 6. – № 1. – ч. 2. – С. 24-28.

2. Бетилгириев М.А. Концептуальные подходы обеспечения устойчивого развития предприятия как хозяйствующего субъекта экономики региона / М.А. Бетилгириев, Р.Ш. Дацаева // Управление экономическими системами: электронный научный журнал. – 2012. – № 1. – (http://www.uecs.ru/uecs-37-372012/item/982-2012-01-26-08-56-08/).

3. Бикмухаметов С.К. Финансовая устойчивость организации как объект системного управления : автореф. дис. … канд. экон. наук / С.К. Бикмухаметов. – Москва, 2009. – 32 с.

4. Броило Е.В. Методология управления экономической устойчивостью коммерческой организации на основе мониторинга кризисных процессов : автореф. дис. … д-ра экон. наук / Е.В. Броило. – Екатеринбург, 2009. – 46 с.

5. Ожегов С.И. Толковый словарь русского языка : 80 000 слов и фразеологических выражений : 4-е изд., доп. / С.И. Ожегов, И.Ю. Шведова. – М. : ООО «ИТИ ТЕХНОЛОГИИ», 2003. – 944 с.

6. Советский энциклопедический словарь : 3-е изд. / гл. ред. А.М. Прохоров. – М. : Советская энциклопедия, 1984. – 1600 с.

7. Сущность и содержание теории управления. Демонстрационная версия учебного пособия / Оренбургский государственный университет. – (http://www.cde.osu.ru/demoversion/course124/1_0.html).

8. Шорова Б.В. Организационно-экономические аспекты управления устойчивым развитием региона (на примере Кабардино-Балкарской Республики) : автореф. дис. … канд. экон. наук / Б.В. Шорова. – Грозный, 2012. – 26 с.

Коваль Ю.А.
аспирант Юридического института ФГАОУ ВПО «Сибирский федеральный университет»

К ВОПРОСУ О ЗАКОНОДАТЕЛЬНОМ ОПРЕДЕЛЕНИИ КОРРУПЦИИ

Исходя из предложенных в правовой литературе определений коррупции, можно выделить два основных подхода в ее понимании. Если представители первого определяют коррупцию как подкуп, продажность[1, 99], то сторонники второго помимо подкупа и продажности в объем содержания коррупции включают и иные злоупотребления служебным положением [2, 121].

Авторы представленных в юридической литературе понятий определяют коррупцию путем перечисления ее характерных черт, признаков, а именно: сферы существования, субъектов, наличия использования должностного или служебного положения, полномочий, статуса, авторитета занимаемой должности, определенной цели. При этом содержание этих признаков у разных авторов существенно отличается.

Но кроме научной литературы существует достаточно много документов, как отечественных, таки и международных в которых мы видим серьезные шаги к закреплению универсального понятия коррупции. Важнейшим событием создания правовой базы в сфере борьбы с коррупцией стало подписание Россией Конвенции ООН против коррупции в г. Мерида (Мексика). Эта Конвенция ратифицирована Федеральным законом от 8 марта 2006 г. Позитивным шагом российского законодателя является также ратификация Федеральным законом от 25 июля 2006 г. N 125-ФЗ Конвенции Совета Европы об уголовной ответственности за коррупцию (Страсбург, 27 января 1999 г.), которая вступила в силу с 7 июля 2002 г. В 2006 г. во время саммита G8 в Санкт-Петербурге Россия присоединилась к антикоррупционной Инициативе по борьбе с коррупцией среди высших должностных лиц. Россия 1 февраля 2007 г. официально вступила в «Группу государств против коррупции» (ГРЕКО). Кроме перечисленных выше международных соглашений существует еще один документ в сфере противодействия коррупции - Конвенция Совета Европы о гражданско-правовой ответственности за коррупцию (ETS N 174), которая была заключенная в г. Страсбурге 4 ноября 1999 г. Несмотря на то, что в данном международно-правовом акте Россия не участвует, определение коррупции, которое используют в этом акте было положено в основу законодательного определения.

Так в п. «а» ч. 1 ст. 1 ФЗ «О противодействии коррупции» N 273-ФЗ сказано, что коррупцией является: злоупотребление служебным положением, дача взятки, получение взятки, злоупотребление полномочиями, коммерческий подкуп либо иное незаконное использование физическим лицом своего должностного положения вопреки законным интересам общества и государства в целях получения выгоды в виде денег, ценностей, иного имущества или услуг имущественного характера, иных имущественных прав для себя или для третьих лиц либо незаконное предоставление такой выгоды указанному лицу другими физическими лицами. В данном случае в Закон заложено простое перечисление составов в сочетании с выделением общих признаков для данного вида криминологического объекта. Когда проект ФЗ «О противодействии коррупции» находился первой стадии законодательного процесса - на рассмотрении в ГД ФС особое внимание в пояснительной записке к законопроекту было уделено тому, что Российская Федерация выполнила свои международные обязательства, предусмотренные Конвенцией ООН против коррупции и Конвенцией Совета Европы об уголовной ответственности за коррупцию. Однако следует отметить, что предложенное в ФЗ «О противодействии коррупции» определение коррупции не вполне соответствует содержанию положений Конвенции ООН против коррупции и Конвенции Совета Европы об уголовной ответственности за коррупцию. Несовпадение содержания принятых международных документов явствует и по объему, и по смыслу, используемых в отечественном законе правовых положений.

В п. «а» ч. 1 ст. 1 ФЗ «О противодействии коррупции» N 273-ФЗ установлено, что коррупция это - **незаконное** использование лицом своего служебного положения. Однако если установленный Законом или подзаконным актом порядок имеет коррупционный характер. Например, именно Законом для должностного лица установлен коррупционный путь извлечения выгоды из своего публичного статуса. Мы часто видим, как руководители лично, сами себе устанавливают звездного порядка премии или «золотые парашюты», понимаем что это коррупция, однако такой порядок предусмотрен Законом. Показательным является пример, который приводит профессор Щедрин Н.В. Так, п. 11 статьи 41 ФЗ «Об образовании» предусматривает возможность целевого приема в образовательные учреждения. «Применительно к таким престижным специальностям как юриспруденция этот канал используется для облегченного доступа к образовательным услугам, финансируемым из государственной или муниципальной казны. В условиях ежегодного перепроизводства выпускников юридических вузов, нет необходимости ожидать специалиста пять лет. Можно отобрать лучших из числа выпускников. Должностные лица, в том числе правоохранительных органов, на целевые бюджетные места направляют преимущественно своих детей или детей «своих» людей. Ситуация воспроизводится из года в год и выгодна как заказчику, так и руководству учебных заведений, которые в обмен получают поддержку региональных руководителей и снисходительное отношение со стороны правоохранительных и контролирующих органов.»[3, 17]. И такая лазейка формально выглядит законно, но стоит ли забывать о этической оценке действий должностных лиц. Тем более что в международных документах признанных Россией есть регулирование данного вопроса, так, в Международном кодексе поведения государственных служащих, утвержденном Резолюцией Генеральной Ассамблеи ООН от 12 декабря 1996 г., установлено, что государственная служба должна быть основана на доверии и подразумевает обязанность действовать в публичных интересах.

Противоречащим не только международным документам, но и отечественному правовому полю представляется включение в определение коррупции только признака **имущественной** выгоды. «Таким образом, существенный пласт служебных злоупотреблений для извлечения неимущественных выгод выводится за пределы коррупции»[3, 17]. Нашей правовой системе известна коррупция не только из корысти, но и иной личной заинтересованности. Она может выражаться, например, в совершении незаконных действий, в так называемых интересах дела, либо создания видимости благополучия и т.п. Более того, указанный в ФЗ «О противодействии коррупции» признак создает существенную коллизию в определении коррупции, так как в нем среди прочих названы составы ст.ст. 201, 285 УК РФ – злоупотребление полномочий, коммерческий подкуп – имеющие признаки неимущественной выгоды. Создается впечатлении, что после перечисления составов законодатель «забыл» о том что в злоупотребление и подкуп входит признак личной, неимущественной заинтересованности.

В последнее время борьба с коррупцией значительно активизировалась. Вместе с тем, до искоренения этого социального зла еще далеко, результаты «борьбы» представляются не совсем удовлетворительными. Меры, предусмотренные Национальным планом, в значительной степени не реализованы или реализованы не на должном уровне. Хотелось бы наедятся, что с совершенствованиям законодательства, в том числе законодательного определения коррупции, мы достигнем определенных позитивных результатов в этом отношении.

Литература:

1. Лопашенко Н.А. Коррупция: содержание, проблемы правовой регламентации // Уголовное право. – 2001. – № 2. – С. 99.
2. Щедрин Н.В. Антикоррупционные правила безопасности // Предупреждение коррупции в системе уголовной юстиции. – Красноярск: ИЦ КрасГУ, 2003. – С. 121.
3. Щедрин Н.В. О совершенствовании законодательного определения коррупции.// Политика и право. - 2009, N 7.

Елисеева И. А.
доцент, кандидат юридических наук,
«Кубанский государственный университет»,
inucia@mail.ru

О СИСТЕМЕ ВЕЩНЫХ ПРАВ НА ЗЕМЕЛЬНЫЕ УЧАСТКИ

К вещным правам в проекте Федерального закона № 47538-6 «О внесении изменений в части первую, вторую, третью и четвёртую Гражданского кодекса Российской Федерации, а также в отдельные законодательные акты Российской Федерации» (далее – Законопроект)[7], предусматривающем внесение комплексных изменений в Гражданский кодекс РФ (далее – ГК РФ), отнесены право собственности и ограниченные вещные права, список которых значительно расширился по сравнению с действующей редакцией ГК РФ. К ограниченным вещным правам в Законопроекте были отнесены: право постоянного землевладения (гл. 20); право застройки (гл. 201); сервитут (гл. 202); право личного пользовладения (гл. 203); ипотека (гл. 204); право приобретения чужой недвижимой вещи (гл. 205); право вещной выдачи (гл. 206); право оперативного управления (гл. 207); право ограниченного владения земельным участком (ст. 2971).

Значительная часть из указанных ограниченных вещных прав вводится в российское гражданское право впервые. Некоторые их ближайшие аналоги, к примеру, право вещной выдачи, можно обнаружить лишь в дореволюционном законодательстве. Право приобретения чужой недвижимой вещи является абсолютной новеллой.

Представляется, что внесение некоторых обозначенных изменений будет непродуманным и вызовет проблемы в правоприменении. Так, ст. 223 ГК РФ в редакции Законопроекта вносит изменения в сложившуюся к настоящему времени систему вещных прав. В частности, отменяется ряд ныне существующих прав на землю (пожизненное наследуемое владение, постоянное (бессрочное) пользование) и введение новых (личное пользовладения, застройка и др.), что не представляется возможным поддержать [8].

Полагаем, что отсутствуют какие-либо веские экономические, социальные или политические причины для подобного резкого изменения системы вещных прав. При этом в виду отсутствия явных выгод от пересмотра системы вещных прав заслуживают внимание те очевидные неудобства, которое повлечёт за собой её пересмотр. За вычетом права собственности, изменения коснутся владельцев примерно 30 млн. земельных участков, а также владельцев примерно 50 млн. объектов недвижимости, что приведет к огромным организационным расходам (в десятки миллиардов рублей). Быстрое оформление этих отношений, как это предполагается законопроектом, невозможно, поскольку потребуют совершения регистрационной системой порядка 80 млн. регистрационных действий за короткий срок [8].

Кроме того, отсутствует установленный размер взимаемой за совершение данных действий государственной пошлины, ответственность правообладателей исчезающих прав за непереоформление своих прав, а также какие-либо пояснения о природе (гражданско-правовые или налоговые выплаты) и размерах текущих платежей за вещные права на землю, что ставит под угрозу интересы большинства владельцев земельных участков.

При этом не учитывается наличие существующих в настоящее время миллионов документов, выданных в обеспечения прав на недвижимость, признаваемых в советское время: постоянное пользование, безвозмездное пользование, право застройки, договор о застройке, право вторичного землепользования, решения о землеотводе и т.п. В отсутствие чёткого порядка преобразования данных прав введение значительного числа прав, имеющих сходство с арендой, существенно затруднит восприятие законодательства, повлечёт множество ошибок при его применении, так как вводимые вновь права порою созвучны со старыми названиями, но имеют новое содержание.

Особо следует отметить, что содержание ряда прав уточнено отдельными законами с учётом отраслевой особенности, которая закрепляется в отраслевом законодательстве (лесном, водном, земельном и т.п.), в то время как законопроект отрицает наличие данных особенностей. Это означает, что в силу переходных положений, объявляющих недействующими положения иных федеральных законов, будут поставлены под сомнения норы Земельного, Водного, Лесного кодексов РФ, Федерального закона «Об обороте земель сельскохозяйственного назначения», затрагивающие интересы миллионов граждан и десятков тысяч юридических лиц. В свою очередь, потребуется внесение многочисленных изменений и дополнений в указанные законодательные акты, что повлечёт ломку сложившихся отраслей природоресурсного законодательства и очередные правовые реформы, вопрос о полезности которых весьма спорен.

Напомним, что ещё в преддверии разработки Концепции развития гражданского законодательства РФ представителями науки гражданского права был сформулирован ряд предложений, связанных с развитием гражданского законодательства, направленных на активизацию гражданского оборота земельных участков при реформировании вещных прав на землю. Это неразрывно связано с внесением весьма серьезных изменений в ЗК РФ и последующей кодификацией земельного законодательства.

Имеются два основных направления предлагаемых изменений: а) внесение существенных дополнений в ГК РФ, связанных с определением и содержанием видов вещных прав на земельные участки при одновременном исключении соответствующих разделов из ЗК РФ; б) изменение видов вещных прав на земельные участки [5, 71]. Е.А. Суханов предлагает полностью исключить из ЗК РФ подавляющее большинство правил, содержащихся в гл. III–IX, и перенести их в соответствующие разделы ГК РФ [6, С. 20–21; 23–24].

Между тем, указанная позиция и тенденция Концепции развития гражданского законодательства вызывает обоснованные возражения представителей науки земельного и экологического права.

Так, М.М. Бринчук, полемизируя с Е.А. Сухановым, заявляет, что на основании ст. 129 ГК РФ актами экологического законодательства, а не Гражданским кодексом, регулируются отношения собственности на природные объекты, и земля, как и другой природный объект, как публичное благо, не может быть «нормальным объектом гражданского оборота (недвижимостей)» [3, 29–30]. «Регулирование оборота земельных участков, находящихся в частной собственности, может осуществляться гражданским правом строго в рамках его предмета (имущественные отношения купли-продажи земель, их наследования, дарения и т.п.) и лишь с учетом норм земельного права, в том числе и по использованию и охране земель. Применительно к использованию и охране земель, включая находящиеся в частной собственности, нормы земельного права доминируют над нормами гражданского права» [3, 25].

С.А. Боголюбов отмечает: «… законодателю не следует уходить от выверенной и оправдавшей себя в теории и на практике формулы ч. 3 ст. 129 ГК РФ (почерпнутой из западноевропейского законодательства), согласно которой земля и другие природные ресурсы могут отчуждаться или переходить от одного лица к другому иными способами в той мере, в какой их оборот допускается законами о земле и других природных ресурсах. Эта формула основывается на ч. 1 ст. 9, ч. 2 и 3 ст. 36 Конституции РФ и получает последующее отражение в ст. 209 ГК РФ, ч. 3 ст. 3 и др. ЗК РФ, ч. 2 ст. 3 Лесного кодекса РФ, ч. 2 ст. 4 Водного кодекса РФ и в других федеральных природоресурсных законах» [1, 42]. Он подчеркивает, что включение специфических требований к осуществлению права собственности на земельные, лесные участки, на водные участки, на участки недр в ГК РФ путем перенесения их из ЗК РФ и других природоресурсных законов лишь утяжелит и расширит и без того объемный ГК РФ, сделает его более подвижным, часто дополняемым, не произведя решительного поворота к неуклонному исполнению требований закона в части охраны и использования земель и иных природных ресурсов [1, 42].

Данную точку зрения разделяют и другие ученые. Так, утверждается возможность обеспечить регулирование земельных отношений, в том числе оборота земель, в рамках существующей, сложившейся системы институтов, правовых механизмов, соответственно сохраняя общий перечень и структуру действующих нормативных правовых актов, а также их соотношение [2, 32]. Е.А. Галиновская замечает: «…практически для всех государств независимо от подхода к систематизации законодательства о земле характерно принятие и действие специальных законов, регулирующих как общие вопросы земельного оборота, так и отдельные земельные правовые отношения» [2, 32].

Мы разделяем позицию С.А. Боголюбова, М.М. Бринчука, Е.А Галиновской и других специалистов в области земельного и экологического права. В любом случае, кардинальное изменение норм гражданского и земельного законодательства, регулирующих систему вещных прав на землю и оборот земельных участков, требует глубокого научного осмысления и взвешенного подхода.

Литература:

1. Боголюбов С.А. Земельное законодательство и Концепция развития гражданского законодательства // Журнал российского права. 2010. № 1.

2. Боголюбов С.А., Галиновская Е.А., Минина Е.Л., Устюкова В.В. Все о земельных отношениях. М.: Проспект, 2010.

3. Бринчук М.М. Соотношение экологического права с другими отраслями права // Государство и право. 2009. № 7.

4. Жариков Ю.Г. Разграничение сферы действия земельного и гражданского законодательства при регулировании земельных отношений // Государство и право. 1996. № 2.

5. Иконицкая И.А. Современные тенденции развития законодательства о земле в Российской Федерации // Государство и право. 2010. № 1.

6. Суханов Е.А. Проблема совершенствования кодификации российского гражданского законодательства // В кн.: Актуальные вопросы российского частного права. М.: Статут, 2008.

7. Текст проекта размещен на официальном сайте Комитета ГД РФ по гражданскому, уголовному, арбитражному и процессуальному законодательству: http://www.komitet210.km.duma.gov.ru/site.xp/051054056124054053054.html

8. Замечания и предложения РСПП к проекту Федерального закона № 47538-6 «О внесении изменений в части первую, вторую, третью и четвёртую Гражданского кодекса Российской Федерации, а также в отдельные законодательные акты Российской Федерации» // «СПС Консультант Плюс»: http: // www. consultant.ru.

Васильев А. М.
доктор исторических наук, кандидат юридических наук,
профессор кафедры правовых дисциплин,
заведующий кафедрой правовых дисциплин
Армавирской государственной педагогической академии,
член ассоциации юристов России, член РАЮН,
тел.: 8 (928) 423-50-98, г. Армавир ул. Луначарского 153 кв.80
E-mail:alexey771977@mail.ru
Васильева Н. А.
преподаватель кафедры правовых дисциплин
Армавирской государственной педагогической академии,
тел.: 8 (952) 850-80-34, г. Армавир ул. Энгельса 96 кв.62
E-mail:alexey771977@mail.ru

ПРЕПОДАВАТЕЛЬ ВУЗА, КАК СУБЪЕКТ ОТВЕТСТВЕННОСТИ ЗА ВЗЯТКУ ПО РОССИЙСКОМУ ЗАКОНОДАТЕЛЬСТВУ

Давно «ломают копья» сторонники различных взглядов на проблему: является ли преподаватель вуза субъектом такого преступления как взятка.

Есть минимум три точки зрения:

да, преподаватель является субъектом преступления, предусмотренного ст.290 УК РФ;

нет - не является;

является, если обосновать, что он - должностное лицо.

Отсюда вроде бы следует, что ключ к решению проблемы находится в примечании к ст.285 УК РФ, где даётся понятие «должностного лица».

В попытках обоснования данного положения вышестоящие суды нашли возможным применение ст.290 УК РФ и квалификации деяний по ней для преподавателей разного ранга (от старшего преподавателя до профессора) при условии, если они становились членами различных комиссий (приёмных, ГЭК, ГАК), либо, если они наряду с преподавательской деятельностью являются ещё и «администраторами», - т.е. занимают должности деканов и заведующих кафедрами. В целом этот признак прописан в примечании к ст.285 УК РФ как «лица, постоянно, временно или по специальному полномочию осуществляющие функции представителя власти либо выполняющие организационно-распорядительные, административно-хозяйственные функции в государственных органах, органах местного самоуправления, государственных и муниципальных учреждениях, а также в Вооруженных Силах Российской Федерации, других войсках и воинских формированиях Российской Федерации».

Однако, очевидно, что «обычный преподаватель», который ведёт практические занятия, читает лекции и принимает промежуточную отчётность в виде курсовых зачётов и курсовых экзаменов в круг должностных лиц не попадает[1,2], поскольку у него нет возможности пресечь чьё-то право на образование. Здесь можно было бы предложить ещё одно «притянутое за уши» обоснование того, что преподаватель на время принятия промежуточной отчётности (курсовых зачётов и экзаменов) всё же является должностным лицом: мол, несвоевременная сдача экзаменов и зачётов (не с первого раза), равно как и сдача экзамена пусть и с первого раза, но на «удовлетворительно» - влечёт для студента последующий отказ в назначении ему стипендии на целый семестр.

На это можно возразить следующее: только, как правило, успевающие на «хорошо и отлично» студенты имеют право на стипендию, при этом оценки зависят лишь от качества продемонстрированных на экзаменах и зачётах знаний. То есть, стипендию как стабильную обязательную выплату студенту (абитуриенту) при поступлении в вуз никто не гарантирует. В зависимости от успехов в учебе размер стипендии может изменяться в течение срока обучения от именных, «повышенных», до обыкновенных, либо – до отказа в их назначении. При этом право на обучение даже без стипендии - не исчезает. Кроме того, вопрос назначения стипендии регулируется локальными нормами вуза, который и с «удовлетворительными» оценками может назначить стипендию.

На наш взгляд, решение проблемы лежит не в плоскости изменений в примечание к ст.285 УК РФ. Необходимо использовать понятие «коррупции» и «коррупционные проявления».

Мы предлагаем ввести в УК РФ статью 327.2 следующего смысла и содержания:

«Статья 327.2. Необоснованное вознаграждение»

«Получение лицом, иностранным лицом, осуществляющим публичную функцию при оказании образовательных услуг, медицинских услуг, либо в культурной или спортивной сфере лично или через посредника необоснованного вознаграждения в виде денег, ценных бумаг, иного имущества либо в виде незаконных оказания ему услуг имущественного характера, предоставления иных имущественных прав за совершение действий (бездействие) в пользу получателя необоснованного дохода или представляемых им лиц, если такие действия (бездействие) входят в служебные полномочия должностного лица либо если оно в силу должностного положения может способствовать таким действиям (бездействию), а равно за общее покровительство или попустительство по службе -

наказывается штрафом в размере от десятикратной до двадцатипятикратной суммы необоснованного вознаграждения с лишением права занимать определенные должности или заниматься определенной деятельностью на срок до трех лет, либо принудительными работами на срок до пяти лет с лишением права занимать определенные должности или заниматься определенной деятельностью на срок до трех лет, либо лишением свободы на срок до трех лет со штрафом в размере пятнадцатикратной суммы необоснованного вознаграждения.

Примечание 1 к ст.327.2.УК РФ

Под «лицом, осуществляющим публичную функцию» в целях настоящей статьи необходимо понимать лиц, осуществляющих деятельность, адресованную заранее неопределённому кругу лиц, по оказанию медицинских и образовательных услуг, а так же деятельность в сфере культуры и спорта (учителя, преподаватели, врачи, медицинский персонал, тренеры, преподаватели спортивных школ различного уровня, работники учреждений культуры и т.п.)

Примечание 2 к ст.327.2.УК РФ

Под необоснованным вознаграждением для целей настоящей статьи понимается не проведенное по официальным учётным бухгалтерским документам – в т.ч. актам выполненных работ, оказанных услуг, на получение и оприходование товарно-материальных ценностей, платежным документам, в обход кассы или расчётного (бюджетного, текущего и т.п.) счёта.

Разместить эту статью 327.2. в разделе 10 УК РФ «Преступления против государственной власти в главе 32 «Преступления против порядка управления», поскольку в результате подобных деяний нарушается не только экономический порядок, но и порядок управления, умаляется авторитет власти.

Список литературы:

1. п. 3 Постановления Пленума Верховного Суда РФ от 16 октября 2009 г. N 19 "О судебной практике по делам о злоупотреблении полномочиями и о превышении должностных полномочий"; п. 2 Постановления Пленума Верховного Суда РФ от 10 Февраля 2000 г. N 6 "О судебной практике по делам о взяточничестве и коммерческом подкупе".

Дячук М.И.
к.ю.н., кафедра гражданского права и гражданского процесса
Восточно-Казахстанский государственный университет им. С. Аманжолова.

ПЕРСПЕКТИВЫ РАЗВИТИЯ ИНСТИТУТА МЕДИАЦИИ В КАЗАХСТАНЕ

В современном мире идет активное развитие медиации как альтернативного способа урегулирования правовых споров. Этой проблематике уделяется внимание на уровне Организации Объединенных Наций, Европейского Союза. Общепризнанно, что наиболее совершенной, эффективной, универсальной и оптимальной является судебная форма защиты нарушенных или оспариваемых прав и законных интересов. Однако в современных условиях интенсивного развития всех сфер жизни общества налицо усложнение общественных отношений, следствием чего является учащение столкновений интересов участников данных отношений и качественная усложненность правовых споров. Число, сложность и масштабность споров увеличивается настолько, что судебная система объективно не способна обеспечить их надлежащее разрешение.

Как показывает Зарубежный опыт, с помощью введения негосударственных процедур можно не только быстро и эффективно разрешить гражданско-правовые споры, но и решить многие проблемы судопроизводства: значительно уменьшить количество подлежащих судебному рассмотрению дел, упростить процедуру разбирательства, снизить судебные издержки для сторон, сократить сроки разрешения дел.

В Республике Казахстан негосударственные процедуры урегулирования гражданско-правовых споров пока не получили широкого распространения.

В своем выступлении на V Съезде судей Президент Республики Казахстан Н.А. Назарбаев подчеркнул, что «важно сократить число споров, подлежащих рассмотрению в судебном порядке, внедрять альтернативные способы их разрешения, в том числе примирительные процедуры и медиацию»[1]. Эти положения нашли отражение в утвержденной Указом Главы государства Концепции правовой политики Республики Казахстан на период с 2010 до 2020 года и в Концепции развития гражданского общества в Республике Казахстан на 2006-2010 гг. [2, 331; 3, с 270].

Несмотря на то, что отдельные негосударственные процедуры уже практикуются в Республике Казахстан, сложилась определенная правовая база, обеспечивающая их применение, весь потенциал данных процедур не используется. Причиной тому наличие в нашем обществе факторов сдерживающих развитие негосударственных процедур урегулирования гражданско-правовых споров. Среди подобных факторов можно назвать, несовершенство законодательства, правовой нигилизм и не информированность предпринимателей и представителей юридической профессии о возможностях урегулирования споров посредством негосударственных процедур, менталитет населения ориентированный на судебное разрешение любых правовых конфликтов, а также недостаточная теоретическая разработанность проблематики.

В этой связи перед законодателями, учеными-правоведами стоит задача разработать концептуальные подходы к применению негосударственных процедур урегулирования гражданско-правовых споров. В том числе доктринальный понятийный аппарат, признаки, виды негосударственных процедур урегулирования гражданско-правовых споров, грамотно инкорпорировать данные процедуры в действующее законодательство во избежание возможных правовых коллизий, а также устранение существующих пробелов и противоречий в законодательстве.

В Казахстане появилась возможность решать споры, не доводя дело до суда. Помогут им в поисках компромиссов специально обученные посредники, переговорщики - медиаторы. И все это благодаря, подписанному 28 января 2011 года Президентом РК Н.А.Назарбаевым Закона РК «О медиации».

С принятием Закона о медиации Казахстан присоединился к общемировым процессам интеграции медиации в правовую культуру. Представляется, что эта тенденция обусловлена следующими факторами:

1. Расширение и усложнение сферы гражданского оборота, развитие в нем интеграционных процессов естественным образом приводит к возрастанию числа споров. Это характерно для гражданских, трудовых, семейных, корпоративных и даже административных отношений.

2. Основной институт рассмотрения и урегулирования споров - суд - сегодня явно перегружен, что не только сказывается на качестве его работы, но и снижает эффективность правового регулирования и разрешения конфликтов.

3. Развитие современных рыночных отношений, обеспечение стабильности гражданского оборота невозможно без формирования устойчивых хозяйственных связей между различными субъектами предпринимательской деятельности. Поэтому важно переориентировать участников экономической деятельности - убедить их перейти от конфронтационного типа отношений к отношениям сотрудничества, кооперации со своими контрагентами. Медиация в силу особой технологии переговоров, направленной на сотрудничество спорящих сторон, способна стать здесь эффективным средством.

В практике посредничества отчетливо различаются две основные юридические модели, в которых реализуется медиация: частная и интегрированная.

Частная медиация рассматривается и регламентируется как самостоятельный вид профессиональной деятельности по урегулированию правовых споров. Реализация этой модели предполагает введение отдельных организационно-правовых форм для осуществления деятельности по проведению примирительных процедур, обеспечивающих институциализацию медиации как альтернативного способа разрешения правовых споров. Как правило, это осуществляется путем принятия отдельных законодательных актов, в которых регламентируются общие положения о медиации как о внеюрисдикционной процедуре, раскрываются ее принципы, закрепляются правовые гарантии этого института, требования, предъявляемые к медиаторам и организациям, оказывающим помощь в урегулировании споров посредством медиации.

Важно подчеркнуть, что частная модель медиации не может реализовываться в деятельности юрисдикционных органов. Для обеспечения их активного участия в продвижении примирения сторон как приоритетного способа решения спора принято формировать конструкцию интегрированной медиации, рассчитанную на особенности юрисдикционной деятельности и учитывающую специфику процедур, в которых эта деятельность осуществляется. Интегрированная медиация рассматривается и регламентируется как специальная процедура и форма деятельности юрисдикционных, направленная на примирение сторон в рамках юридического процесса.

Для того чтобы медиация стала эффективным правовым институтом в Казахстане, необходим комплексный подход, включающий развитие частной и интегрированной моделей медиации, а также медиационных техник в профессиональной юридической деятельности.

С принятием специального законодательства созданы условия для интеграции медиации в казахстанскую правовую культуру и положено начало для развития частной модели. Однако факта принятия закона, как известно, еще недостаточно для появления соответствующих практик, поэтому для того, чтобы медиация стала реальной альтернативой судебному рассмотрению споров, еще предстоит решить ряд достаточно сложных задач. Можно назвать две основные: формирование в стране корпуса профессиональных медиаторов и разработка оптимальных механизмов согласования медиации с юрисдикционными процедурами.

Формирование в Казахстане корпуса профессиональных медиаторов, достаточного по своей численности для реализации заложенных в Законе механизмов разрешения правовых споров, - дело непростое и требующее времени. В организационном плане эта задача предполагает решение вопроса о субъектах и порядке подготовки медиаторов.

Сегодня, насколько нам известно, обучение заметного количества медиаторов регулярно ведется всего несколькими специализированными центрами в Алматы и Астане. Совершенно очевидно, что их ресурсов явно недостаточно для подготовки нужного для работы Закона количества профессиональных медиаторов. Необходимо немедленно начать формирование сети учебных центров, способных в обозримые сроки подготовить необходимое количество специалистов для всей страны.

Основой создания таких центров, на наш взгляд, могут и должны стать высшие юридические учебные заведения. Юридическая подготовка является базовым условием эффективной работы медиатора, и дело не только в том, что без нее просто невозможно разобраться в предмете и сути спора. Следуя требованиям Закона, профессиональный медиатор должен уметь юридически взаимодействовать с судами общей юрисдикции, нотариусами, т.е. работать в рамках процессуального законодательства. Одним из способов получения таких медиаторов - пожалуй, наиболее простым и экономичным - является специализированная подготовка профессиональных юристов.

Разумеется, одной юридической подготовки медиатору недостаточно. Необходимо приобрести целый ряд иных навыков, овладеть техниками эффективной коммуникации, управления конфликтом, организации и ведения переговорного процесса и многими другими. Однако есть достаточные основания утверждать, что обучить этому существенно проще, нежели дать серьезные юридические знания. Не случайно в странах, где медиация практикуется достаточно давно, ею занимаются главным образом юристы.

Зачастую именно юридическая подготовка медиатора дает возможность помочь сторонам в преодолении этих трудностей.

С проблемой формирования профессионального корпуса медиаторов тесным образом связан вопрос о введении медиации в качестве обязательного досудебного этапа урегулирования правового спора.

С учетом зарубежного опыта представляется, что введение медиации как обязательной досудебной процедуры для современного Казахстана наиболее корректно сделать поэтапно следующим образом.

Первый этап: предоставление судье права определять конкретные дела, по которым проведение медиации будет обязательным, и назначать при подготовке дела к судебному разбирательству медиацию. Для этого необходимо обеспечить специальное ознакомительное обучение судей, которое позволит им получить представление о возможностях и ограничениях процедуры медиации, умение определить медиабельность конкретного случая. Результатом должно явиться обобщение практики и выявление категорий споров, урегулирование которых путем медиации окажется наиболее эффективным и приведет к реальному снижению нагрузки на суды.

Второй этап: закрепление в законе категорий споров, для урегулирования которых процедура медиации является обязательной. Процедуру медиации на данном этапе можно будет предусмотреть в качестве обязательного досудебного порядка урегулирования споров, сохранив при этом для судей возможность принимать решение об обязательном проведении процедуры медиации после возбуждения гражданского дела по категориям споров, для которых медиация не является обязательной. Эти вопросы следует урегулировать в процессуальных кодексах.

Преимущества предлагаемого порядка введения обязательной процедуры медиации заключаются в том, что за время реализации первого этапа можно сформировать необходимый для этого корпус медиаторов, без чего нормативное введение медиации как обязательной досудебной процедуры может стать простой декларацией и вместо разгрузки судов создать для них дополнительные обременения.

На данный же момент необходимые условия для нормативного введения медиации в качестве обязательного досудебного порядка разрешения правовых споров отсутствуют ввиду как недостаточной юридической исследованности вопроса для условий Казахстана, так и фактического отсутствия необходимого количества медиаторов.

Требуемые условия могут быть созданы при последовательном решении следующих задач:

а) образование при юридических вузах (факультетах) центров медиации, которые вели бы подготовку медиаторов, занимались практикой медиации, ее научно-методическим обеспечением, исследованием и обобщением практики;

б) подготовка в данных центрах и формирование корпуса компетентных посредников, готовых работать с правовыми спорами любого уровня сложности;

в) широкая пропаганда медиации, информирование граждан и организаций о медиации как эффективной форме урегулирования правовых споров.

Не менее важной представляется проблема разработки оптимальных механизмов согласования медиации с юрисдикционными процедурами. После вступления в действие Закона о медиации и изменений, внесенных в ГПК и АПК РК и ряд других нормативных актов, практика выявила ряд пробелов и неточностей в механизме сопряжения процессуальной деятельности и деятельности по проведению медиации. Среди основных проблем, которые необходимо решить в ближайшее время, следует выделить отсутствие методики разъяснения судьями права на урегулирование спора в рамках медиации, разработанных механизмов, документальных форм передачи спора на медиацию из судебного процесса, несогласованность сроков проведения медиации и сроков рассмотрения гражданских дел в судах общей юрисдикции, непроработанность законодательной конструкции, регулирующей механизм взаимодействия между результатом медиации (медиативным соглашением) и судебным процессом, и т.д. Ряд этих вопросов требует законодательного урегулирования, решение других следует искать экспериментальным путем.

Параллельно с развитием частной модели необходимо внедрять интегрированную медиацию в деятельность юрисдикционных органов. Поскольку в интегрированной модели примирение рассматривается как одна из дополнительных компетенций субъектов, реализующих юрисдикционную деятельность, правовое регулирование интегрированной медиации осуществляется не специальным законом, а в рамках отраслевого законодательства, которое регламентирует деятельность того или иного юрисдикционного органа. Применительно к казахстанской практике интегрированная модель медиации может быть реализована в рамках судебной и нотариальной деятельности, в исполнительном производстве.

Перспективным видится введение интегрированной модели медиации в нотариальную деятельность. Нотариат как орган превентивной юстиции выполняет важнейшие публичные функции по обеспечению юридической безопасности, стабильности и бесспорности гражданского оборота. Поэтому одно из направлений реформы казахстанского нотариата заключается в переходе к модели комплексного оказания нотариусом правовой помощи, которая предполагает консультирование, сбор необходимых для совершения нотариального действия сведений, осуществление расчетов и иных действий, в том числе действий по примирению сторон. Содействовать примирению сторон нотариус может различными методами, в том числе используя получившую распространение в зарубежной нотариальной практике примирительную процедуру.

Как показывает опыт применения медиации в зарубежных странах, интегрированная модель эффективна в рамках исполнительного производства, она может применяться в деятельности различных органов, уполномоченных на разрешение правовых споров. Основная задача государства — выбрать оптимальную модель такой медиации, органично включить ее в существующую юрисдикционную процедуру.

Медиация как способ урегулирования правовых споров может быть эффективна не только в виде частной и интегрированной модели. Как показывает практика, применение медиативных техник в различных сферах юридической деятельности также приносит положительные результаты.

Таким образом, только комплексный подход к развитию медиации поможет ей занять достойное место в системе урегулирования правовых споров Казахстана.

СПИСОК ИСПОЛЬЗОВАННЫХ ИСТОЧНИКОВ

1 Официальный сайт Президента Республики Казахстан // http://www.akorda.kz (по состоянию на 18 декабря 2009 г.).

2 Концепция правовой политики Республики Казахстан на период с 2010 до 2020 г. Утверждена Указом Президента Республики Казахстан от 24 августа 2009 г. № 858 // САПП РК. – 2009. – № 35. – Ст. 331.

3 Концепция развития гражданского общества в Республике Казахстан на 2006-2011 годы. Утверждена Указом Президента Республики Казахстан от 25 июля 2006 г. № 154 // САПП РК. – 2006. – № 26. – Ст. 270.

www.ingramcontent.com/pod-product-compliance
Lightning Source LLC
Chambersburg PA
CBHW071402170526
45165CB00001B/150